SQL
実践入門
高速でわかりやすいクエリの書き方

ミック [著]

技術評論社

本書は、小社刊『WEB+DB PRESS』の下記の記事をもとに、
大幅に加筆と修正を行い書籍化したものです。

・Vol.44 特集2「SQLアタマ養成講座」
・Vol.57 特集2「リレーショナルデータベース & SQL入門」
・Vol.45～55 連載「SQLアタマアカデミー」
・Vol.56～61 連載「DBアタマアカデミー」
・Vol.62～67 連載「SQL緊急救命室」

本書執筆にあたり、以下の環境を利用しました。

・OS：Windows 8.1 64ビット
・DBMS：PostgreSQL 9.3.2 (Win x86-64)
　　　　Oracle Database Express Edition 11g Release 2 (for Windows x64)

上記の環境をメインに解説していますが、必要に応じてそのほかのDBMSの解説も行っています。

環境や時期により、手順・画面・動作結果などが異なる可能性があります。

本書の内容に基づく運用結果について、著者、ソフトウェアの開発元および提供元、株式会社技術評論社は
一切の責任を負いかねますので、あらかじめご了承ください。

本書に記載されている会社名・製品名は、一般に各社の登録商標または商標です。本書中では、™、©、®
マークなどは表示しておりません。

はじめに

　本書の目的は、パフォーマンスの良い SQL の書き方、特に大量データを処理する SQL の性能向上の方法を理解することです。SQL の第一の目的は、ユーザが欲しいと思ったデータを選択すること、あるいは望んだ結果になるようデータを更新することです。通常のプログラミング言語と同様、一つの目的を実現する SQL の書き方は複数あり、それらの間には機能的には差異はなくても、パフォーマンスには大きな差が生じることが頻繁に起こります。したがって、SQL の組み立てを行うにあたっても、効率やパフォーマンスを重視した書き方が求められることが多くあります。

　アプリケーション開発者の方の中には、普段あまり DBMS の内部アーキテクチャやストレージといった下位層を意識せず、データベースをブラックボックスとして扱っている人も多いでしょう。実際、データベースの扱うデータ量が少なければ、そのスタンスでも十分実用に堪えるシステムが作れるのが、RDB（リレーショナルデータベース）と SQL の良いところであり、「ブラックボックスとして扱えるデータベース」は、RDB が目指してきた目標の一つとすら言ってよいぐらいです。

　しかし近年は、データベースが扱うデータ量は飛躍的な増大を遂げており、「ビッグデータ」という言葉も、IT 業界の枠を超え社会全般に広まりました。それと歩調を合わせて、データベースのパフォーマンスに対する要求も高くなる一方です。

　データベースのパフォーマンスについて理解するには、SQL だけでなく、データベース内部のアーキテクチャやストレージのようなハードウェアの特性まで含めた総合的な知識が必要となります。ある SQL がなぜ速く、それと同じ結果を得る別の SQL がなぜ遅いのかを理解するには、ブラックボックスの蓋を開けて中を覗いてみることが必要となります。本書は、その中を実行計画を通して覗いてみることで、ブラックボックスをホワイトボックスにすることが目的です。

　振り返ってみると、RDB と SQL は、ユーザが直観的に利用できるインタフェースと、大量データの効率的な処理という、2 つの相反する命題の間で常に揺れ続けてきたミドルウェアでした。RDB と SQL が、この難問をどのように解決しようと努力してきたか、その成果はどのようなものか——そして今、どのような壁に突き当たっているか——それらを一つ一つ、本

書の中で明らかにしていきます。

　本書もまた、この難問に対する最終解決を与えるものではありません。しかし、現場で日々データベースのパフォーマンスと戦うエンジニアに、RDBとSQLをブラックボックスとして扱っていたときよりも一歩進んだアプローチを示すことができればと考えています。

2015年3月15日　ミック

謝辞

　本書の執筆にあたり、木村明治氏および有限会社アートライの坂井恵氏にレビューしていただき有益な指摘を多く与えてもらいました。この場を借りて感謝いたします。

サンプルコードのダウンロード

　本書で利用しているサンプルコードはWebで公開しています。詳細は本書サポートページを参照してください。補足情報や正誤情報なども掲載しています。

http://gihyo.jp/book/2015/978-4-7741-7301-6/support

本書の構成

本書は全10章と2つのAppendixにより構成されています。

第1章：DBMSのアーキテクチャ──この世にただ飯はあるか

本書の導入として、RDBの内部的な動作に関するモデルを理解します。データキャッシュやワーキングメモリといったメモリ機構とストレージのしくみ、そして何より、SQLのパフォーマンスを理解するためのキー概念である実行計画とそれを構築するオプティマイザの概念を理解します。

第2章：SQLの基礎──母国語を話すがごとく

SQLの基本構文を理解します。検索と更新、分岐、集約、行間比較といったSQLでデータ操作を行うための手段を確認します。本章で学ぶSQL文のさまざまな道具が、第3章以降でパフォーマンスを向上させる際の強力な武器となります。

第3章：SQLにおける条件分岐──文から式へ

SQLにおいて条件分岐を表現する強力な武器であるCASE式が、パフォーマンス改善においても重要な役割を持っていることを、実行計画を読み解くことで明らかにします。

第4章：集約とカット──集合の世界

SQLが体現する集合指向というパラダイムがもたらす考え方の変化を、GROUP BY句や集約関数の使い方を通して体感します。同時に、前章で学習したCASE式と集合指向との組み合わせが、どのようにパフォーマンスへ貢献するのかを理解します。

第5章：ループ──手続き型の呪縛

RDBのパフォーマンスを劣化させる理由の一つが、SQLの集合指向の世界に無理に手続き型のパラダイムを持ち込むことにあります。本章では、その典型的な症状である「ループ依存症」について考察します。

第6章：結合──結合を制する者はSQLを制す

SQLのパフォーマンスが遅いとき、そこにはほぼ必ずと言ってよいほど結合が関係しています。Nested Loops、Hash、Sort Mergeといった結合アルゴリズムの実行計画を読み解くことで、RDBがどのように結合を最適化しようとするかを取り上げます。

v

第7章：サブクエリ──困難は分割するべきか

問題を小さな規模に分割し、ステップ・バイ・ステップで解決へと至る
サブクエリのアプローチは、手続き型に近いものです。これに頼りすぎ
た場合に引き起こされる性能問題──サブクエリ・パラノイアについて
考察し、いかにしてそれを解消するかを論じます。

第8章：SQLにおける順序──甦る手続き型

伝統的に手続き型と相容れないパラダイムを持っていると思われていた
SQLですが、近年、再び手続き型の考え方を取り入れる変化が起きてい
ます。その動きを象徴するのがウィンドウ関数です。この強力な表現力
を持つ関数がSQLにもたらした革命的な進歩を中心に、SQLにおける行
の順序を意識したプログラミングを考えます。

第9章：更新とデータモデル──盲目のスーパーソルジャー

パフォーマンスを改善する一番良い手段──それは実は、SQL文を変え
ることではなく、データモデルを変えることです。ときに忘れられがち
な「コロンブスの卵」が持つ利点と欠点を明らかにします。

第10章：インデックスを使いこなす──秀才の弱点

パフォーマンスを語るうえで避けて通ることのできないインデックスの
利用方法について論じます。どのような条件下で有効に作用するかをイ
ンデックスの構造から理解し、そのために必要なデータモデルおよびユ
ーザインタフェースの設計についても取り上げます。

Appendix A：PostgreSQLのインストールと起動

学習用の実行環境として、PostgreSQL 9.3のインストールおよび起動手
順を解説します。

Appendix B：演習問題の解答

各章末の演習問題の解答および解説を行います。

SQL実践入門——高速でわかりやすいクエリの書き方●目次

はじめに iii
謝辞 iv
サンプルコードのダウンロード iv
本書の構成 v

第1章
DBMSのアーキテクチャ——この世にただ飯はあるか 1

1.1 DBMSのアーキテクチャ概要 2
クエリ評価エンジン 4
バッファマネージャ 4
ディスク容量マネージャ 4
トランザクションマネージャとロックマネージャ 4
リカバリマネージャ 5

1.2 DBMSとバッファ 6
この世にただ飯はあるか 6
DBMSと記憶装置の関係 7
　HDD 7
　メモリ 8
　バッファの活用による速度向上 8
メモリ上の2つのバッファ 10
　データキャッシュ 11
　ログバッファ 11
メモリの性質がもたらすトレードオフ 12
　揮発性とは 12
　揮発性の問題点 13
システムの特性によるトレードオフ 14
　データキャッシュとログバッファのサイズ 14
　検索と更新、大事なのはどっち 16
もう一つのメモリ領域「ワーキングメモリ」 16
　いつ使われるか 16
　不足すると何が起きるのか 18

1.3 DBMSと実行計画 19
権限委譲の功罪 19
データへのアクセス方法はどう決まるのか 20
　パーサ (parser) 21
　オプティマイザ (optimizer) 21
　カタログマネージャ (catalog manager) 21
　プラン評価 (plan evaluation) 22
オプティマイザとうまく付き合う 22
適切な実行計画が作成されるようにするには 23

1.4 実行計画がSQL文のパフォーマンスを決める 24
実行計画の確認方法 25
テーブルフルスキャンの実行計画 26
　操作対象のオブジェクト 27
　オブジェクトに対する操作の種類 27

vii

Column 実行計画の「実行コスト」と「実行時間」	28
操作の対象となるレコード数	29
インデックススキャンの実行計画	30
操作の対象となるレコード数	30
操作対象のオブジェクトと操作	31
簡単なテーブル結合の実行計画	32
オブジェクトに対する操作の種類	34

1.5 実行計画の重要性   34

第1章のまとめ	36
演習問題1	36
Column いろいろなキャッシュ	37

第2章
SQLの基礎——母国語を話すがごとく   39

2.1 SELECT文   40

SELECT句とFROM句	42
WHERE句	42
WHERE句のさまざまな条件指定	43
WHERE句は巨大なベン図	44
INでOR条件を簡略化する	47
NULL——何もないとはどういうことか	48
Column SELECT文は手続き型言語の関数	49
GROUP BY句	50
グループ分けするメリット	51
ホールケーキを全部1人で食べたい人は?	53
HAVING句	54
ORDER BY句	55
ビューとサブクエリ	56
ビューの作り方	57
無名のビュー	57
サブクエリを使った便利な条件指定	58

2.2 条件分岐、集合演算、ウィンドウ関数、更新   60

SQLと条件分岐	60
CASE式の構文	60
CASE式の動作	61
SQLで集合演算	62
UNIONで和集合を求める	62
INTERSECTで積集合を求める	64
EXCEPTで差集合を求める	64
ウィンドウ関数	65
トランザクションと更新	68
INSERTでデータを挿入する	69
DELETEでデータを削除する	71
UPDATEでデータを更新する	72

第2章のまとめ	75
演習問題2	75

viii

目次

第3章
SQLにおける条件分岐──文から式へ 77

3.1 UNIONを使った冗長な表現 78
UNIONによる条件分岐の簡単なサンプル 79
　　UNIONを使うと実行計画が冗長になる 80
　　UNIONを安易に使うべからず 81
WHERE句で条件分岐させるのは素人 82
SELECT句で条件分岐させると実行計画もすっきり 82

3.2 集計における条件分岐 84
集計対象に対する条件分岐 85
　　UNIONによる解 85
　　UNIONの実行計画 86
　　集計における条件分岐もやはりCASE式 86
　　CASE式の実行計画 87
集約の結果に対する条件分岐 87
　　UNIONで条件分岐させるのは簡単だが…… 88
　　UNIONの実行計画 89
　　CASE式による条件分岐 90
　　CASE式による条件分岐の実行計画 90

3.3 それでもUNIONが必要なのです 91
UNIONを使わなければ解けないケース 91
UNIONを使ったほうがパフォーマンスが良いケース 92
　　UNIONによる解 93
　　ORを使った解 95
　　INを使った解 96

3.4 手続き型と宣言型 97
文ベースと式ベース 98
宣言型の世界へ跳躍しよう 98

第3章のまとめ 99
演習問題3 99

第4章
集約とカット──集合の世界 101

4.1 集約 102
複数行を1行にまとめる 103
　　CASE式とGROUP BYの応用 106
　　集約・ハッシュ・ソート 108
合わせ技1本 109

4.2 カット 113
あなたは肥り過ぎ？ 痩せ過ぎ？──カットとパーティション 114
　　パーティション 115
　　BMIによるカット 117
PARTITION BY句を使ったカット 119

ix

第4章のまとめ 121
演習問題4 121

第5章
ループ──手続き型の呪縛 123

5.1 ループ依存症   124
Q.「先生、なぜSQLにはループがないのですか？」 124
A.「ループなんてないほうがいいな、と思ったからです」 125
それでもループは回っている 125

5.2 ぐるぐる系の恐怖   127
ぐるぐる系の欠点 130
    SQL実行のオーバーヘッド 131
    並列分散がやりにくい 133
    データベースの進化による恩恵を受けられない 133
ぐるぐる系を速くする方法はあるか 134
    ぐるぐる系をガツン系に書き換える 134
    個々のSQLを速くする 135
    処理を多重化する 135
ぐるぐる系の利点 136
    実行計画が安定する 136
    処理時間の見積り精度が（相対的には）高い 137
    トランザクション制御が容易 138

5.3 SQLではループをどう表現するか   138
ポイントはCASE式とウィンドウ関数 138
    Column   相関サブクエリによる対象レコードの制限 141
ループ回数の上限が決まっている場合 142
    近似する郵便番号を求める 143
    ランキングの問題に読み替え可能 144
    ウィンドウ関数でスキャン回数を減らす 147
    Column   インデックスオンリースキャン 148
ループ回数が不定の場合 149
    隣接リストモデルと再帰クエリ 150
    入れ子集合モデル 155

5.4 バイアスの功罪   158
第5章のまとめ 161
演習問題5 161

第6章
結合──結合を制する者はSQLを制す 163

6.1 機能から見た結合の種類   165
クロス結合──すべての結合の母体 165
    Column   自然結合の構文 166
    クロス結合の動作 167

クロス結合が実務で使われない理由 168
うっかりクロス結合 169

内部結合──何の「内部」なのか 170
内部結合の動作 170
内部結合と同値の相関サブクエリ 171

外部結合──何の「外部」なのか 172
外部結合の動作 173

外部結合と内部結合の違い 174

自己結合──自己とは誰のことか 174
自己結合の動作 175
自己結合の考え方 176

6.2 結合のアルゴリズムとパフォーマンス 177

Nested Loops 178
Nested Loopsの動作 178
駆動表の重要性 179
Nested Loopsの落とし穴 183

Hash 184
Hashの動作 184
Hashの特徴 186
Hashが有効なケース 186

Sort Merge 187
Sort Mergeの動作 187
Sort Mergeの特徴 188
Sort Mergeが有効なケース 188

意図せぬクロス結合 188
Nested Loopsが選択される場合 190
クロス結合が選択される場合 190
意図せぬクロス結合を回避するには 191

6.3 結合が遅いなと感じたら 193

ケース別の最適な結合アルゴリズム 193

そもそも実行計画の制御は可能なのか？ 194
DBMSごとの実行計画制御の状況 194
実行計画をユーザが制御することによるリスク 195

揺れるよ揺れる、実行計画は揺れるよ 195

第6章のまとめ 197
演習問題6 197

第7章
サブクエリ──困難は分割するべきか 199

7.1 サブクエリが引き起こす弊害 201

サブクエリの問題点 201
サブクエリの計算コストが上乗せされる 201
データのI/Oコストがかかる 201
最適化を受けられない 201

サブクエリ・パラノイア 202
サブクエリを使った場合 203
相関サブクエリは解にならない 206
ウィンドウ関数で結合をなくせ！ 207

長期的な視野でのリスクマネジメント 208

xi

アルゴリズムの変動リスク 209
環境起因の遅延リスク 210

サブクエリ・パラノイア——応用版 ——— 211
サブクエリ・パラノイア再び 211
行間比較でも結合は必要ない 213

困難は分割するな 215

7.2 サブクエリの積極的意味 215

結合と集約の順序 216
2つの解 218
結合の対象行数 219

第7章のまとめ 221
演習問題7 221

第8章
SQLにおける順序——甦る手続き型 223

8.1 行に対するナンバリング 225

主キーが1列の場合 225
ウィンドウ関数を利用する 226
相関サブクエリを利用する 226

主キーが複数列から構成される場合 227
ウィンドウ関数を利用する 228
相関サブクエリを利用する 228

グループごとに連番を振る場合 229
ウィンドウ関数を利用する 229
相関サブクエリを利用する 230

ナンバリングによる更新 230
ウィンドウ関数を利用する 231
相関サブクエリを利用する 232

8.2 行に対するナンバリングの応用 232

中央値を求める 232
集合指向的な解 233
手続き型の解❶——世界の中心を目指せ 235
手続き型の解❷——2マイナス1は1 237

ナンバリングによりテーブルを分割する 239
断絶区間を求める 239
集合指向的な解——集合の境界線 240
手続き型の解——「1行あと」との比較 242

テーブルに存在するシーケンスを求める 244
集合指向的な解——再び、集合の境界線 244
手続き型の解——再び、「1行あと」との比較 245

8.3 シーケンスオブジェクト・IDENTITY列・採番テーブル 250

シーケンスオブジェクト 250
シーケンスオブジェクトの問題点 251
シーケンスオブジェクトそのものに起因する性能問題 251
シーケンスオブジェクトそのものに起因する性能問題への対策 253
連番をキーに使うことに起因する性能問題 253
連番をキーに使うことに起因する性能問題への対策 255

IDENTITY列 255

採番テーブル	256
第8章のまとめ	257
演習問題8	257

第9章
更新とデータモデル——盲目のスーパーソルジャー ... 259

9.1 更新は効率的に 260
NULLの埋め立てを行う ... 260
逆にNULLを作成する ... 264

9.2 行から列への更新 265
1列ずつ更新する ... 267
行式で複数列更新する ... 268
NOT NULL制約がついている場合 ... 270
UPDATE文を利用する ... 271
MERGE文を利用する ... 272

9.3 列から行への更新 274

9.4 同じテーブルの異なる行からの更新 276
相関サブクエリを利用する ... 278
ウィンドウ関数を利用する ... 279
INSERTとUPDATEはどちらが良いのか ... 280

9.5 更新のもたらすトレードオフ 281
SQLで解く方法 ... 283
SQLに頼らずに解く方法 ... 285

9.6 モデル変更の注意点 286
更新コストが高まる ... 286
更新までのタイムラグが発生する ... 287
モデル変更のコストが発生する ... 288

9.7 スーパーソルジャー病:類題 288
再び、SQLで解くなら ... 289
再び、モデル変更で解くなら ... 291
初級者よりも中級者がご用心 ... 291

9.8 データモデルを制す者はシステムを制す 292

第9章のまとめ ... 294
演習問題9 ... 294

第10章
インデックスを使いこなす——秀才の弱点 ... 297

10.1 インデックスと言えばB-tree 298

xiii

万能型のB-tree 298
その他のインデックス 300

10.2 インデックスを有効活用するには — 300

カーディナリティと選択率 300
　　`Column`　クラスタリングファクタ 301
インデックスの利用が有効かを判断するには 302

10.3 インデックスによる性能向上が難しいケース — 302

絞り込み条件が存在しない 303
ほとんどレコードを絞り込めない 304
　　入力パラメータによって選択率が変動する❶ 305
　　入力パラメータによって選択率が変動する❷ 305
インデックスが使えない検索条件 306
　　中間一致、後方一致のLIKE述語 306
　　索引列で演算を行っている 307
　　IS NULL述語を使っている 307
　　否定形を用いている 308

10.4 インデックスが使用できない場合どう対処するか — 308

外部設計による対処──深くて暗い川を渡れ 309
　　UI設計による対処 309
外部設計による対処の注意点 310
データマートによる対処 311
データマートを採用するときの注意点 312
　　データ鮮度 312
　　データマートのサイズ 312
　　データマートの数 313
　　バッチウィンドウ 314
インデックスオンリースキャンによる対処 314
　　`Column`　インデックスオンリースキャンとカラム指向データベース 317
インデックスオンリースキャンを採用するときの注意点 318
　　DBMSによっては使えないこともある 319
　　1つのインデックスに含められる列数には限度がある 319
　　更新のオーバーヘッドを増やす 319
　　定期的なインデックスのリビルドが必要 320
　　SQL文に新たな列が追加されたら使えない 320

第10章のまとめ 321
演習問題10 321

Appendix A

PostgreSQLのインストールと起動 — 323

Appendix B

演習問題の解答 — 333

索引 347
著者プロフィール 353

xiv

第1章

DBMSのアーキテクチャ
この世にただ飯はあるか

第1章　　DBMSのアーキテクチャ　　この世にただ飯はあるか

意思決定に関する最初の原理は、「無料の昼食(フリーランチ)といった
ものはどこにもない」ということわざに言い尽くされている。自分の好
きな何かを得るためには、たいてい別の何かを手放さなければならな
い。意思決定は、一つの目標と別の目標の間のトレードオフを必要と
するのである。

——— Nicholas Gregory Mankiw

　本章ではまず、SQLのパフォーマンスを議論するうえで最低限必要にな
るDBMS(*Database Management System*、データベース管理システム)のアー
キテクチャについての知識を解説します。SQLの書き方については次章以
降で詳しく見ていきますが、そのベースとして、まずはDBMSと記憶装置
の関係、オプティマイザのしくみ、メモリ機構の動き方などを知ってもら
いたいと思います。それを通して、DBMSが多くのトレードオフ(損益)の
バランスを取るために努力を重ねているミドルウェアであり、私たちも
DBMSを利用する際には、何を優先して何を捨てるべきか考える必要があ
ることを理解します。

1.1
DBMSのアーキテクチャ概要

　現在商用で使われているRDB(*Relational Database*)製品には、数多くの種
類があります。日本では、Oracle、Microsoft SQL Server、DB2、PostgreSQL、
MySQLといったあたりがよく利用されています。これらの製品はそれぞ
れ特徴を持っており、内部のアーキテクチャも完全に同じというわけでは
ありません。

　しかし、RDBとしての機能を提供するという共通の目的を持っているう
え、リレーショナルモデルの数学的理論を基礎としているわけですから、基
本的なしくみはそれほど異なるものではありません。したがって、その共
通部分を頭に入れておけば、個々のDBMSの特色は変奏のようなものです。

　図1.1は、DBMSの一般的なアーキテクチャの概要を示したものです。

図1.1 DBMSのアーキテクチャ

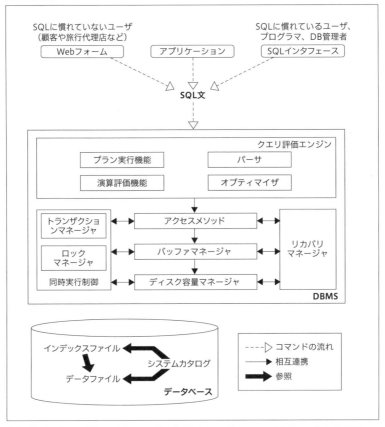

出典：Raghu Ramakrishnan, Johannes Gehrke, *Database Management Systems 3rd ed.*, McGraw-Hill, 2002. p.20

　上段の層が、ユーザやプログラマなど、データベース使用者とのインタフェースを表します。ここから実行されたSQL文が、中段の層であるDBMSに届き、さまざまな処理が実行され、下段の記憶装置に蓄えられたデータに（参照にせよ更新にせよ）アクセスが行われる、という流れです。

　私たちの関心は、中段の層であるDBMS内部で行われる「さまざまな処理」にあります。以下、DBMS内の各機能を簡単に見ておきましょう。

第1章　DBMSのアーキテクチャ　この世にただ飯はあるか

クエリ評価エンジン

　クエリ評価エンジンは、ユーザから受け取ったSQLを解釈し、どのような手順で記憶装置のデータへアクセスに行くかを決定します。ここで決定された計画を「実行計画」（または「実行プラン」）と呼びます。この実行計画に基づいたデータへのアクセス方法が「アクセスメソッド」です。すなわちクエリ評価エンジンは、プランを立てそれを実行するというDBMSの脳に当たる重要な機能を担っているのです。本書の主題であるパフォーマンスとも非常につながりの深いモジュールです。

　なお、「クエリ」（query）とは「問い合わせ」という意味の英語で、狭義にはSELECT文のことなのですが、広義にはSQL文全体を指して使います。本書では前者のSELECT文と同じ意味の言葉として使います。

バッファマネージャ

　DBMSはバッファという特別な用途に使うメモリ領域を確保します。そのメモリ領域の使い方を管理するのがバッファマネージャです。ディスクの使い方を管理するディスク容量マネージャと連携しながら動きます。このメカニズムもまた、パフォーマンスにとっては非常に重要な役割を果たしています。

ディスク容量マネージャ

　データベースはシステムを構成するコンポーネントの中で最大のデータを保存する必要があります。これは、Webサーバやアプリケーションサーバが処理を実行する間だけデータを保持すればよいのに対して、データベースは永続的にデータを保持しなければならないからです。ディスク容量マネージャは、どこにどのようなデータを保存するかを管理し、それに対する読み出し／書き込みを制御します。

トランザクションマネージャとロックマネージャ

　商用システムにおいてデータベースを使う人は、普通は一人ではありま

せん。何百人、何千人もの大勢でいっせいにアクセスしています。そうした個々の処理は、DBMS内部では「トランザクション」という単位で管理されます。このトランザクション同士をうまくデータの整合性を保ちながら実行させ、必要とあらばデータにロックをかけて誰かを待機させるといった仕事をするのが、この2つの機能です。

リカバリマネージャ

　DBMSが保存するデータには、絶対に失われてはいけない大切なデータが多く含まれています。そうは言っても、システムは使い続けていればいつか障害に見舞われるタイミングがあるものです。そのような有事に備えて、定期的にバックアップを取得し、いざというときにデータを復旧（リカバリ）できる必要があります。この機能を司るのがリカバリマネージャです。

　以上はあくまで大雑把な説明です。これだけで理解しろと言うほうが無理ですが、今はすべての機能についてイメージが湧かなくてもかまいません。本書の主題であるSQLのパフォーマンスという観点から見ると、最も重要なのは「クエリ評価エンジン」およびそれが立てる「実行計画」です。本書では、この実行計画のサンプルをいくつも見ながら、SQLがなぜ遅い（または速い）のかを解明していきます。パフォーマンスにとってその次に重要なのが「バッファマネージャ」ですが、これについては本章「DBMSと記憶装置の関係」（7ページ）で詳しく取り上げます。

　それ以外の機構は、とりあえず忘れてもらってかまいません。本当はSQLのパフォーマンスという点では「トランザクションマネージャ」と「ロックマネージャ」も重要なのですが、これらはSQL単体というよりも多くのSQLを同時実行する際のパフォーマンスに関係するメカニズムです。本書では1つのSQLを単独で実行した際のパフォーマンスにフォーカスするため、SQLを同時実行した際の競合という観点は取り上げません。

1.2
DBMSとバッファ

　まずは、DBMSのバッファマネージャの役割について見ていきます。先述のように、バッファはパフォーマンスに対して重要な役割を担っています。それは、メモリという希少資源に対してデータベースが保存するデータ量は圧倒的に多いため、どのようなデータをバッファに確保するべきかに対するトレードオフを発生させるからです。そのことを理解するため、最初に、システムがデータを保存する記憶装置（ストレージ）について、基本的なことをおさらいしておきましょう。というのも、バッファとストレージは表裏一体、一方を理解するにはもう一方についての知識も必要になるからです。「今さら言われなくても知ってるよ」という人もいると思いますが、復習も兼ねてお付き合いください。

この世にただ飯はあるか

　図1.2は、記憶装置の分類を階層化したものです。

図1.2 記憶装置の階層

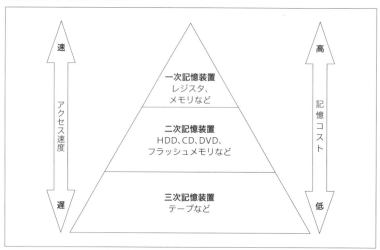

一般的に、記憶装置は記憶コストに応じて一次から三次まで3つの階層に分類されます。「記憶コスト」というのは、思い切って単純化すると、同じデータ量を保存するのにかかるオカネのことです。私たちは普段、PCのHDD（*Hard Disk Drive*）は平気で何TBでも増設しますが、メモリは数GB買うだけでもけっこう悩みます。これは、それだけHDDが安価で大容量データを保存できる（つまり記憶コストが安い）ことを意味します。ピラミッドの下位ほど面積が大きいのは、この「同じコストで保存できるデータ容量の大きさ」を表しています。

それなら、下位階層のHDDやテープが上位層のメモリより優れた記憶装置かと言うと、そういう単純な話ではありません。たしかにこれらの媒体は大量データを永続的に保持するには向いているのですが、データへのアクセス速度という点でメモリに遠く及ばないからです。みなさんも、自分のPCで大きなファイルを操作したときなど、「ガリガリガリ」というあのディスクアクセスの特徴的な音とともにマシンがうんともすんとも言わなくなり、長時間待たされた（酷いときはそのまま永遠に近い時間待たされる）というストレスフルな経験をしたことがあると思います。

つまりここには、容量と永続性をとれば速度が犠牲になり、速度をとれば容量と永続性が犠牲になる、というトレードオフ（二者択一）の関係が成立しているわけです。良いとこ取りはできません。システムの世界にフリーランチ（ただ飯）は存在しないのです。これが、ストレージについてまず知っていただきたい第一のトレードオフです。

DBMSと記憶装置の関係

DBMSは重要なデータを保存することを主目的としたミドルウェアですから、記憶装置とは切っても切れない関係にあります。DBMSが使う代表的な記憶装置は次の2つです。

■── HDD

DBMSがデータを保存する媒体（ストレージ）は、現在のところほとんどがHDDです。ディスク以外の選択肢がまったくない、というわけではな

第1章　DBMSのアーキテクチャ　この世にただ飯はあるか

いのですが[注1]、ほとんどの場合は、容量、コスト、パフォーマンスなどの総合的な観点からHDDが選択されています。

　HDDは、記憶装置の階層で言うと真ん中の二次記憶装置に分類されます。これは、とても良いところがない代わりに、大きな欠点もない媒体ということです。データベースはほぼすべてのシステムで利用されている汎用的なミドルウェアですから、どの観点でも平均点を取れる媒体が選択されるというのは自然なことです。

　しかしそれは、DBMSがデータをディスク以外に保持しない、という意味ではありません。むしろ、通常のDBMSは、常にディスク以外の場所にもデータを持つようにしています。それが一次記憶装置であるメモリです。

■── メモリ

　メモリはディスクに比べると記憶コストが高いため、1台のハードウェアに搭載できる量は多くありません。データベースサーバの場合、搭載されるメモリはせいぜい数GB〜数十GB、よほどの大規模向けでないと100GBを超えることはないでしょう。当たり前のようにテラバイトの容量を持つHDDに比べれば桁違いに小さいサイズです。このため、ある程度の規模を持つ商用システムでは、データベース内のデータすべてをメモリに載せることは、原則できません。

■── バッファの活用による速度向上

　それでも、DBMSが一部でもよいからデータをメモリに載せている理由は、パフォーマンス向上、つまりSQL文の実行速度を速くするためです。図1.2からわかるように、メモリは最も高速な一次記憶装置に該当します[注2]。そのため、頻繁にアクセスされるデータをうまくメモリ上に保持しておくことができれば、同じSQL文を実行するにしても、ディスクからデータを読み出すことなくメモリへのアクセスだけで処理を返すことが可能になるわけです（**図1.3**）。

注1　たとえばインメモリデータベースは、名前のとおりメモリにデータを保持しますし、データのバックアップをテープなどのメディアに取ることは一般的な運用です。また最近では、SSD（*Solid State Drive*）というフラッシュメモリを利用した高速かつ永続性のある記憶装置も実用化されています。まだ利用しているシステムは限られますが、いずれ低価格化と高信頼性化が進めば、現在のHDDを置き換える存在になる可能性もあります。

注2　メモリとディスクの性能差は、大雑把な数値で数十万〜百万倍程度と考えてください。

8

図1.3 メモリにデータがあれば高速に処理できる

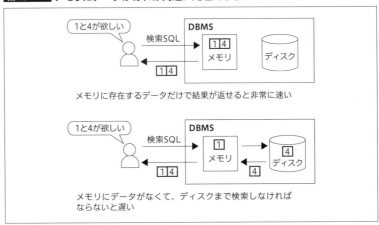

　ディスクへのアクセスを回避できれば、大きなパフォーマンス改善が可能です。その理由は、一般的にSQL文の実行時間の大半はストレージに対するI/Oに費やされるからです[注3]。

　このようにパフォーマンスを向上を目的としてデータを保持するメモリを、バッファ（*buffer*）とかキャッシュ（*cache*）と呼びます。バッファとは「緩衝材」という意味です。ユーザとストレージとの間に割って入ることでSQL文のディスクアクセスを減らす役割を果たすわけですから、緩衝材という言葉はぴったりのイメージです。一方キャッシュとは、やはりユーザとストレージの中間に位置することでデータの転送遅延を緩和するための機構です。どちらも物理的な媒体としてはメモリが利用されることが多いため、HDD上のデータにアクセスするよりもバッファ（またはキャッシュ）にアクセスするほうが高速です。本書では、バッファとキャッシュは互換可能な言葉として使います。

　こうした高速アクセス可能なバッファに、どのようなデータをどの程度の期間載せておくかといったことを管理する機能が、DBMSのバッファマネージャというわけです。このように考えると、バッファマネージャがデータベースのパフォーマンスにおいて非常に重要な役割を担っていることがわかると思います。

注3　これはもちろん、すべてのSQLがというわけではなく、全体の傾向としてという意味です。実際、非常に小さなデータにしかアクセスしないSQL文であれば、相対的にストレージのI/OよりもCPUによる演算に時間を要することになります。

第1章　DBMSのアーキテクチャ　この世にただ飯はあるか

メモリ上の2つのバッファ

DBMSがデータを保持するために使うメモリには、大きく次の2種類があります。

- データキャッシュ
- ログバッファ

ほとんどのDBMSが、この2つに該当するメモリ領域を持っています。また、これらのバッファは、ユーザが用途に応じてサイズを変えることもできます。これらのメモリサイズを決めるパラメータを、Oracle、PostgreSQL、MySQLを例に整理したので参考にしてください（**表1.1**）。

表1.1　DBMSのバッファメモリの制御パラメータ

		Oracle 11gR2	PostgreSQL 9.3	MySQL 5.7 (InnoDB)
データキャッシュ	名称	データベースバッファキャッシュ	共有バッファ	バッファプール
	パラメータ	DB_CACHE_SIZE	shared_buffers	innodb_buffer_pool_size
	初期値	4Mバイト×CPU数×グラニュルサイズ（SGA_TARGETが設定されていない場合は48Mバイト）	128Mバイト	128Mバイト
	設定値の確認コマンド例	SELECT value FROM v$parameter WHERE name = 'db_cache_size';	show shared_buffers;	SHOW VARIABLES LIKE 'innodb_buffer_pool_size';
	備考	SGA内部に確保される	—	—
ログバッファ	名称	REDOログバッファ	トランザクションログバッファ	ログバッファ
	パラメータ	LOG_BUFFER	wal_buffers	innodb_log_buffer_size
	初期値	512Kバイト，または128Kバイト×CPU_COUNTのいずれか大きいほう	64Kバイト	8Mバイト
	設定値の確認コマンド	SELECT value FROM v$parameter WHERE name = 'log_buffer';	show wal_buffers;	SHOW VARIABLES LIKE 'innodb_log_buffer_size';
	備考	SGA内部に確保される	—	InnoDBエンジン使用時のみ有効

■──データキャッシュ

データキャッシュは、まさにディスクにあるデータの一部を保持するためのメモリ領域です。もし、みなさんの実行するSELECT文で選択したいデータが、運良くすべてこのデータキャッシュの中に存在した場合、ディスクのような低速なストレージからデータを読み出すことなく処理が実行されるので、非常に高速なレスポンスが期待できます。

反対に、運悪くバッファ上にデータが見つからなかった場合は、はるばる低速なストレージまでデータを取りにいかなければならないため、SQL文のレスポンスが遅くなります。データベースの世界には「ディスクに触る者は不幸になる」という古い格言がありますが、その呪いを受けたSQL文のパフォーマンスは、もう目もあてられないほど遅くなることも珍しくありません。

■──ログバッファ

ログバッファは更新処理(INSERT、DELETE、UPDATE、MERGE)の実行に関係します。というのも、DBMSはこうした更新SQL文をユーザから受け取ったとき、即座にストレージ上のデータを変更しているわけではないからです。実は、一度このログバッファ上に更新情報を溜めて、ディスクへの更新はあとでまとめて行っています(**図1.4**)[注4]。

図1.4 更新処理はコミットのタイミングで同期処理になる

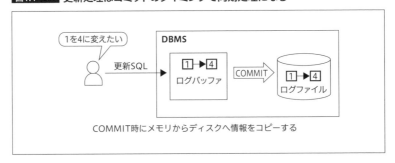

このようにデータベースの更新処理は、SQL文の実行タイミングとスト

注4 ログファイルへ出力されるタイミングとしてはコミットが一般的ですが、それ以外のタイミングで出力されることもあります。詳細は製品マニュアルなどを参照してください。

レージへの更新タイミングにずれがある非同期処理なのです。

単純にSQL文の実行時にストレージ上のファイルを更新してしまうほうが話は単純なのに、DBMSがわざわざタイミングをずらしている理由は、これも結局パフォーマンスを良くしたいからです。つまり、ストレージは検索だけでなく更新にも相当時間がかかるため、ストレージの更新が終わるまで待っていると、ユーザを長時間待たせることになるからです。そのため、一度メモリで更新情報を受けた時点で、ユーザにはその更新SQL文は「終わった」と通知しているのです。

この2つのバッファの説明を読んでおわかりかもしれませんが、つまるところ、DBMSというのは「ストレージの遅さをどうカバーするか」ということをずっと考え続けてきたミドルウェアなのです。DBMSは、昔から低速なストレージによるパフォーマンス問題に悩まされてきました。それを克服するために、こうした複雑なバッファのメカニズムを搭載するに至ったのです。逆に言うと、ストレージが速かったならこんな面倒なしくみを考えなくたってよかったのです。いまさら言っても始まらないのですけど。

メモリの性質がもたらすトレードオフ

先ほど、メモリの欠点は高価なので保持できるデータ量が少ないことだ、と言いました。これはもちろん大きな欠点なのですが、もう少し正確を期すと、欠点はほかにもいくつかあります。

■──揮発性とは

メモリにはデータの永続性がありません。ハードウェアの電源を落とせば、メモリ上に載っていたすべてのデータは消えてなくなります。この性質を揮発性と呼びます[注5]。

DBMSを再起動しただけでも、バッファ上のデータはすべてクリアされてしまいます。これはつまり、DBMSに何らかの障害が発生してプロセスダウンが起きた（いわゆる「落ちた」）場合には、メモリ上のデータも消えてしまう、ということです。だから、たとえメモリが非常に安価になったと

注5　中には電源供給がなくてもデータの失われないメモリもありますが、普通のサーバには使われません。

しても、永続性がない以上、機能的に完全にディスクの代替ができるわけ
ではないのです。

■――揮発性の問題点

　揮発性の一番困るところは、障害時にメモリ上のデータが消失してしま
うことで、データ不整合の原因となることです。データキャッシュであれ
ば、障害によってメモリ上のデータが失われたとしても、オリジナルのデ
ータはディスク上には残っています。もう一度ディスクから読み出せばよ
いだけなので、データ不整合の問題は起きません。キャッシュ用のメモリ
が空っぽの状態であっても、SELECT文はディスクを直接読みにいくだけ
なので、時間がかかるだけで結果不正は起きません。

　しかし、ログバッファ上に存在するデータが、もしディスク上のログフ
ァイルへ反映される前に障害によって消えてしまった場合、そのデータは
完全になくなり復旧できません。これは、ユーザが行ったはずの更新情報
が消えることを意味します。この障害はビジネス的な観点からは深刻です。
完了したはずの銀行振り込みやカードの引き落としが行われていない、な
んていうことが発生したら、社会は大混乱に陥ってしまいます。

　しかし、ログバッファに溜めた更新情報がDBMSのダウン時に消えてし
まう、という現象は、DBMSが更新を非同期処理として行っている以上、起
きる可能性はゼロではありません。これを回避するため、DBMSはコミッ
トのタイミングで必ず更新情報をログファイル（これは永続的なストレージ
上に存在しています）へ書き込むことによって、障害時のデータ整合性を担
保するようにしています。コミットとは、更新処理の「確定」を行うことで、
DBMSにはこのコミットされたデータを永続化することが求められます。

　逆に言うと、コミットの際は必ずディスクへの同期アクセスが必要にな
るため、ここで遅延が発生する可能性があるのです[注6]。ここにもまたトレー
ドオフが顔を出しています（**表1.2**）。ディスクへの同期処理をすればデー
タ整合性と耐障害性は高まるけれど、パフォーマンスは低くなる。パフォ

注6　ログバッファからディスクへの書き出しが行われるタイミングとしては、コミット以外にもありま
　　すが、コミット時には例外なく書き出しが行われます。唯一このルールに対する例外として、
　　PostgreSQLの「非同期コミット」という機能があります。名前のとおり、コミットの時点でもログ
　　バッファからディスクへ書き出さないという危険な機能で、データの信頼性を捨ててパフォーマン
　　スを取りたい場合に、究極のトレードオフを実現します。もちろんデフォルトではこの設定は無効
　　です。有効にすることもまずないでしょう。

ーマンスを追求するとデータ整合性と耐障害性は低くなる。悩ましい二者択一に挟まれて、今日もデータベースエンジニアは悩むのです。

表1.2 データ整合性とパフォーマンスはトレードオフ

名前	データの整合性	パフォーマンス
同期処理	◯	×
非同期処理	×	◯

システムの特性によるトレードオフ

■──データキャッシュとログバッファのサイズ

ところで、前出の表1.1のデータキャッシュとログバッファを比較してみると、3つのDBMSに共通して、データキャッシュに比べてログバッファのデフォルト設定値が非常に小さいことに気づきます。Oracleや PostgreSQLなど、ログバッファは1MBにも達しません。こんなに小さくて大丈夫なのでしょうか?

大丈夫かそうでないかは、性能試験をやってみるまでわかりません。ただ、データベースが2つのバッファに対して、このように極端に非対称なサイズ割り当てを行っているのには、明確な理由があります。それは、データベースが基本的に検索をメインの処理と想定しているミドルウェアだということです。

検索処理においては、検索対象のレコードが数百万件、数千万件というオーダーになることも珍しくありません。他方、更新処理において変更対象とされるデータは、せいぜいトランザクションあたり1~数万件です(もちろんトランザクションの規模によって差はありますが)。そのため、更新に貴重なメモリを多く割くよりは、可能な限り多く検索処理でヒットしそうなデータをキャッシュに載せておくほうが得策だ、というのがデータベースの基本精神になっているのです(**図1.5**)。

図1.5 データベースは検索を重視したメモリ配分をしている

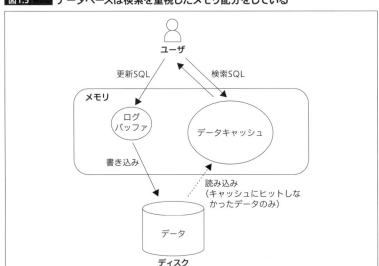

　実際多くのDBMSが、物理メモリに余裕があればデータキャッシュになるべく多く割り当てることを推奨しています[注7]。

　もちろんこれは、データベースの作り手側が（言葉は悪いですが）勝手にそう決めてかかっているだけなので、もしみなさんが作るシステムが、検索に比べて更新量の多い業務特性を持っているならば（たとえばバッチ処理がメインの場合）、デフォルト設定のままでは更新処理のパフォーマンスが出ないということもあり得ます。そのときは、ログバッファにより多くのメモリを割り当てるといったチューニング（最適化）が必要になることは言うまでもありません。私自身、バッチ処理による大量のデータ更新を行う特性を持ったシステムに対するチューニングでは、ログバッファを拡張したことがあります。

注7　たとえば、MySQLはマニュアルで「サーバがデータベース専用ならば、物理メモリの80%をバッファプールに割り当ててもよい」と示唆しています。「データベース専用ならば」という条件つきなのは、もちろん同じサーバでほかのアプリケーションが動いている場合は、そちらのメモリ使用量も考慮する必要があるからです。
・「MySQL 5.7 Reference Manual :: 14.12 InnoDB Startup Options and System Variables」
http://dev.mysql.com/doc/refman/5.7/en/innodb-parameters.html

第1章　DBMSのアーキテクチャ　この世にただ飯はあるか

■──検索と更新、大事なのはどっち

つまり、ここで私たちは、検索と更新のどちらを優先すべきかというトレードオフに直面しているのです。メモリという高価で希少な資源は、すべてのデータをカバーするには足りません。したがって、何を優先して守り、何を捨てるかという判断が必要になるのです。

もちろん、システムにかかる負荷に対して、相対的にメモリが潤沢に余っているならばこういう悩みは生じません。データキャッシュとログバッファの両方に十分なメモリを割り当てればよいでしょう。また最近のDBMSはかなり進歩していて、リソースを自動調整する機能が充実してきています。メモリ割り当ても自動判断してくれるDBMSもあります。ただ、現状それにもやはり限界はあります。厳しいリソース配分の計算が必要な局面では、何も考えずに自動設定に頼ることは危険な行為です。

そうしたとき適切な判断を下すためにも、そのデータベースがどのような思想に基づいてリソース配分が行われたのかを理解することは、大切なことです。もしログバッファが大きく取られていれば、それは高負荷の更新処理を想定した設計を行っているということがわかりますし、反対にデータキャッシュが大きく取られていれば、検索処理のレスポンスを重視していることがわかるわけです[注8]。

もう一つのメモリ領域「ワーキングメモリ」

■──いつ使われるか

DBMSは、上で説明した2つのバッファ以外に、通常はもう一つのメモリ領域を持っています。それが、ソートやハッシュなど特定の処理に利用される作業用の領域、ワーキングメモリです。ソートは、ORDER BY句、あるいは集合演算やウィンドウ関数などの機能を使用する際に実行されます。一方、ハッシュは主にテーブル同士の結合でハッシュ結合が使用された場合に実行されます[注9]。

このメモリ領域の名称や管理方法はDBMSによって異なります。たとえばOracle、PostgreSQL、MySQLでは、それぞれ**表1.3**のような名称で呼ば

注8　何も考えずにデフォルト設定、というシステムを見かけることもけっして少なくありませんが。

注9　最近はGROUP BYでもハッシュのアルゴリズムが使われることがあります。またハッシュ結合については第6章で詳しく見ます。

れています[注10]。

表1.3 ワーキングメモリの各DBMSでの呼び方と設定

DBMS	名称	パラメータ	デフォルト値
Oracle 11g R2	PGA (Program Global Area)	PGA_AGGREGATE_TARGET	10MB、またはSGAサイズの20%のいずれか大きいほう
PostgreSQL 9.3	ワークバッファ	work_mem	8MB
MySQL 5.7	ソートバッファ	sort_buffer_size	256KB

　この作業用のメモリ領域は、SQLでソートやハッシュが必要になったときに使用され、終われば解放される文字どおり一時的な領域で、通常はデータキャッシュやログバッファとは別の領域として管理されていることが多いです。この領域が性能的に重要な理由は、もしこの領域が扱うデータ量に対して小さく不足した場合は、多くのDBMSがストレージを使用するためです（図1.6）。これは、OSの動作で言うところのスワップ（swap）のようなものです。

図1.6 メモリが不足するとストレージが使われる

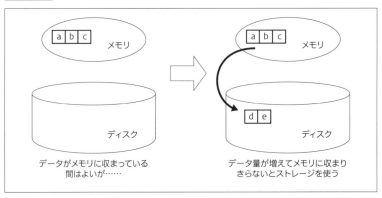

注10　詳細はそれぞれ次のマニュアルを参照してください。
・Oracle Database 管理者ガイド 11gリリース1 (11.1)
http://otndnld.oracle.co.jp/document/products/oracle11g/111/doc_dvd/server.111/E05760-03/memory.htm
・PostgreSQL 9.3.2文書 18.4.1. メモリ
http://www.postgresql.jp/document/9.3/html/runtime-config-resource.html
・MySQL 5.7 Reference Manual 5.1.4 Server System Variables
http://dev.mysql.com/doc/refman/5.7/en/server-system-variables.html#sysvar_sort_buffer_size

第1章　DBMSのアーキテクチャ　この世にただ飯はあるか

多くのDBMSが、ワーキングメモリが溢れたときに使用する一時領域を持っています。これはたとえば次のような名前で呼ばれています。

- Oracle：一時表領域(TEMP表領域)
- Microsoft SQL Server：TEMPDB
- PostgreSQL：一時領域(pgsql_tmp)

こうした領域が使用されることを、通称「TEMP落ち」と言います。この一時領域はストレージ上に確保されるため、当然アクセス速度は低速です。

■——不足すると何が起きるのか

ストレージが使われると何が起きるのでしょうか？前述のとおり、ストレージはメモリに比べて非常に低速です。そこにアクセスすると……そう、スローダウンが起きてしまうわけです。もちろん、メモリが不足することで処理が止まったりエラーが起きたりすることに比べれば、まだスローダウンのほうがマシではあるのですが、この種のスローダウンのやっかいなところは、データがメモリに収まっている間は非常に高速なのに、メモリから溢れた瞬間に一気に遅くなる、という極端な劣化が(突然)起きてしまうことです。かつ、この領域は複数のSQL文で共有して使用されるため、一つのSQL文を実行しているときはメモリ内に収まっていたのが、複数のSQL文を同時実行した際の競合によって閾値を超えてしまって溢れてしまうという、競合状態を再現する試験(負荷試験)を実施しないと判明しないという難しさがあります。単体の性能だけでなく競合時の性能に気を配らなければならないという点で、コントロールの難しいタイプの性能問題です。

DBMSのこうした複雑なメカニズムを、みなさんはやっかいなものだと考えるかもしれません。しかし、これは逆に考えることもできます。つまり、DBMSはたとえメモリが不足しようとも何とか処理を継続しようと努力するミドルウェアだ、ということです。実際、DBMSとしては、ワーキングメモリが不足したとき、さくっとそのSQL文をエラーにして処理を中断してしまうという選択肢もあり得るのです。たとえば、JVMのヒープサイズが不足したときに、Javaアプリケーションがメモリ不足(*Out of Memory*)エラーによって処理を異常終了させるように。しかしながら、データベースはそのような選択をしません。SQL文をエラーにするぐらいなら、たとえ遅くなってもよいから何とかして処理を完了させるよう努力します。こ

れは、DBMSが重要なデータを保管し、それを処理するがゆえに、OSに準じるレベルで処理継続性を担保しようとしているからです。

このワーキングメモリの機構は、第4章でGROUP BY句、第6章でハッシュ結合を取り上げたとき再び登場することになるので、覚えておいてください。

1.3
DBMSと実行計画

Web画面の入力フォームであれコマンドラインツールであれ、ユーザインタフェースにかかわらず、RDBに対する操作はSQLという専用の言語で行われます。ユーザや開発者が意識的に記述するのは通常このSQLレベルまでで、あとはSQL文を受け取ったDBMSが処理を行い、結果が返却されるのを待つのみです。ユーザはデータのありかを知る必要もなければ、そこへのアクセス方法も考えません。そういう仕事は、全部DBMSに任せています。

このプロセスは、通常「プログラミング」と呼ばれるものとはかなり異なります。普通、データの検索や更新をプログラミング言語によって行う場合、どこにあるデータをどのように探すか、という手続きを細部に渡って記述しなければいけません。しかし、SQLにおいてはそのような手続きは一切現れません。

権限委譲の功罪

この態度の違いは良いとか悪いとかいうものではなく、言語の設計思想の違いです。C言語、JavaからRubyに至るまで、手続き型を基礎とする言語においては、ユーザがデータアクセスのための手段(How)を責任持って記述することが前提です。他方、非手続き型であるRDBは、その仕事をユーザからシステム側に移管しました。その結果、ユーザのすることは対象(What)の記述だけに限定されたのです。

RDBがこのような大胆な権限委譲を断行したことには、もちろん正当な理由があります。それは、「そのほうがビジネス全体の生産性は上がるか

ら」です。現在の状況を眺めてみると、この言葉は半面正しく、半面間違っていました。正しかったことは、RDBがシステムの世界の隅々にまで浸透したことからわかります。間違っていたことは、それでもやはり私たちはRDBを扱うのに苦労していることからわかります。SQLは思ったほど簡単な言語ではなかったし、Howを意識しないことによるSQL文のパフォーマンスに悩まされることもしばしばです。

　私たちが(不本意ながらも)RDBがいったんは隠蔽したはずの内部の手続きを再度のぞき見なければならないのは、このような理由によるのです。

データへのアクセス方法はどう決まるのか

　先述のとおり、RDBにおいてデータアクセスの手続きを決めるモジュールは、クエリ評価エンジンと呼ばれます。これは、ユーザから送信されたSQL文(クエリ)を最初に受け取るモジュールでもあります。クエリ評価エンジンは、さらにパーサやオプティマイザといった複数のサブモジュールから構成されています。

　クエリがどのように処理されて、実際にデータアクセスが実行されるのかを大まかに図示すると、**図1.7**のようになります。

図1.7　DBMSのクエリ処理の流れ

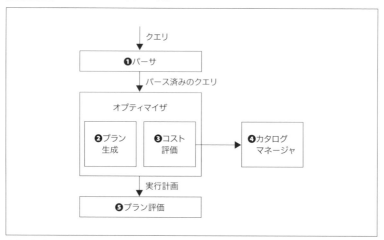

出典：Raghu Ramakrishnan, Johannes Gehrke, *Database Management Systems 3rd ed.*, McGraw-Hill, 2002, p.405.

パーサ(*parser*)

パーサ(**❶**)の役割は、名前のとおりパース(構文解析)です。つまり受け取ったSQL文を一度バラバラの要素に分解し、それをDBMSが処理しやすい形式に変換することです。

なぜこの処理が最初に必要かと言えば、第一の理由は、受け取ったSQL文が常に構文的に適正である保証がないため、整合性チェックが必要だからです。ユーザがカンマを書き忘れたり、FROM句に存在しないテーブル名を書いたりしてきたときには、「書類審査」で落第させる必要があります。第二の理由は、SQL文を定型的な形式に変換することで、DBMS内部での後続の処理が効率化されるからです。構文解析は、SQLに限らず一般のプログラミング言語のコンパイル時にも同様に実行されるものです。

オプティマイザ(*optimizer*)

書類審査をパスしたクエリは、次にオプティマイザに送られます。オプティマイズの和訳に「最適化」という語が当てられているとおり、ここで「最適」なデータアクセスの方法(実行計画)が決定されます。この処理がDBMSの頭脳におけるコアです。

オプティマイザは、インデックスの有無、データの分散や偏りの度合い、DBMSの内部パラメータなどの条件を考慮して、選択可能な多くの実行計画を作成し(**❷**)、それらのコストを計算して(**❸**)、最も低コストな1つに絞り込みます。オプティマイザがどのようなSQLに対してどのような実行計画を立てるのかについては、本書の後半で多くの実例を取り上げます。

RDBがデータアクセスの手続き決定を自動化している理由は、アクセスパスの候補の数が多いうえに、それら個々のプランについてしらみつぶしにコスト計算をして、互いを比較考慮しなければならないためです。このような計算は、人間よりコンピュータのほうが高速に処理可能なので、一般的にはオプティマイザに任せるのが得策です。

カタログマネージャ(*catalog manager*)

オプティマイザが実行計画を立てる際、オプティマイザに重要な情報を提供するのがカタログマネージャ(**❹**)です。カタログとはDBMSの内部情報を集めたテーブル群で、テーブルやインデックスの統計情報が格納されています。そのため、このカタログの情報を単に「統計情報」とも呼びます。

本書でもこの呼び名を使います。

■──プラン評価(*plan evaluation*)

オプティマイザがSQL文から複数の実行計画を立てたあと、それを受け取って最適な実行計画を選択するのがプラン評価(**❺**)です。あとで実際にいくつかのサンプルを見ていきますが、実行計画というのはまだそのままDBMSが実行できるようなコードにはなっていません。むしろ人間が読むことのできる、文字どおり「計画書」です。したがって、パフォーマンスの悪いSQL文については、この実行計画をエンジニアが読むことによって補正案を考えることもできるのです。

こうして一つの実行計画に絞り込まれたあと、DBMSは実行計画を手続き型のコードに変換してデータアクセスを実行することになります。

オプティマイザとうまく付き合う

以上が、DBMSがクエリを受け取ってから実際のデータアクセスを行うまでの流れです。オプティマイザ内部の処理については、このエンジンそのものを実装するエンジニア以外には関係しないため、本書では扱いません。むしろデータベースのユーザとしては、このオプティマイザをうまく使ってやることのほうが大事です。というのも、オプティマイザは放っておけば万事よろしくやってくれるほど万能ではないからです。特に、カタログマネージャ(**❹**)が管理する統計情報については、データベースエンジニアは常に神経を使う必要があります。

というのも、プラン選択をオプティマイザ任せにしている場合、現実には最適なプランが選ばれないことが多々あるからです。オプティマイザが失敗する代表的なパターンはいくつかありますが、中でも最も初歩的かつありがちなのが、統計情報が不適切なケースです。

実装によって差はありますが、カタログに含まれている統計情報は次のようなものです。

- 各テーブルのレコード数
- 各テーブルの列数と列のサイズ
- 列値のカーディナリティ(値の個数)

- 列値のヒストグラム（どの値がいくつあるかの分布）
- 列内にあるNULLの数
- インデックス情報

　これらの情報を入力として、オプティマイザは実行計画を作ります。問題が起こるのは、このカタログ情報がテーブルやインデックスの実体と一致しない場合です。テーブルに対してデータの挿入／更新／削除が行われたのにカタログ情報が更新されていないと、オプティマイザは古い情報をもとに実行計画を作ろうとします。オプティマイザの手元にはそれしか情報がないのだから、しかたありません[注11]。

　たとえば極端な例ですが、テーブルを作ったばかりのレコード0件の状態でカタログ情報が保存され、その後レコードを1億件ロードしたのにカタログ情報を更新しなかった場合、オプティマイザはデータ0件を前提してプラン生成をしようとします。これでは最適なプランは到底期待できません。「Garbage In, Garbage Out」（ゴミのような入力からはゴミのような結果しか生まれない）というやつです。それでSQL文が遅かったからといって、オプティマイザのせいにするのは酷です。

適切な実行計画が作成されるようにするには

　正しい統計情報を集めることは、SQLのパフォーマンスにとって死活問題なので、テーブルのデータが大きく更新されたらカタログの統計情報もセットで更新することは、データベースエンジニアの間では常識です。マニュアルで更新するだけでなく、データを大きく更新するバッチ処理の場合はジョブネット[注12]に組み込む場合も多いですし、Oracleのようにデフォルト設定で定期的に統計情報更新のジョブが動いたり、Microsoft SQL Server

---

注11　統計情報が一度も収集されていなかったり、失効していた場合、クエリ実行時に統計情報をリアルタイムに収集する機能を持つDBMSもあります。これをJIT（*Just In Time*）統計と呼びます。JITは、鮮度の高い情報が得られるのがメリットですが、欠点もあります。一つ目は、統計情報収集はそれ自身かなり時間のかかる処理なので、JIT自身が遅延するという本末転倒になる危険があること、二つ目が、だからと言ってJITを高速化するために集める情報を制限すると、精度の低い統計情報しか集められないことです。お気づきのように、ここにおいても、問題はまたしてもトレードオフなのです。

注12　個々のジョブの実行シーケンスのことです。業務的な前後関係やパラレル実行可能かどうかなどを考慮して組み上げます。

のように更新処理が行われたタイミングで自動的に統計情報を更新する
DBMSもあります。

　統計情報の更新は、対象のテーブルやインデックスのサイズと数によっ
ては数十分〜数時間を要することがあり、実行コストの高い作業ではあり
ます。しかし、DBMSが適切なプランを選択するための必要条件ですので、
更新タイミングは手を抜かずに検討する必要があります。

　代表的なDBMSの統計情報更新コマンドの一覧を**表1.4**に掲載します。
ここに掲載するのは基本構文のみで、オプションのパラメータによってテー
ブル単位ではなくスキーマ全体で取得したり、サンプリングレートを指
定したり、テーブルに付与されているインデックスの統計情報もあわせて
取得したりなど、さまざまな制御が可能です。詳細は各DBMSのマニュア
ルを参照してください。

表1.4　代表的なDBMSの統計情報更新コマンド

名前	コマンド
Oracle	exec DBMS_STATS.GATHER_TABLE_STATS(OWNNAME => スキーマ名, TABNAME =>テーブル名);
Microsoft SQL Server	UPDATE STATISTICSテーブル名
DB2	RUNSTATS ON TABLE スキーマ名.テーブル名;
PostgreSQL	ANALYZE スキーマ名.テーブル名;
MySQL	ANALYZE TABLE スキーマ名.テーブル名;

1.4
実行計画がSQL文のパフォーマンスを決める

　実行計画が作られると、DBMSはそれをもとにデータアクセスを行いま
す。しかし、データ量の多いテーブルへアクセスしたり、複雑なSQL文を
実行する場合、レスポンスの遅延に遭遇することがよくあります。この理
由には、先述のように統計情報が不正確であるというケースもありますが、
現状最適なアクセスパスが選択されているのに遅い、ということもありま
す。また、統計情報は最新でも、SQL文が複雑過ぎてオプティマイザが最
適なアクセスパスを生成できないこともあります。

実行計画の確認方法

　こうした理由から、SQL文の遅延が発生したとき、最初に調べるべき対象は実行計画となります。どんなDBMSも、実行計画を調べる手段を提供しています。実装によって違いますが、多くのDBMSがコマンドラインのインタフェースから確認する手段を用意しています（**表1.5**）。

表1.5 **実行計画を確認するコマンド**

名前	コマンド
Oracle※	set autotrace traceonly
Microsoft SQL Server※	SET SHOWPLAN_TEXT ON
DB2	EXPLAIN ALL WITH SNAPSHOT FOR SQL文
PostgreSQL	EXPLAIN SQL文
MySQL	EXPLAIN EXTENDED SQL文

※OracleおよびMicrosoft SQL Serverでは、上記コマンドのあとに対象のSQL文を実行します。いずれのDBMSにおいても、確認コマンドとSQL文の間には改行を入れてもかまいません。

　これから、次の3つの基本的なSQL文に対する実行計画を見てみましょう。

❶**テーブルフルスキャンの実行計画**
❷**インデックススキャンの実行計画**
❸**簡単なテーブル結合の実行計画**

　具体的に、**図1.8**のようなサンプルテーブルを使うことにします。ある業種の店舗についての評価や所在地域のデータを保存するテーブルだと考えてください。主キーは店舗IDで、テーブルには60行のデータを入れ、そのあとに統計情報を取得済みだと仮定します。

第1章　　　DBMSのアーキテクチャ　この世にただ飯はあるか

図1.8　店舗テーブル

Shops（店舗）

shop_id（店舗ID）	shop_name（店舗名）	rating（評価）	area（地域）
00001	○○商店	3	北海道
00002	△△商店	5	青森県
00003	××商店	4	岩手県
00004	□□商店	5	宮城県
略			
00060	☆☆商店	1	東京都

※以降テーブルのデータを図示する場合には、表の左上にテーブル名を表記しています。また、列名においてアンダーラインが引かれている列は、主キー（プライマリキー）であることを示します。主キーは、テーブル内のレコードを一意に特定することのできる列の組み合わせです。

テーブルフルスキャンの実行計画

まずは、レコードを全件取得する単純なSQL文の実行計画を見てみましょう。

```
SELECT *
  FROM Shops;
```

PostgreSQLとOracleで取得した実行計画を掲載します（**図1.9**、**図1.10**）。なお、本書では以降、実行計画の読みやすいPostgreSQLとOracleの実行計画をサンプルとして使います。

図1.9　テーブルフルスキャンの実行計画（PostgreSQL）

```
EXPLAIN
SQL文を実行


-------------------------------------------------
Seq Scan on shops (cost=0.00..1.60 rows=60 width=22)
```

図1.10　テーブルフルスキャンの実行計画（Oracle）

```
set autotrace traceonly
SQL文を実行


-----------------------------------------------------------
| Id | Operation        | Name | Rows | Bytes | Cost (%CPU)| Time     |

| 0  | SELECT STATEMENT |      | 60   | 1260  |    3   (0)| 00:00:01 |
```

26

```
| 1 | TABLE ACCESS FULL| SHOPS | 60 | 1260 |     3  (0)| 00:00:01 |
```
※以降で実行計画を掲載するときは、実行計画を確認するコマンドとSQL文は省略します。

　実行計画の出力フォーマットは完全に同じではありませんが、どちらの
DBMSにも共通する項目があります。それは、次の3つです。

❶操作対象のオブジェクト
❷オブジェクトに対する操作の種類
❸操作の対象となるレコード数

　この3つはほとんどのDBMSの実行計画に含まれています。それだけ重
要な項目だということです。

■──操作対象のオブジェクト

　1つ目の対象オブジェクトについて見ると、PostgreSQLはonのあとに、
Oracleは「Name」列にShopsテーブルが出力されています。サンプルのSQL
文がこの1つのテーブルしか使用していないため今は迷うことはありませ
んが、複数のテーブルを使用するSQL文では、どのオブジェクトに対する
操作なのか混同しないよう注意が必要です。
　また、この項目にはテーブル以外にも、インデックスやパーティション、
シーケンスなど、SQL文でアクセス対象となるオブジェクトなら何でも現
れる可能性があります[注13]。

■──オブジェクトに対する操作の種類

　2つ目のオブジェクトに対する操作は、実行計画で最も重要な項目です。
PostgreSQLは文頭の単語、Oracleでは「Operation」列が示します。
PostgreSQLの「Seq Scan」は「シーケンシャルスキャン」の略で、ファイルを
順次（シーケンシャルに）アクセスして当該テーブルのデータを全部読み出
す、という意味です。Oracleの「TABLE ACCESS FULL」は、「テーブルの
データを全部読み込む」という意味です。

注13　もちろん一番多く現れる可能性があるのがテーブル、その次にインデックスであることは言うまで
　　　もありません。

第1章　DBMSのアーキテクチャ　この世にただ飯はあるか

Column

実行計画の「実行コスト」と「実行時間」

　オブジェクト名やレコード数といった指標に比べて、OracleやPostgreSQLの出力に含まれる実行コスト（Cost）という指標は、評価の難しい項目です。一見するとこの数値を減らすことが良いことのように思えますし、それは大筋において間違いではないのですが、値の大小を絶対評価することは困難です[注a]。あくまで相対評価で、ある程度の目安にしかなりません。

　また、Oracleが出力している「Time」列も、あくまで推計の実行時間なのであまりあてになりません。このように、実行計画に出力されるコストや実行時間、処理行数は推計値なのであまり鵜呑みにできないのですが、こうした値の実際の値を取得する方法を用意している実装もあります。

　たとえばOracleでは、SQL文の実際の実行計画を取得する方法（DBMS_XPLAN.DISPLAY_CURSOR）もあるので、その場合には本当にかかった処理時間を操作ごとに出力できます。たとえば、インデックスによるアクセスのSQL文では、図aのような実行計画が得られます[注b]。

図a　　DBMS_XPLAN.DISPLAY_CURSORによる実行計画の取得

```
set serveroutput off
alter session set statistics_level=all;
SELECT *
  FROM Shops;
SELECT * FROM TABLE(DBMS_XPLAN.DISPLAY_CURSOR(format=>'ALL ALLSTATS LAST' ));


-------------------------------------------------------------------------------
| Id | Operation                   | Name     | Starts | E-Rows | A-Rows |  A-Time    | Buffers |
-------------------------------------------------------------------------------
|  1 | TABLE ACCESS BY INDEX ROWID| SHOPS    |    1 |     1 |     1 |00:00:00.01 |      2 |
|* 2 |   INDEX UNIQUE SCAN         | PK_SHOPS |    1 |     1 |     1 |00:00:00.01 |      1 |
```

列の説明は次のとおりです。

- E-Rows：推計の操作行数
- A-Rows：実際の操作行数
- A-Time：実際の実行時間

注a　たとえば「このSQL文はCostが5,000しかないので1秒以内で終わるでしょう」という推測はできません。

注b　もちろん、SQL文を実際に実行する必要があるため、あまり実行時間の長いSQL文には不向きです。

28

> 本書は特定の実装の解説は目的としていないため、これ以上の詳細については製品のマニュアルを参照してください。

　この2つは、厳密には同じレベルの出力にはなっていません。テーブルのデータを全部読み込む方法として、必ずしもシーケンシャルスキャンを選択しなければならない、というわけではないからです。つまり、PostgreSQLの出力のほうがより物理レベルに近い出力です。しかし実際のところ、Oracleにおいても、テーブルへのフルアクセスを行う場合は内部的にシーケンシャルスキャンが実施されるので、この2つの操作はほぼ同義と考えてかまいません。このタイプのテーブルへのフルアクセスを、本書では「テーブルフルスキャン」と呼ぶことにします。

■──操作の対象となるレコード数

　3つ目の重要な項目は、操作の対象となるレコード数です。これらはいずれも「Rows」の項目に出力されます。結合や集約が入ってくると、1つのSQL文を実行するだけでも複数の操作が行われます。そうすると、各操作でどれだけのレコードが処理されるかが、SQL文全体の実行コストを把握するために重要になります。

　なお、この件数に関して1つ誤解してほしくないことがあります。それは、この数値が取得されている情報源です。先ほど「データへのアクセス方法はどう決まるのか」（20ページ）でオプティマイザが実行計画を作る過程を解説した際にも説明したように、オプティマイザはテーブル情報をカタログマネージャから受け取ります。つまり、ここに出ている件数は、統計情報として取得された値がもとになっています。そのため、SQL文を実行した時点のテーブル件数とは乖離がある場合もあります（JITの場合は別ですが）。

　ためしに、このShopsテーブルから全レコードを削除して（もちろんコミットもして）、それから再度実行計画を取得したらどうなるでしょう。実際にやっていただければわかりますが、OracleでもPostgreSQLでも、やはりRowsの項目には変わらず「60」という値が出力されます。これは、オプティマイザが、あくまで統計というメタ情報を頼りにしていて、実テーブル

第1章　DBMSのアーキテクチャ　この世にただ飯はあるか

は見ていない証拠です[注14]。

インデックススキャンの実行計画

今度は、先ほど実行した簡単なSQL文にWHERE条件を付けてみましょう。

```
SELECT *
  FROM Shops
 WHERE shop_id = '00050';
```

再度実行計画を取得すると、**図1.11**、**図1.12**のようになります。

図1.11　インデックススキャンの実行計画（PostgreSQL）

```
--------------------------------------------------
Index Scan using pk_shops on shops  (cost=0.00..8.27 rows=1 width=320)
  Filter: (shop_id = '00050'::bpchar)
```

図1.12　インデックススキャンの実行計画（Oracle）

Id	Operation	Name	Rows	Bytes	Cost (%CPU)	Time
0	SELECT STATEMENT		1	21	1 (0)	00:00:01
1	TABLE ACCESS BY INDEX ROWID	SHOPS	1	21	1 (0)	00:00:01
* 2	INDEX UNIQUE SCAN	PK_SHOPS	1		0 (0)	00:00:01

今度の実行計画には、おもしろい変化が見られます。先ほどと同様、3つの項目に注目して見てみましょう。

■──操作の対象となるレコード数

まず、どちらのDBMSも、Rowsが1になっています。WHERE句で主キーが「00050」の店舗を指定しているわけですから、アクセス対象が必ず1行になるためです。これは当然の変化です。

注14　「そんな不正確なことしなくても、SQL文実行時にテーブル件数を数えるJIT処理をすればよいのに」と思うかもしれませんが、もし1億件オーダーのレコードが入っているテーブルにJITを行う場合、Rowsの値を厳密に取得しようとすれば、それだけでも数十分を要することもあります。注11（23ページ）も参照してください。

30

■── 操作対象のオブジェクトと操作

　オブジェクトと操作についてはどうでしょう。こちらは興味深い変化が見られます。PostgreSQLでは「Index Scan」、Oracleでは「INDEX UNIQUE SCAN」という操作が現れています。これは、インデックスを使ったスキャンが行われるようになったことを示しています。

　Oracleでは「TABLE ACCESS FULL」の代わりに「TABLE ACCESS BY INDEX ROWID」と表示され、さらにその内訳としてId=2の行に「INDEX UNIQUE SCAN」、Name（対象オブジェクト）に「PK_SHOPS」が出力されています。この「PK_SHOPS」は主キーのインデックスの名前です。

　インデックスについては第10章で詳しく解説しますが、一般的に、スキャンする母集合のレコード数に対して選択されるレコード数が小規模な場合に、テーブルに対するフルスキャンよりも高速なアクセスを実現します。これは、フルスキャンが母集合のデータ量に比例して処理コストが増大するのに対し、インデックスの中で一般的なB-treeインデックスでは、母集合のデータ量に対数関数的に増大するからです。これは、インデックスのほうが処理コストの増大のしかたが緩やかだということを意味するので、あるデータ量（N）を損益分岐点として、インデックススキャンのほうがフルスキャンよりも効率的にアクセスできるのです（**図1.13**）[注15]。

図1.13　母集合のデータ量が増えるとインデックススキャンが有利

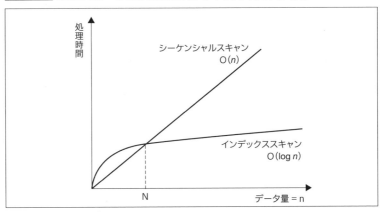

注15　あくまで一般論なので、諸条件によってそうでないこともあるのですが、そうした細かい話は第10章でします。

第1章　DBMSのアーキテクチャ　この世にただ飯はあるか

今は60行しかデータが存在しないので、テーブルを順次読み込むのもインデックスでランダムアクセスするのもレスポンスは大差ありませんが[注16]、この差はレコード数が増えたときに効いてきます。

簡単なテーブル結合の実行計画

最後に、結合を行う実行計画を見てみましょう。SQLが遅いケースの十中八九は結合が関係します。かつ、結合が利用される場合は実行計画が複雑になりがちなため、オプティマイザも最適な実行計画を立てるのが難しくなります。したがって、結合時の実行計画の特性を学ぶことには重要な意味があります。結合の実行計画を理解することは、本書の主眼の一つです。

結合を行うにはテーブルが2つ以上必要ですので、図1.8の店舗テーブルのほかに**図1.14**の予約管理テーブルを追加しましょう。データ件数は10件登録するとします。

図1.14　予約管理テーブル

Reservations（予約管理）

reserve_id（予約ID）	shop_id（店舗ID）	reserve_name（予約者）
1	00001	Aさん
2	00002	Bさん
3	00003	Cさん
4	00004	Dさん
略		
10	00010	Jさん

実行計画を取得する対象のSQL文は、次のような予約の存在する店舗を選択するSELECT文です。

```
SELECT shop_name
  FROM Shops S INNER JOIN Reservations R
    ON S.shop_id = R.shop_id;
```

詳細は第6章で解説しますが、一般的に、DBMSが結合を行うアルゴリズムは3種類あります。

注16　実際60行程度のデータ量であれば、たとえWHERE句で主キーを指定しても、インデックスではなくフルスキャンが選択されることもあります。

最も基本的でシンプルなのがNested Loops[注17]です。最初に片方のテーブルを読み込み、その1行のレコードに対して、結合条件に合致するレコードをもう一方のテーブルから探します。手続き型言語で書くと二重ループで実装するので、「入れ子ループ」という名前がついています[注18]。

2つ目はSort Mergeです。結合キー（今のケースでは店舗ID）でレコードをソートしてから、順次アクセスを行って2つのテーブルを結合します。結合の前処理として（原則として）ソートを行うので、そのためのメモリ領域を必要とします。この作業用の領域が「もう一つのメモリ領域『ワーキングメモリ』」（16ページ）で触れたワーキングメモリです。

3つ目はHashです。名前のとおり、結合キーの値をハッシュ値にマッピングします。これもハッシュテーブルを確保するための作業用のメモリ領域を必要とします。

では、OracleとPostgreSQLがどのような結合アルゴリズムを採用するか見てみましょう（**図1.15**、**図1.16**）。

図1.15 結合の実行計画（PostgreSQL）

```
Nested Loop  (cost=0.14..14.80 rows=10 width=2)
  -> Seq Scan on reservations r  (cost=0.00..1.10 rows=10 width=6)
  -> Index Scan using pk_shops on shops s  (cost=0.14..1.36 rows=1 width=8)
      Index Cond: (shop_id = r.shop_id)
```

図1.16 結合の実行計画（Oracle）

Id	Operation	Name	Rows	Bytes	Cost (%CPU)	Time
0	SELECT STATEMENT		1	48	3 (0)	00:00:01
1	NESTED LOOPS		1	48	3 (0)	00:00:01
2	TABLE ACCESS FULL	RESERVATIONS	1	7	2 (0)	00:00:01
3	TABLE ACCESS BY INDEX ROWID	SHOPS	1	41	1 (0)	00:00:01
* 4	INDEX UNIQUE SCAN	PK_SHOPS	1		0 (0)	00:00:01

注17　Oracleは「Nested Loops」で、PostgreSQLは「Nested Loop」と表記していますが、本書では便宜上「Nested Loops」に統一します。

注18　このネーミングからわかるように、DBMSも内部では手続き型の方法でデータアクセスしているのです。

第1章　DBMSのアーキテクチャ　この世にただ飯はあるか

■──オブジェクトに対する操作の種類

　Oracle の Operation 列には「NESTED LOOPS」と出ているため、使われているアルゴリズムについて迷うことはありません。また、PostgreSQL でもやはり「Nested Loop」と出ていることから、Oracle と同じアルゴリズムが選択されていることがわかります[19]。

　ここでちょっと、実行計画の読み方のワンポイントを教えましょう。実行計画は一般的にツリー構造で出力されるのですが、入れ子の深い操作ほど先に実行されます。PostgreSQL の結果を例にとると、「Nested Loop」よりも「Seq Scan」と「Index Scan」の階層が深いため、結合に先んじて2つのテーブルへのアクセスが行われることがわかります（当たり前のことですが）。また、結合の場合、どちらのテーブルを先にアクセスするかが重要な意味を持ってくるのですが[20]、これは同じインデントの階層において上に位置するテーブルです。PostgreSQL でも Oracle でも、Reservations テーブルと Shops テーブルへのアクセスは同じ階層に位置していますが、どちらも Reservations テーブルが上に記述されているため、Reservations テーブルに先にアクセスされることがわかります。

　この結合アルゴリズムとテーブルアクセスの順番の重要性については、第6章で詳しく取り上げます。今は、実行計画のフォーマットに目を慣らしておいてもらえれば十分です。

I.5
実行計画の重要性

　最近のオプティマイザはかなり優秀になってきていますが、それでも完全ではありません。前節でも解説したように、良かれと思って選んだ実行計画が惨憺たるパフォーマンスを生むこともあります。また、そうした複雑な問題以前に、絶対に使ったほうが速いはずのインデックスを使ってく

注19　実際に使われる結合のアルゴリズムは、環境によって変化します。そのため、PostgreSQL において Sort Merge 結合が現れたり、Oracle において Hash 結合が現れることもあります。あくまで上記は実行計画のサンプルだと考えてください。

注20　この先にアクセスされるテーブルを駆動表（driving table）と言います。

れない、テーブルの結合順序が明らかにおかしい、といったポカもやります。オプティマイザもしょせん人間が作ったプログラムなので、絶対はありません。

そうした場合、最後のチューニング手段は、実行計画を手動で変えてしまうことです。たとえば、Oracle、MySQLなどが持っているヒント句を使うと、SQL文の中に埋め込むことでオプティマイザに強制的に命令を出すことができます。ヒント句は結果には中立で、あくまでデータへのアクセスパスだけを変更する手段です。ヒント句を用意するということは、DBMSの作り手からしてみれば自分たちのオプティマイザの力不足を認めることになるので、あまりおおっぴらに宣伝したい機能ではありません。したがって、ヒント句を原則として持たないDB2のような強気のDBMSもあります(そもそも、ユーザに実行計画を読ませること自体、「中の人」たちにしてみれば気乗りしないことです)。

とはいえ、現実にオプティマイザが選ぶ実行計画が最適でない場合、どうにかして人間が実行計画を修正してやる必要には迫られるわけで、その場合の手段が限られるというのは、それはそれで困ったものです。SQL文の構文変更やテーブル設計、アプリケーションの修正といった大規模な対応に迫られることもしばしばです。

そうしたケースにおいて、われわれデータベースエンジニアとしてどのような選択肢があり得るかは、本書の中で一つずつ検討していきますが、まずは現状の実行計画を確認し、当該のSQL文がどのようなアクセスパスでデータを取得しているかを知ることが、チューニングの第一歩です。そしてそれ以前に何よりも、効率的なテーブル設計を行い、無駄のないSQL文を記述するためには、データベースエンジニアはSQL文の実行計画を机上である程度予測できなければいけません。これは、物理層を隠蔽しようというRDBが目指した目標には逆行するのですが、いまだ理想の達成されない現実に生きる者には、理想的ではない手段も必要とされるのです。

第1章　DBMSのアーキテクチャ　この世にただ飯はあるか

第1章のまとめ

- データベースはさまざまなトレードオフのバランスを取ることを目的としたミドルウェアである

- 特にパフォーマンスの観点では、データを低速なストレージ（ディスク）と高速なメモリのどちらに配置するかのトレードオフが重要

- データベースは更新よりも参照を重視した設計とデフォルト設定になっているが、それが本当に適切かは判断が必要

- データベースはSQLを実行可能な手続きに変換するために実行計画を作っている

- 本当はユーザが実行計画を読むのは本末転倒だが、人生なかなかすべてが思いどおりにはいくわけではない

演習問題1

　DBMSのデータキャッシュは、容量の限られたメモリ上になるべく効率的にデータを保持できるような工夫がなされています。どのようなルール（アルゴリズム）でデータを保持するのが効率的か、考えてみてください。そのあとに、自分の使っているDBMSにどのようなアルゴリズムが採用されているか、マニュアルなどを使って調べてください。

➡解答は334ページ

36

Column

いろいろなキャッシュ

　キャッシュというしくみは、データベース層だけでなく、いろいろなレイヤで利用されています。たとえば、Linux OSは「ファイルキャッシュ」と呼ばれるキャッシュを持っています。このキャッシュは、OS上で動作するアプリケーションなどが使っていない「余った」メモリを利用します。一方、ハードウェアレベルにおいても、ストレージは（グレードにもよりますが）やはりキャッシュを持っています（**図a**）。

図a　キャッシュの階層

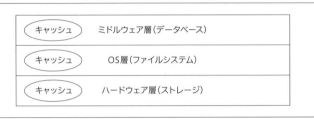

　また、アプリケーション側でデータベースの結果セットをキャッシュに保持し、データベースまでSQL文を発行しなくてもユーザに結果を返せるようにするしくみを採用することもあります。最新のデータが必要ない場合は、こうしたシンプルなパフォーマンス改善方法もあります。

　これらさまざまなレイヤにおけるキャッシュは、データベースにおけるデータキャッシュの役割と一部重複します。しかし、OSのファイルキャッシュに割り当てるよりは、サーバの物理メモリを圧迫しない程度にデータベースのデータキャッシュに割り当てたほうが、データベースのパフォーマンス向上が期待できます。これは、OSがキャッシュする対象はデータベースのデータ以外に、OS上のほかのプロセスが使用するデータも含まれるので、（データベースから見ると）キャッシュ効率が悪いためです。

　かといって、データベースにメモリをあまり多く割り当てすぎると、物理メモリの枯渇を招き、スワップが起きてスローダウンが発生します。これでは本末転倒な話になるので、データベースにどの程度のメモリを割り当てるかを判断するときは、「あくまで物理メモリの範囲内でなるべく多く」というのが原則です。

　なかには、SQL Serverのように、データベースに対する割り当てメモリ量を自動調整可能なDBMSもあります。これはOS（Windows）とDBMS（SQL Server）を同一ベンダー（Microsoft）が開発しているため、両者を密接に連携させられるから可能な芸当なのでしょう。

第2章

SQLの基礎
母国語を話すがごとく

第2章　　　SQLの基礎　母国語を話すがごとく

　本章では、RDBを操作する言語であるSQLについて基礎的な解説を行います。複雑なSQLのパフォーマンスを理解していくための準備運動だと思ってください。

　RDBは、データを「リレーション」というフォーマットで保持しています。実装ではこれを「テーブル」（表）と呼んでいるので、みなさんもこちらのほうが馴染み深い名前でしょう。リレーションに一番近いイメージとしては、Excelのようなスプレッドシートにおける2次元表です。本当はリレーションと2次元表にはいろいろな違いがあるのですが、最初のとっかかりとしてはほぼ同じものと考えてもらってかまいません。

　SQLは、テーブルを検索してデータを取り出したり、あるいは更新するための言語です。プログラマではない人も含め多くの人が利用できるようにという配慮から、自然言語である英語に似た構文で作られたので、ある程度直観的に利用できます。この「簡単なことは簡単にやれる」というインタフェースのとっつきやすさは、SQLの美点です。そのおかげで、多くの人がプログラミングしなくてもデータベースを操作できるようになりました。

　とはいえ、実際はSQLはけっこう複雑な言語で、それなりに複雑なことをやろうとすると「母国語を話すがごとくSQLを操る」というわけにはいきません（特に最近の標準SQLの改訂は、どんどん高度な機能を追加する傾向にあります）。また、内部的な動作を理解して記述しないとパフォーマンスが出ないという問題も抱えており、RDBを作った人たちが最初に期待していたほど話は簡単にはならなかったのですが、まずは基礎的な構文についての理解をここで固めておきましょう。

2.1

SELECT文

　データベースを利用するとき、中心になる処理が「検索」です。検索とは、データが保存されているテーブルから必要なデータを取り出すことです。「問い合わせ」（*query*）とか「抽出」（*retrieve*）という言い方もします。せっかく貯めこんだビッグデータも活用しなければ宝の持ち腐れですから、SQLは

紙面版 電脳会議 **一切無料**
DENNOUKAIGI

今が旬の情報を満載してお送りします!

『電脳会議』は、年6回の不定期刊行情報誌です。A4判・16頁オールカラーで、弊社発行の新刊・近刊書籍・雑誌を紹介しています。この『電脳会議』の特徴は、単なる本の紹介だけでなく、著者と編集者が協力し、その本の重点や狙いをわかりやすく説明していることです。現在200号に迫っている、出版界で評判の情報誌です。

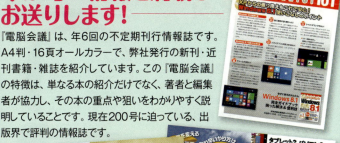

毎号、厳選ブックガイドもついてくる!!

『電脳会議』とは別に、1テーマごとにセレクトした優良図書を紹介するブックカタログ（A4判・4頁オールカラー）が2点同封されます。

電子書籍がご購読できます!

パソコンやタブレットで書籍を読もう!

電子書籍とは、パソコンやタブレットなどで読書をするために紙の書籍を電子化したものです。弊社直営の電子書籍販売サイト「Gihyo Digital Publishing」(https://gihyo.jp/dp)では、弊社が発行している出版物の多くを電子書籍として購入できます。

▲上図はEPUB版の電子書籍を開いたところ。電子書籍にも目次があり、全文検索ができる

この検索に関しては非常に多彩な機能を持っています。

　検索のために使うSQL文はSELECT文と言います。文字どおり「選択する」です。SQLは英語に近い構文で記述されるので、コードの大雑把な意味を把握するのは、ほかの言語よりも簡単です。とりあえず何も考えず、住所録のAddressテーブル（**図2.1**）を使って、中身をすべて選択することを考えましょう。これは、**リスト2.1**のような簡単なSELECT文で実行できます。

図2.1　住所テーブル

Address（住所）

name（名前）	phone_nbr（電話番号）	address（住所）	sex（性別）	age（年齢）
小川	080-3333-XXXX	東京都	男	30
前田	090-0000-XXXX	東京都	女	21
森	090-2984-XXXX	東京都	男	45
林	080-3333-XXXX	福島県	男	32
井上		福島県	女	55
佐々木	080-5848-XXXX	千葉県	女	19
松本		千葉県	女	20
佐藤	090-1922-XXXX	三重県	女	25
鈴木	090-0001-XXXX	和歌山県	男	32

リスト2.1　SELECTでテーブルの中身をすべて選択する

```
SELECT name, phone_nbr, address, sex, age
  FROM Address;
```

実行結果

```
name   | phone_nbr     | address  | sex | age
-------+---------------+----------+-----+-----
小川    | 080-3333-XXXX | 東京都    | 男  | 30
前田    | 090-0000-XXXX | 東京都    | 女  | 21
森      | 090-2984-XXXX | 東京都    | 男  | 45
林      | 080-3333-XXXX | 福島県    | 男  | 32
井上    |               | 福島県    | 女  | 55
佐々木  | 080-5848-XXXX | 千葉県    | 女  | 19
松本    |               | 千葉県    | 女  | 20
佐藤    | 090-1922-XXXX | 三重県    | 女  | 25
鈴木    | 090-0001-XXXX | 和歌山県  | 男  | 32
```

SELECT句とFROM句

このSQL文は、2つのパートから構成されています。一つが、SELECTのあとにつらつらと列名を書き並べているパートで、これをSELECT句と呼びます。データベースからデータを検索する場合には必須のパートです。SELECT句には、テーブルが持っている列ならカンマで区切っていくつでも書くことができます。

もう一つの「FROM テーブル名」はFROM句と呼び、データを選択する元のテーブルを指定します。このパートは必須ではありませんが、データの取得元がテーブルである場合は指定が必要です（そうでないとDBMSはどこにデータを探しにいってよいかわからないからです）。FROM句を書かなくてもよいケースというのは、たとえば「SELECT 1;」のように定数を選択するような場合です。この場合、別にテーブルからデータを取り出すわけではないので、FROM句は不要なのです（OracleのようにFROM句が必須のDBMSもありますが、これは実装依存の方言です）。

この住所録から全員を選択するSQL文は最も単純なSQL文ですが、この簡単なサンプルの中にもすでにSQLの特性が——暗黙的に——現れています。それは、SELECT文にはデータを「どういう方法で」選択するかが一切書かれていないことです。その方法（＝手続き）はDBMSに任されています。「よきにはからえ」がRDBの基本精神です。ユーザが考えるべきはどういうデータが欲しいかであって、それを取るための手段を考えるという面倒事は召使いにお任せください、というわけです。

ところで、リスト2.1のSELECT文の結果を見ると、情報が不完全なところがあることに気づきます。そう、空欄になっている井上さんと松本さんの電話番号です。これは、元のAddressテーブルに電話番号が登録されていないことによります。

RDBでは、このように不明なデータも「空欄」として取り扱うことができます。この「空欄」をNULLと呼びます。NULLの扱い方は「NULL——何もないとはどういうことか」（48ページ）で見ます。

WHERE句

上のSELECT文では、Addressテーブルにある全部のデータを取り出し

たので、合計9行が出力されました。しかし、毎回全レコードが欲しいというわけでもありません。特定の条件に合致する一部のレコードだけを選択したいことのほうが実際には多いでしょう。

そういう場合のために、SELECT文にはレコードの絞り込み条件を指定する手段があります。それがWHERE句です。たとえば、「address（住所）」列が「千葉県」のデータだけを選択するなら、**リスト2.2**のように記述します。

リスト2.2 WHERE句で検索する内容を絞り込む

```
SELECT name, address
  FROM Address
 WHERE address = '千葉県';
```

実行結果
```
name   | address
-------+----------
佐々木  | 千葉県
松本    | 千葉県
```

この動作は、たとえるならExcelの「フィルタ条件」指定です。このとき、WHEREという単語を使うのが奇妙に思うかもしれませんが、このWHEREは「どこ？」という疑問詞ではなく、「〜という場所」という関係副詞の用法です。

■── WHERE句のさまざまな条件指定

WHERE句では、サンプルに使った「=」のような等値条件だけでなく、さまざまなタイプの条件指定が可能です。代表的な条件指定を**表2.1**に示します。

表2.1 WHERE句で使用できる代表的な演算子

演算子	意味
=	〜と等しい
<>	〜と等しくない
>=	〜以上
>	〜より大きい
<=	〜以下
<	〜より小さい

たとえば、「年齢が30歳以上」や「住所が東京以外」という条件ならば、それぞれ**リスト2.3**、**リスト2.4**のようなWHERE句で書けます。

43

第2章　SQLの基礎　母国語を話すがごとく

リスト2.3 年齢が30歳以上

```
SELECT name, age
  FROM Address
 WHERE age >= 30;
```

実行結果

```
name | age
------+-----
小川  | 30
森    | 45
林    | 32
井上  | 55
鈴木  | 32
```

リスト2.4 住所が東京都以外

```
SELECT name, address
FROM Address
WHERE address <> '東京都';
```

実行結果

```
name    | address
--------+----------
林      | 福島県
井上    | 福島県
佐々木  | 千葉県
松本    | 千葉県
佐藤    | 三重県
鈴木    | 和歌山県
```

　それぞれ、条件に合致する一部のレコードだけを限定的に出力していることがわかります。

■───**WHERE句は巨大なベン図**

　このように、WHERE句を使えばテーブルに対してフィルタ条件を付けることが可能なのですが、実際に使いたい条件は先ほど見たような単純なものではなく、複合的な場合が多いでしょう。たとえば、次のような複合条件を考えます。

・「住所が東京都である」かつ「年齢が30歳以上である」

　それぞれ個別の条件が次のようになることは、もうおわかりでしょう。

44

- 住所が東京都である：address = '東京都'
- 年齢が30歳以上である：age >= 30

あとはこの2つの条件をつなげる「かつ」をどう表現するかですが、これも英語で「かつ」に相当する「AND」を使えばOKです。したがって、全体のSELECT文は**リスト2.5**のようになります。

リスト2.5 ANDは集合の共通部分を選択する

```
SELECT name, address, age
  FROM Address
 WHERE address = '東京都'
   AND age >= 30;
```

実行結果
```
name  | address | age
------+---------+-----
小川  | 東京都  | 30
森    | 東京都  | 45
```

これはいわば、2つの条件を共通に満たすレコードだけを選択しているわけです。こういう複合条件を理解するには、**図2.2**のようなベン図を思い描いてもらうのがよいでしょう。覚えていますか？ ベン図。学校で集合について勉強したときに書いたあの円です。

図2.2 ベン図で表したAND演算

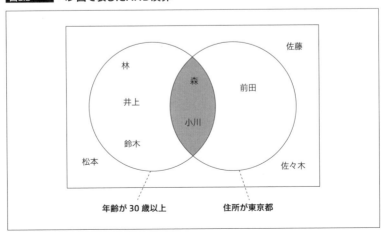

今、Addressテーブルは、大きく3つのグループに切り分けることができます。

❶住所が東京都のグループ：森、前田、小川

❷年齢が30歳以上のグループ：林、井上、鈴木、森、小川

❸上記❶、❷のどちらにも該当しないグループ：佐藤、佐々木、松本

ここで求めたのは、❶と❷のどちらにも該当する、いわば共通部分の土地にいる人々です。

さて、「かつ」に相当するANDがあれば、「または」に相当するORも当然あります。これを使ってSELECT文を作ると**リスト2.6**のようになります。

リスト2.6 ORは集合の和集合を選択する

```
SELECT name, address, age
  FROM Address
 WHERE address = '東京都'
    OR age >= 30;
```

実行結果

```
name | address | age
-----+---------+-----
小川  | 東京都   | 30
前田  | 東京都   | 21
森    | 東京都   | 45
林    | 福島県   | 32
井上  | 福島県   | 55
鈴木  | 和歌山県 | 32
```

今度は、❶と❷のどちらか一方のエリアにいれば該当します。ベン図で言えば**図2.3**のように表現できます。数学の言葉でいう「和集合」というやつですね。

図2.3　ベン図で表したOR演算

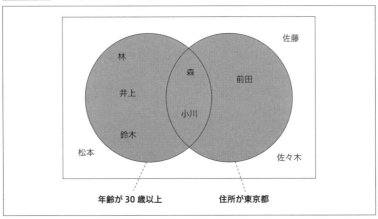

　以上のことからわかるように、WHERE句というのは、ベン図を描くためのツールです。WHERE句に複雑な条件を指定する場合、見通しが悪くなったらベン図の円を描いてみると、うまく整理できます。

■── INでOR条件を簡略化する

　このように、SQLではAND／ORの組み合わせで柔軟な条件記述が可能です。なお、実務ではOR条件を非常にたくさんつなげなければならないケースがよくあります。たとえば、**リスト2.7**のような形です。

リスト2.7　OR条件を複数指定している

```
SELECT name, address
  FROM Address
 WHERE address = '東京都'
    OR address = '福島県'
    OR address = '千葉県';
```

実行結果

```
name    | address
--------+---------
小川    | 東京都
前田    | 東京都
森      | 東京都
林      | 福島県
井上    | 福島県
佐々木  | 千葉県
松本    | 千葉県
```

第2章　SQLの基礎　母国語を話すがごとく

　ここでは、「住所が東京都または福島県または千葉県」の人を選択していま
す。まだ3つ程度の条件をつなげるぐらいならORで並べてもよいのです
が、これが何十個ともなると、見た目にもちょっと厳しいものがあります。
　SQLでは、こういう場合に非常に簡単に記述できる「IN」という道具を用
意しています。前置詞のINです（**リスト2.8**）。

リスト2.8　INを使った記述

```
SELECT name, address
  FROM Address
 WHERE address IN ('東京都', '福島県', '千葉県');
```

　実行結果は先ほどと同じです。WHERE句もすっきりシェイプアップし
て見やすくなりました。
　このINはSQLで非常によく使うので、よく覚えておいてください。あ
とでもう一度、このINを使った応用を紹介します。

■―― **NULL**――何もないとはどういうことか

　さて、WHERE句での条件指定を行う際、初級者がほぼ100％引っかか
るのがNULLの取り扱いです。
　今、Addressテーブルには電話番号がわからない（＝NULLである）人が
2人います。この人たちだけを選択する条件を記述するにはどうすればよ
いでしょうか。こう訊ねると、多くの方が**リスト2.9**のようなSELECT文
を考えることでしょう。

リスト2.9　このSELECT文はうまくいかない

```
SELECT name, address
  FROM Address
 WHERE phone_nbr = NULL;
```

　これは人間の目には、ごく当然と思われるSELECT文です。「phone_nbr
がNULLと等しい」……まさに記述すべき条件です。ところがこのSELECT
文はうまく動きません。エラーにはなりませんが、結果は空っぽ。つまり
1行も選択されません。
　実は、NULLのレコードを選択するためには、特別な「IS NULL」という
キーワードを使う必要があります（**リスト2.10**）。

48

Column

SELECT文は手続き型言語の関数

こうして見ると、SELECT文の機能というのが、手続き型言語でいうところの「関数」と同じであることがわかります。関数はご存じのように、入力を受け取るとそれに対する出力を返します。SELECT文も、テーブルという入力を(FROM句で)受け取って、特定の出力を返すという点で同じ働きをします。しかもこのとき、入力となるテーブルには一切変更を加えません。SELECT文は「読み取り専用」の関数です(**図a**)。

図a ■ SELECT文は関数

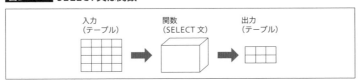

一般的な手続き型言語の関数は、受け取る入力(引数)と返す出力(戻り値)の型が決まっています。整数型や文字列型などです。SELECT文の場合も、やはり同じように型が決まっています。では、SELECT文の入力と出力の型が何かわかるでしょうか？

答えは、どちらも「テーブル」(リレーション)です。つまり、入力も出力も2次元表である、ということです。それ以外の型の値はけっして取ることがありません。この性質を、関係の世界で閉じているという意味で閉包性(*closure property*)と呼びます(**図b**)。単純なSELECT文だけ見ているとこの性質は大した意味を持ちませんが、ビューとサブクエリを理解するときに、これが重要な概念として再登場してきますので、頭の隅にとどめておいてください。

図b ■ SELECT文の閉じた世界

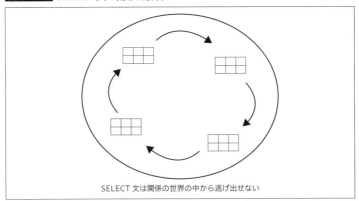

第2章　SQLの基礎　母国語を話すがごとく

リスト2.10 意図したデータを選択できるSELECT文

```
SELECT name, phone_nbr
  FROM Address
 WHERE phone_nbr IS NULL;
```

実行結果

```
name  | phone_nbr
------+----------
井上  |
松本  |
```

　反対に、NULLでないレコードを選択する場合には、「IS NOT NULL」というキーワードを使います。結果は、先ほどのちょうど裏返しになります。

　これは、最初は「そういうルールだから」と丸暗記してもらってかまいません。なぜNULLのデータを選択する場合に、直観的な「= NULL」という記述が許されないのか、ということにもちゃんと理由があるのですが、いささか込み入った話になります[注1]。NULLの取り扱いはRDBにおいてその難しさに多くの人がハマる鬼門の一つですが、今は最低限「IS NULL」「IS NOT NULL」の使い方だけ覚えてもらえれば十分です。

GROUP BY句

　GROUP BY句を使うと、テーブルから単純にデータを選択するだけでなく、合計や平均などの集計演算をSQL文で行うことが可能になります。

　GROUP BY句が持つ機能をスローガン的に表現すると、「テーブルをホールケーキとして扱う」と言えます。ホールケーキと言えば、誕生日などに食べるあの円盤状の大きなケーキです。ホールケーキは、一人でそのまま全部食べるようなことはしません。中にはそういう大食漢もいるかもしれませんが、多数派ではないでしょう。普通はナイフでケーキをカットして、みんなに切り分けてあげます。GROUP BYの機能はこの「ナイフ」に相当します。

　今、Addressテーブルを一つのホールケーキだと思ってください。無理があるかもしれませんが、想像力を働かせてなんとか。……はい、イメージできま

注1　一言で言うと、「NULLがデータの値ではないため、値にしか適用できない等号は使えないから」というのが理由です。より詳細を知りたい方は拙著『達人に学ぶSQL徹底指南書』(翔泳社、2008年)1-3を参照してください。

50

したか。それでは、今からこれを切り分けます。カットの基準は、テーブルの適当な列を使います。まずは男女別に、2つに切り分けてみましょう（**図2.4**）。

図2.4 ケーキを性別でカット

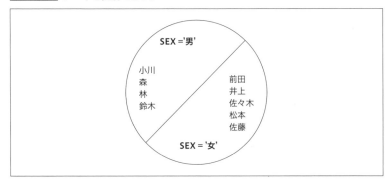

■――― グループ分けするメリット

きれいに2つのピースにカットできました。ケーキをカットできると何がうれしいかというと、こういう小分けにしたピース、これを「グループ」と呼びますが、その単位でいろいろな数値の集計が手軽にできるようになることです。

こういう集計用の関数としてSQLが持っている代表を5つ挙げましょう（**表2.2**）。

表2.2 SQLの代表的な集計用の関数

関数名	意味
COUNT	レコード数を数える
SUM	数値を合計する
AVG	数値を平均する
MAX	最大値を求める
MIN	最小値を求める

たとえば、男性のグループと女性のグループの人数をそれぞれ調べたいと思えば、**リスト2.11**のようなSELECT文でできます。

第2章　SQLの基礎　母国語を話すがごとく

リスト2.11 男女別に人数を数える

```
SELECT sex, COUNT(*)
  FROM Address
 GROUP BY sex;
```

実行結果
```
sex | count
----+------
男  | 4
女  | 5
```

今度はカットの基準を変えて、住所別にケーキを切りましょう。イメージは**図2.5**のようになります。

図2.5　ケーキを住所でカット

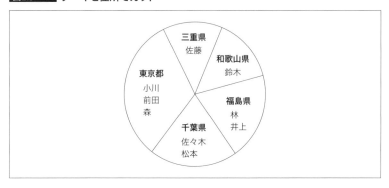

地域によって住んでいる人の数に偏りがあるため、各グループに含まれるレコード数にも1～3の間で幅が出ました。しかし、原理的には先ほどのケースと同じです。再び、グループごとの人数を数えてみましょう（**リスト2.12**）。

リスト2.12 住所別に人数を数える

```
SELECT address, COUNT(*)
  FROM Address
 GROUP BY address;
```

実行結果
```
address  | count
---------+------
東京都   | 3
```

千葉県	2
福島県	2
三重県	1
和歌山県	1

■───ホールケーキを全部1人で食べたい人は？

　先ほど、ホールケーキを1人で食べる人はまずいない、と言いました。でも、そういうのが好きな人もいるかもしれません。そういう人はSQLでどうすればよいのでしょう？

　SQLでもケーキをカットせずに食べることができます。カットしたくないなら、GROUP BY句をカットのキーなしで使えばテーブル全体（＝ケーキ全部）をひとかたまりのピースとして集計できます（**図2.6**）。**リスト2.13**のようにして実行します。

図2.6 ケーキをカットせずに丸ごと食べる

リスト2.13 全員の人数を数える

```
SELECT COUNT(*)
  FROM Address
 GROUP BY ( );
```

実行結果
```
count
------
    9
```

　GROUP BY句の( )は、キーが空っぽであることを示しています。SQLに慣れている人は、この記述に驚くかもしれません。カットの基準がない

第2章　SQLの基礎　母国語を話すがごとく

場合は、一般的に次のようにGROUP BY句そのものを省略する構文のほう
が一般的だからです。

```
SELECT COUNT(*)
  FROM Address;
```

どちらも動作はまったく同じですが、簡潔に記述できる後者がよく使わ
れます。また、GROUP BY ( )という構文は、一部のDBMSがサポートして
いません[注2]。

しかし、「カットする基準がない」ということを明示するリスト2.13の書
き方のほうが、むしろ意味的に厳密ではあるのです。最初にSQLを覚える
ときは、こちらの書き方のほうが論理的に筋が通っていて理解しやすいで
しょう[注3]。

HAVING句

先ほどの、住所別に人数を求めたSELECT文（リスト2.12）に戻りましょ
う。この結果は、全部で5行が選択されています。SQLでは、この結果に
対してさらに絞り込みを行う機能があります。やり方は、WHERE句での
レコードの絞り込みとほとんど同じですが、今度は「HAVING」というあま
り英語では見慣れない単語を使います。

たとえば、住んでいる人数（＝レコード数）が1人だけの住所列（address）
のみ選択したい場合は**リスト2.14**のように書きます。

リスト2.14 1人だけの都道府県を選択

```
SELECT address, COUNT(*)
  FROM Address
 GROUP BY address
HAVING COUNT(*) = 1;
```

実行結果
```
address  | count
---------+-------
```

注2　Oracle、Microsoft SQL Server、DB2では実行できますが、PostgreSQL、MySQLではエラーに
　　なります。

注3　私は今でも、GROUP BYが省略されているSQL文を見たときは、頭の中で勝手に「GROUP BY ( )」
　　を補って理解しています。

54

| 三重県 | 1 |
| 和歌山県 | 1 |

　先ほどのリスト2.12には現れていた東京都や千葉県が結果から姿を消しました。このようにHAVING句は、集約した結果に対してさらに絞り込み条件を指定するために使うことができます。いわば、WHERE句が「レコード」に対する条件指定を行うのに対し、HAVING句はレコードの「集合」に対して条件指定を行う、一段レベルが高い絞り込み機能なのです。

　このHAVING句は、SQLが持っている強力な機能の一つで、非常に多くの応用技があります。本書でもHAVING句は主役の一人で、今後多くの場面で出てくることになりますので、ぜひ覚えてください。

ORDER BY句

　さて、これまでいくつかのSELECT文とその出力の結果のペアを見てきましたが、ところでこの出力の結果は、いったいどういう順序でレコードが並んでいるのでしょう。

　答えは簡単で、デタラメです。デタラメという言葉が悪ければ「特に決まったルールはない」です。DBMSによっては一定のルールを持ってレコードを並べていることもあるかもしれませんが、それは別にSQL一般のルールでそう決められているわけではなく、たまたまそのDBMSがそうしている、というだけのローカルな話で、ほかのDBMSも同じルールを採用している保証はありません。

　SELECT文の結果についてレコードの並び順を保証したいならば、明示的に順番を指定する必要があります。そのための機能がORDER BY句です。たとえば、Addressテーブルからすべてのレコードを選択するときに、年齢が高い順にレコードを並べるならば、**リスト2.15**のように書きます。

リスト2.15 年齢が高い順にレコードを並べる

```
SELECT name, phone_nbr, address, sex, age
  FROM Address
 ORDER BY age DESC;
```

実行結果（年齢の降順）

```
name    | phone_nbr       | address  | sex | age
--------+-----------------+----------+-----+-----
井上    |                 | 福島県   | 女  | 55
森      | 090-2984-XXXX   | 東京都   | 男  | 45
鈴木    | 090-0001-XXXX   | 和歌山県 | 男  | 32
林      | 080-3333-XXXX   | 福島県   | 男  | 32
小川    | 080-3333-XXXX   | 東京都   | 男  | 30
佐藤    | 090-1922-XXXX   | 三重県   | 女  | 25
前田    | 090-0000-XXXX   | 東京都   | 女  | 21
松本    |                 | 千葉県   | 女  | 20
佐々木  | 080-5848-XXXX   | 千葉県   | 女  | 19
```

　ここで「DESC」はDescending Order（降順）の略です。反対に、昇順の場合は「ASC」というキーワードを指定します（Ascending Orderの略）。もっとも、SQLはデフォルトが昇順と定められているため、昇順で指定したい場合は、あえて「ASC」というキーワードを使う必要はありません。これはすべてのDBMS共通のルールです。

　なお、同じ32歳の人が2名います（鈴木さんと林さん）が、この2人のどちらが上に来るかは、これもランダムです。もう一つソートキーを追加して、ORDER BY age DESC, phone_nbr ASC とすれば、電話番号の若い林さんが上に来ることになります。

ビューとサブクエリ

　これまで、いろいろなタイプのSELECT文を実行してきました。実際にデータベースを使っていると、SELECT文の中にも、比較的よく使うものとあまり使わないものが出てきます。よく使うSELECT文は、ユーザが自分でテキストファイルに保存しておいてもよいのですが、なるべく手軽に実行できたほうが便利です。ユーザが手元で管理していると、ファイルをなくしたり上書きしたり、最新ではないファイルを間違って使ったりする危険性もあります。

　こういうときは、SELECT文をデータベースに保存してしまうのが便利です。それを実現する機能がビュー（View）です。ビューはデータベースの中に保存されるという点ではテーブルと同じなのですが、テーブルと違って、中にデータを持つことはありません。あくまで、ただの「SELECT文」を保存したものです。

■——ビューの作り方

ビューを作るには、保存したいSELECT文を

```
CREATE VIEW ビュー名 (列名1, 列名2 ... ) AS
```

に続けて記述します。たとえば、住所別の人数を求めるSELECT文をビューとして保存してみましょう（**リスト2.16**）。

リスト2.16 ビューの作成

```
CREATE VIEW CountAddress (v_address, cnt)
AS
SELECT address, COUNT(*)
  FROM Address
 GROUP BY address;
```

こうして作られたビューは、通常のテーブルと同じようにSELECT文の中で使うことができます（**リスト2.17**）。

リスト2.17 ビューの使用

```
SELECT v_address, cnt
  FROM CountAddress; --テーブルの代わりにビューをFROM句に指定
```

実行結果
```
v_address  | cnt
-----------+-----
東京都     | 3
千葉県     | 2
福島県     | 2
三重県     | 1
和歌山県   | 1
```

このように、ビューというのは、いわば「テーブルのフリをしたSELECT文」として扱うことができます。

■——無名のビュー

繰り返しになりますが、ビューは使い方こそテーブルと同じですが、中にデータを持っているわけではない、という点がテーブルとは違います。つまり、**リスト2.18**のようなビューからデータを選択するSELECT文は、実際には中で「もう一つのSELECT文」を実行するという、入れ子構造になっているのです。

第2章 SQLの基礎 母国語を話すがごとく

リスト2.18 ビューではSELECT文が入れ子になっている

```
--ビューからデータを選択する
SELECT v_address, cnt
  FROM CountAddress;

--ビューは実行時にはSELECT文に展開される
SELECT v_address, cnt
  FROM (SELECT address AS v_address, COUNT(*) AS cnt
          FROM Address
         GROUP BY address) AS CountAddress;
```

　これは、ちょうどビューの中身のSELECT文を展開した格好です。このように、ビューの代わりにFROM句に直接SELECT文を指定することも可能です。

　このように、FROM句に直接指定するSELECT文をサブクエリと呼びます。第1章で説明したように、クエリ（問い合わせ）とはSELECT文の別名でした。それに「sub」（下位の）という接頭辞をつけた名前です。

■──**サブクエリを使った便利な条件指定**

　さて、サブクエリの使い方として重要なものを一つ紹介します。それは、WHERE句の条件作成においてサブクエリを利用する方法です。今、Addressテーブルのほかに、もう一つ同じ構造で保持するデータが異なるAddress2テーブルを作ります（**図2.7**）。

図2.7 住所2テーブル

Address2（住所2）

name（名前）	phone_nbr（電話番号）	address（住所）	sex（性別）	age（年齢）
小川	080-3333-XXXX	東京都	男	30
林	080-3333-XXXX	福島県	男	32
武田		福島県	男	18
斉藤	080-2367-XXXX	千葉県	女	19
上野		千葉県	女	20
広田	090-0205-XXXX	三重県	男	25

　このAddress2テーブルには、Addressテーブルと同じデータも含まれています。小川さんと林さんがそうです。しかし、残りの4人はまったく違う人物のデータです。

　この2つのテーブルを使って、「AddressテーブルからAddress2テーブルにいる人を選択する」ということをSQLで実現してみましょう。いわば「マ

ッチング」と呼ばれる処理です。期待する結果としては、小川さんと林さん
が選択されるはずです。

　この場合に便利なのが、「INでOR条件を簡略化する」(47ページ)でORの
便利な省略形として紹介したINです。実は、INは通常の定数だけではなく、
サブクエリそのものを引数に取ることが可能な関数なのです。そのため、**リ
スト2.19**のようにINの中にすぽっとサブクエリを入れることができます。

リスト2.19 INの中でサブクエリを利用する

```
SELECT name
  FROM Address
 WHERE name IN (SELECT name        -- INの中にサブクエリ
                  FROM Address2);
```

実行結果
```
name
------
小川
林
```

　SQLでは、サブクエリから順に実行されます。そのため、上記のSELECT
文を受けてDBMSは、**リスト2.20**のようにサブクエリを定数に展開するこ
とから始めます。

リスト2.20 サブクエリから先に実行される

```
SELECT name
  FROM Address
 WHERE name IN ('小川', '林', '武田', '斉藤', '上野', '広田');
```

　ここまで来れば、先ほど見た形と同じです。このINとサブクエリの合わ
せ技の便利なところは、テーブルデータの変化をユーザが意識しなくてよ
いことです。INの中のサブクエリはSELECT文が実行されるたびに実行さ
れるため、そのつど最新のAddress2テーブルのデータを検索します。その
ため、定数のリストも動的に生成されるので、定数を直接書いた場合(「ハ
ードコーディング」と呼びます)と違って、コードのメンテナンスが不要に
なるのです[注4]。

注4　ハードコーディングだと、誰かが引っ越すたびにSELECT文を修正しなければなりません。

第2章　SQLの基礎　母国語を話すがごとく

2.2
条件分岐、集合演算、ウィンドウ関数、更新

　本節では、少し高度なSQL文の書き方として、条件分岐、集合演算、ウィンドウ関数、およびSQLにおけるデータ更新機能の使い方を紹介します。いずれも実務で使う機会が多く、本書の後半でもよく利用する機能なので、ここで基礎をしっかり理解しておきましょう。

SQLと条件分岐

　一般的な手続き型のプログラミング言語には、条件分岐を記述するための手段が備わっています。IF文やCASE文などがそうです。これはとても重要な機能で、IF文なしでコーディングしろと言われたら、ほとんどのプログラマは匙を投げるでしょう。

　SQLにもこれと同等の条件分岐を記述する機能が備わっていますが、ちょっと使い方が変わっています。というのも、SQLはコード中に手続きを一切記述しないため、必然的に条件分岐も「文」という単位では行わないからです。

　では何の単位で分岐を行うのでしょうか？　答えは「式」です。この分岐を実現する機能をCASE式と言います。SQLプログラミングで中級へ上るために、真っ先にマスターしなければならないのがこのCASE式です。

■―――CASE式の構文

　CASE式の構文には、「単純CASE式」と「検索CASE式」という2種類があります。ただし、検索CASE式は単純CASE式の機能をすべて含んでいるので、まずは検索CASE式だけ覚えれば十分です（**リスト2.21**）[注5]。

リスト2.21 検索CASE式の構文

```
CASE WHEN 評価式 THEN 式
     WHEN 評価式 THEN 式
     WHEN 評価式 THEN 式
```

注5　実務でも単純CASE式はあまり使いません。

60

```
      略
    ELSE 式
END
```

WHEN句の評価式というのは、「列 = 値」のように、条件を記述する場所です。WHERE句で記述した条件の書き方とほぼ同じです。

■――― CASE式の動作

CASE式の動作は、手続き型言語のCASE文とよく似ています。最初のWHEN句の評価式が評価されることから始まり、もし条件に該当すれば、THEN句で指定された式が戻されて、CASE式全体が終わります。もし真にならなければ、次のWHEN句の評価に移ります。もしこの作業を最後のWHEN句まで繰り返してなお真にならなかった場合は、「ELSE」で指定された式が戻されて終了となります。

手続き型言語の分岐とSQLのCASE式の大きな違いは、その戻り値にあります。前者の戻り値が「文」であるのに対し、後者は特定の「値」、定数を返します。

具体的に見てみましょう。住所の結果表示を、都道府県名ではなく「関東」や「中部」のような地方に分類することを考えます(**図2.8**)。

図2.8　　求める実行結果

```
name   | address | district
-------+---------+----------
小川    | 東京都   | 関東
前田    | 東京都   | 関東
森     | 東京都   | 関東
林     | 福島県   | 東北
井上    | 福島県   | 東北
佐々木  | 千葉県   | 関東
松本    | 千葉県   | 関東
佐藤    | 三重県   | 中部
鈴木    | 和歌山県 | 関西
```

この結果のdistrict列は、**リスト2.22**のようなCASE式によって求めることができます。

第2章　SQLの基礎　母国語を話すがごとく

リスト2.22 都道府県を地方にまとめるCASE式

```
SELECT name, address,
       CASE WHEN address = '東京都' THEN '関東'
            WHEN address = '千葉県' THEN '関東'
            WHEN address = '福島県' THEN '東北'
            WHEN address = '三重県' THEN '中部'
            WHEN address = '和歌山県' THEN '関西'
            ELSE NULL END AS district
  FROM Address;
```

　これはいわば、一種の「読み替え」を行っているとも言えます。「東京⇒関東」「三重県⇒中部」といった具合です。実際、CASE式を文字列の読み替えのために使うのは、ポピュラーな用途です[注6]。

　このCASE式の強力なところは、これが式であるがゆえに、式を書ける場所ならどこでも書くことができることです。SELECT句、WHERE句、GROUP BY句、HAVING句、ORDER BY句と、ほとんどどこにでも書けるため、さまざまな機能との合わせ技が可能になります。CASE式はSQLのパフォーマンスを考えるうえでも非常に重要な機能なので、本書でもこれ以降、登場しない章がないほどよく使います。

SQLで集合演算

　WHERE句の解説をしたとき、WHERE句というのは1つのベン図を使った集合演算だ、という話をしました。これはたとえ話でしたが、SQLでは、本当にテーブル同士を使って集合演算を行うことができます。Address（図2.1）とAddress2（図2.7）の2つのテーブルをサンプルに使って見ていきましょう。

■──UNIONで和集合を求める

　集合演算の基本となるのは、和集合と積集合です。WHERE句でたとえるなら和集合がOR、積集合がANDに相当します。AddressテーブルとAddress2テーブルの和集合を取るには、**リスト2.23**のようにUNION（和）

注6　もっとも、SQL文の中に読み替えルールをハードコーディングする方法は保守性が低くなるため、読み替えルールがある程度の持続性を持つ場合は、テーブルで読み替え定義を保持する方法が一般的です。

という演算子を使います。

リスト2.23 UNIONで和集合を求める

```
SELECT *
  FROM Address
UNION
SELECT *
  FROM Address2;
```

実行結果

```
name   | phone_nbr      | address  | sex | age
-------+----------------+----------+-----+-----
井上   |                | 福島県   | 女  | 55
広田   | 090-0205-XXXX  | 三重県   | 男  | 25
佐々木 | 080-5848-XXXX  | 千葉県   | 女  | 19
佐藤   | 090-1922-XXXX  | 三重県   | 女  | 25
小川   | 080-3333-XXXX  | 東京都   | 男  | 30
松本   |                | 千葉県   | 女  | 20
上野   |                | 千葉県   | 女  | 20
森     | 090-2984-XXXX  | 東京都   | 男  | 45
斉藤   | 080-2367-XXXX  | 千葉県   | 女  | 19
前田   | 090-0000-XXXX  | 東京都   | 女  | 21
武田   |                | 福島県   | 男  | 18
林     | 080-3333-XXXX  | 福島県   | 男  | 32
鈴木   | 090-0001-XXXX  | 和歌山県 | 男  | 32
```

　文字どおり、2つのテーブルを1つのテーブルに足し合わせた結果になっています。

　この結果は合計13行あります。Addressテーブルが9行、Address2テーブルが6行あったわけですから、本当なら合計は15行あってもよいはずです。2行少ない理由は、両方のテーブルに存在している小川、林の両名は、ダブルカウントされないようになっているからです。Addressテーブルとaddress2テーブルを比較すると、小川、林のレコードは、すべての列についてまったく同じ値を持っているので、完全な重複行となります。このように、UNIONは和集合を取った結果、重複するレコードは削除する動作をします。これはUNIONに限らず、このあとで見るINTERSECTやEXCEPTも同様です。もし重複を排除したくないなら、「UNION ALL」のようにALLオプションをつければOKです。

第2章 SQLの基礎 母国語を話すがごとく

■── INTERSECTで積集合を求める

次に、ANDに相当する積集合を求めてみましょう。これを求める演算子はINTERSECTと言います。「交差する」という意味です(**リスト2.24**)。

リスト2.24 INTERSECTで積集合を求める

```
SELECT *
  FROM Address
INTERSECT
SELECT *
  FROM Address2;
```

実行結果

```
name  | phone_nbr      | address | sex | age
------+----------------+---------+-----+-----
小川  | 080-3333-XXXX  | 東京都  | 男  | 30
林    | 080-3333-XXXX  | 福島県  | 男  | 32
```

両方のテーブルに共通するレコードしか出力されませんから、小川、林の両名だけが出力されます。この場合も、やはり重複行は削除されていることに注意してください。

■── EXCEPTで差集合を求める

最後に紹介する演算子は、引き算(差集合)を行うためのEXCEPTです[注7]。「除外する」という意味です(**リスト2.25**)。

リスト2.25 EXCEPTで差集合を求める

```
SELECT *
  FROM Address
EXCEPT
SELECT *
  FROM Address2;
```

実行結果

```
name   | phone_nbr      | address | sex | age
-------+----------------+---------+-----+-----
井上   |                | 福島県  | 女  | 55
佐々木 | 080-5848-XXXX  | 千葉県  | 女  | 19
```

注7 OracleだけはMINUSという独自の演算子を使うので、Oracleユーザの方はEXCEPTをすべてMINUSに置き換えて読んでください。

佐藤	090-1922-XXXX	三重県	女	25
松本		千葉県	女	20
森	090-2984-XXXX	東京都	男	45
前田	090-0000-XXXX	東京都	女	21
鈴木	090-0001-XXXX	和歌山県	男	32

　これは、数式を模して書き表すと「Address – Address2」ということになります。その結果、Addressテーブルから小川、林の2行が削除された結果が得られます。

　なお、EXCEPTには、UNIONとINTERSECTにはない注意点があります。それは、UNIONとINTERSECTがどちらのテーブルを先に書いても結果が変わらないのに対して、EXCEPTの場合は結果が異なることです。

　これは数値の四則演算と共通する性質です。足し算の場合、「1 + 5」も「5 + 1」も結果は変わりません。これを「交換法則」と呼びます。一方、引き算の場合、「1 – 5」と「5 – 1」の結果は異なります。引き算では交換法則が成り立たないのです。それは集合演算の引き算でも同じということです。

ウィンドウ関数

　次に紹介するウィンドウ関数も、非常に重要な機能です。というのも、この機能は柔軟なデータ加工を可能にするという表現力も強力なのですが、本書のテーマであるパフォーマンス改善においても主要な役割を果たします。特に第8章でメインテーマとして取り上げます。

　ウィンドウ関数の特徴を一言で言うと、「集約機能を省いたGROUP BY句」です。「なんだそりゃ？」と思うかもしれませんが、実は先ほどは明示的には語らなかったのですが、GROUP BY句というのは、カットと集約という2つの機能から成り立っています。ウィンドウ関数は、このうちのカットだけの機能を残したものです。

　具体的に見てみましょう。先ほど使った住所別に人数を調べるためにGROUP BY句を使ったSELECT文を、もう一度見てみます（**リスト2.26**）。

リスト2.26 GROUP BYで住所別人数を調べるSQL（再掲）

```
SELECT address, COUNT(*)
  FROM Address
 GROUP BY address;
```

65

```
実行結果
address | count
--------+-------
東京都  | 3
千葉県  | 2
福島県  | 2
三重県  | 1
和歌山県 | 1
```

このSQLは、まず「address」列によってテーブルを（ケーキのように）カットし、そのあとでカットされたピースごとにレコード数を合計した結果を出力するものでした。したがって出力結果の行数は、Addressテーブルに含まれている都道府県の数である5行になっています。

ウィンドウ関数においても、テーブルをカットするやり方はGROUP BYとまったく同じです。ウィンドウ関数ではこれを「PARTITION BY」という句を使って行います。違うのは、その後集約を行わないため、出力結果の行数が入力となるテーブルの行数から変わらないことです。

ウィンドウ関数の基本的な構文としては、集約関数の後ろにOVER句を記述し、その中にカットするキーを指定するPARTITION BY句とソートキーを指定するORDER BY句を記述するという使用方法で、非常にシンプルです[注8]。また、記述する場所は基本的にSELECT句のみと考えてもらえばOKです。サンプルを見てみましょう（**リスト2.27**）。

リスト2.27 ウィンドウ関数で住所別人数を調べるSQL

```
SELECT address,
       COUNT(*) OVER(PARTITION BY address)
  FROM Address;
```

```
実行結果
address | count
--------+---------
三重県  |    1
       ───────────
千葉県  |    2
千葉県  |    2
```

注8　PARTITION BY句とORDER BY句は任意なので、どちらか一方、または両方がなくてもかまいません。

東京都		3
東京都		3
東京都		3
福島県		2
福島県		2
和歌山県		1

　パーティションの区切りをわかりやすくするため、出力結果にデリミタの横線を引いています。実際の結果にこのデリミタは表示されません。

　GROUP BYの結果と比べてみると、いかがでしょう。三重県が1人、千葉県が2人……という各都道府県に対する人数は、どちらも同じです。違うのは、出力された結果の行数です。ウィンドウ関数では、テーブルの行数と同じ9行です。これは、集約操作を行っていないからです。このように、ウィンドウ関数が、GROUP BYと集約関数を使って行う操作から集約操作を除いた、というのはこのような意味です。

　ウィンドウ関数として使うことのできる関数は、COUNTやSUMといった通常の集約関数のほか、ウィンドウ関数専用の関数として、RANKやROW_NUMBERといった順序関数があります。たとえば、RANK関数は名前のとおり、指定されたキーによってレコードに順位をつけます。たとえば、年齢の高い順に順位をつけるならば、**リスト2.28**のように記述します。

リスト2.28 ウィンドウ関数でランキング

```
SELECT name,
       age,
       RANK() OVER(ORDER BY age DESC) AS rnk
  FROM Address;
```

実行結果
```
 name | age | rnk
------+-----+-----
 井上 |  55 |  1
 森   |  45 |  2
 鈴木 |  32 |  3
 林   |  32 |  3
```

第2章　　SQLの基礎　母国語を話すがごとく

```
小川   |  30 |   5
佐藤   |  25 |   6
前田   |  21 |   7
松本   |  20 |   8
佐々木 |  19 |   9
```

RANK関数は同値があった場合は同位として扱うため、同じ32歳である鈴木さんと林さんが同じ3位となって、次の4位が飛んで小川さんが5位となります。このような抜け番を作らないランキングを生成する関数としては、DENSE_RANK関数があります（**リスト2.29**）。

リスト2.29 ウィンドウ関数でランキング（抜け番なし）

```
SELECT name,
       age,
       DENSE_RANK() OVER(ORDER BY age DESC) AS dense_rnk
  FROM Address;
```

実行結果
```
 name  | age | dense_rnk
--------+-----+-----------
 井上   |  55 |         1
 森     |  45 |         2
 鈴木   |  32 |         3
 林     |  32 |         3
 小川   |  30 |         4
 佐藤   |  25 |         5
 前田   |  21 |         6
 松本   |  20 |         7
 佐々木 |  19 |         8
```

ウィンドウ関数には、これ以外にもRANGEやROWSなどいくつか細かいオプションを指定する使い方がありますが、まずはこのPARTITION BYとORDER BYの使い方を覚えてもらえれば十分です。

トランザクションと更新

SQLは、「Structured Query Language」の略称です。「Query」とは「問い合わせ」（クエリ）のことで、狭義にはSELECT文のことを指すのでした。この名前からもわかるとおり、SQLはそもそもデータの検索をメインに行う

条件分岐、集合演算、ウィンドウ関数、更新 2.2

ために作られた言語で、データを変更することは二の次という扱いになっていました。

歴史的に見ても、検索機能がどんどん追加されて豊富になってきているのに対し、更新機能はまだそれほど高度なものを持っていません。このため、SQLの更新は非常にシンプルで、理解するのも難しくありません[注9]。

基本的に、SQLの更新機能は次の3種類に分類されます。

❶挿入(INSERT)
❷削除(DELETE)
❸更新(UPDATE)

これ以外にも、❶と❸を組み合わせたマージ(MERGE)という更新機能もありますが、まずは上の3つの機能を押さえてください。

■── INSERTでデータを挿入する

RDBでデータを保管するテーブルは、作った時点では当然のことながら空っぽです。テーブルというのはデータの箱にすぎないので、中にデータを登録しないと使いものになりません。

RDBでデータを登録する単位は「行」、つまりレコードです。基本的な登録の単位は1行ずつです。その際に使用するのがINSERT文です。文字どおりレコードの「挿入」です。

INSERT文の基本構文は、**図2.9**のような形を取ります。

図2.9 　INSERT文の基本構文

```
INSERT INTO テーブル名 (列1, 列2, 列3 ……) VALUES (値1, 値2, 値3 ……);
```

たとえば、Addressテーブルに**図2.10**のような1行を挿入するには、**リスト2.30**のように書きます。このとき、列のリストと値のリストは、並び順が対応している必要があります。この並び順がずれていると、エラーになったり列に入る値がずれてしまうため、よく注意してください。

注9　あまり複雑なことはやりたくてもできない、とも言えます。

69

第2章　　　　SQLの基礎　母国語を話すがごとく

図2.10 追加するレコード

name（名前）	phone_nbr（電話番号）	address（住所）	sex（性別）	age（年齢）
小川	080-3333-XXXX	東京都	男	30

リスト2.30 小川さんをAddressテーブルに追加

```
INSERT INTO Address (name, phone_nbr, address, sex, age)
        VALUES ('小川', '080-3333-XXXX', '東京都', '男', 30);
```

　また、name列やaddress列の値は'小川'、'東京都'のようにシングル
クォートで囲っていますが、文字列型のデータに対しては必ずこの形式で
ある必要があります。一方age列のように数値型の場合は囲いません[注10]。
なお、NULLを挿入する場合は、そのままダイレクトに値にNULLを指定し
ます。この場合もシングルクォートでは囲いません。NULLは値ではない
からです。

　前述のとおり、基本的にはテーブルへのデータの挿入はこのINSERT文
を使って1行ずつ行います。したがって、たとえば100行挿入したいと思
えば、100回INSERT文を実行する必要があります。「基本的には」と言っ
たのは、最近のSQLには、複数行を1つのINSERT文で挿入する機能
（*multirow insert*）も追加され、これをサポートしているDBMSもあるからで
す。Addressテーブルに使用したサンプルデータ9行を全部挿入するなら
ば、**リスト2.31**のようになります。

リスト2.31 9行を一度に追加する

```
INSERT INTO Address (name, phone_nbr, address, sex, age)
        VALUES('小川', '080-3333-XXXX', '東京都', '男', 30),
              ('前田', '090-0000-XXXX', '東京都', '女', 21),
              ('森', '090-2984-XXXX', '東京都', '男', 45),
              ('林', '080-3333-XXXX', '福島県', '男', 32),
              ('井上', NULL, '福島県', '女', 55),
              ('佐々木', '080-5848-XXXX', '千葉県', '女', 19),
              ('松本', NULL, '千葉県', '女', 20),
              ('佐藤', '090-1922-XXXX', '三重県', '女', 25),
              ('鈴木', '090-0001-XXXX', '和歌山県', '男', 32);
```

　この方法は、記述が簡潔で実行も一度で済むという点で優れた方法なの

注10　囲った場合は文字列として扱われてしまいます。

ですが、まだすべてのDBMSで使用できるようにはなっていません[注11]。また、エラーが発生したときにどの行が原因なのかを判別しにくいという問題点もあります。そのため、まず最初は1行ずつ地道にINSERTする方法を覚えておき、複数行INSERTは頭の片隅にとどめてもらう程度でかまいません。

━━ DELETEでデータを削除する

データを挿入したら、その反対の削除する機能も必要になります。こちらの場合は、レコード単位ではなく、一度の処理で複数行を削除することも可能です。その際に使用するのがDELETE文です。基本的な構文は**図2.11**のようになります。

図2.11 DELETE文の基本構文

```
DELETE FROM テーブル名;
```

たとえば、Addressテーブルのデータを削除するならば**リスト2.32**のようにします。

リスト2.32 Addressテーブルのデータを削除

```
DELETE FROM Address;
```

リスト2.32のDELETE文は、Addressテーブルに入っているすべてのレコードを削除します。

一部のレコードだけを削除したいなら、SELECT文のときに使ったWHERE句を使って、削除対象を一部に絞り込みます。たとえば、住所が千葉県の人のレコードだけ削除するならば、**リスト2.33**のように記述します。

リスト2.33 一部のレコードだけを削除

```
DELETE FROM Address
 WHERE address = '千葉県';
```

これで、住所が千葉県の佐々木さん、松本さんのレコードだけが削除されて、ほかのレコードは影響を受けません。

なお、ときどき見かける間違いに、DELETE文に列名を付けようとして

注11　2014年12月時点では、DB2、Microsoft SQL Server、PostgreSQL、MySQLが実装しています。

```
DELETE name FROM Address
```

のように書く例があります。これはエラーとなって正しく動作しません。
なぜエラーになるのかというと、DELETE文における削除対象は列ではな
く行なので、DELETE文で一部の列だけを削除できないからです。

　したがって、DELETE文において列名を指定することはできません。当
然ながら、アスタリスクを使って

```
DELETE * FROM Address
```

とするのも間違いでエラーになります。もし一部の列の値だけをクリアし
たいのであれば、それは次に紹介するUPDATE文を使って行います。

　なお、DELETE文でたとえ全レコードを削除したとしても、それでテー
ブル自体がなくなるわけではありません。テーブルという箱は残ったまま
なので、またINSERT文によって新規にデータを登録すれば、データを復
活させることができます[注12]。

■──UPDATEでデータを更新する

　INSERT文によってデータを登録したあと、登録済みのデータを変更し
たいと思うこともあるでしょう。たとえば、データの中身が間違っていた
場合などです。そんなときは、UPDATE文によって、テーブルのデータを
変更することが可能です。

　UPDATE文の構文も難しいものではありません。**図2.12**のように、更
新対象のテーブルと列、そして更新したい値(式)を指定するという、いた
ってシンプルなものです。

図2.12　　UPDATE文の基本構文

```
UPDATE テーブル名
  SET 列名 = 式;
```

　UPDATE文でも、一部のレコードだけを更新対象としたい場合は、
DELETE文と同様にWHERE句でのフィルタリングが可能です。たとえば、
佐々木さんの電話番号が間違って登録されていたため、それを修正したい

注12　テーブルそのものを削除するには、DROP TABLE文という別のコマンドを使います。

条件分岐、集合演算、ウィンドウ関数、更新　　2.2

場合は、WHERE句で佐々木さんだけを狙い打ちにできます（**リスト2.34**、
リスト2.35、**リスト2.36**）。

リスト2.34 更新前のデータ

```
SELECT *
  FROM Address;
```

実行結果

```
 name  |  phone_nbr    | address   | sex  | age
-------+---------------+-----------+------+-----
 小川   | 080-3333-XXXX | 東京都    | 男   | 30
 前田   | 090-0000-XXXX | 東京都    | 女   | 21
 森     | 090-2984-XXXX | 東京都    | 男   | 45
 林     | 080-3333-XXXX | 福島県    | 男   | 32
 井上   |               | 福島県    | 女   | 55
 佐々木 | 080-5848-XXXX | 千葉県    | 女   | 19
 松本   |               | 千葉県    | 女   | 20
 佐藤   | 090-1922-XXXX | 三重県    | 女   | 25
 鈴木   | 090-0001-XXXX | 和歌山県  | 男   | 32
```

リスト2.35 佐々木さんの電話番号を更新

```
UPDATE Address
   SET phone_nbr = '080-5849-XXXX'
 WHERE name = '佐々木';
```

リスト2.36 更新後のデータ

```
SELECT *
  FROM Address;
```

実行結果

```
 name  |  phone_nbr    | address   | sex  | age
-------+---------------+-----------+------+-----
 小川   | 080-3333-XXXX | 東京都    | 男   | 30
 前田   | 090-0000-XXXX | 東京都    | 女   | 21
 森     | 090-2984-XXXX | 東京都    | 男   | 45
 林     | 080-3333-XXXX | 福島県    | 男   | 32
 井上   |               | 福島県    | 女   | 55
 松本   |               | 千葉県    | 女   | 20
 佐藤   | 090-1922-XXXX | 三重県    | 女   | 25
 鈴木   | 090-0001-XXXX | 和歌山県  | 男   | 32
 佐々木 | 080-5849-XXXX | 千葉県    | 女   | 19
```

　ちなみに、UPDATE文のSET句には、複数の列を一度に記述できます。

73

第2章　SQLの基礎　母国語を話すがごとく

これを利用することで、複数列の更新をしたい場合にも、何度もUPDATE
文を実行することなく、一度の実行でできるようになります。

　たとえば、先ほど佐々木さんの電話番号を修正しましたが、実は年齢も
間違っていて、20歳に更新したい場合を考えましょう。単純に考えるなら、
リスト2.37のように2回UPDATE文を実行することでもできます。

リスト2.37　UPDATE文を2回実行して更新する

```
UPDATE Address
 SET phone_nbr = '080-5848-XXXX'
 WHERE name = '佐々木';

UPDATE Address
 SET age = 20
 WHERE name = '佐々木';
```

　これはこれで正しい方法です。しかし、2度もUPDATE文を実行するの
は無駄ですし、SQL文の記述量も増えます。これと同じ処理を、1つの
UPDATE文にまとめることができます。方法は**リスト2.38**の2つがありま
す。

リスト2.38　1つのUPDATE文にまとめて更新する

```
❶列をカンマ区切りで並べる
UPDATE Address
 SET phone_nbr = '080-5848-XXXX',
     age = 20
 WHERE name = '佐々木';

❷列を括弧で囲むことによるリスト表現
UPDATE Address
 SET (phone_nbr, age) = ('080-5848-XXXX', 20)
 WHERE name = '佐々木';
```

　もちろん、列は2列だけでなく、3列以上指定することもできます。これ
ならば、一度のUPDATE文ですっきり実行できます。

　なお、❷のリスト表現による更新方法は、DBMSによってはまだサポー
トしていないこともありますので、みなさんの使用するDBMSで使用可能
か確認してみてください。❶の方法はすべてのDBMSで使うことができま
す。

74

条件分岐、集合演算、ウィンドウ関数、更新　　　　　　　2.2

第2章のまとめ

- 簡単なことが直観的に記述できるのが非手続型であるSQLの良い
ところ

- CASE式は分岐を表現する重要な道具。ポイントは文ではなく式
をベースとしていること

- クエリは入力も出力もテーブルであることで柔軟な表現力を持っ
ている

- SQLにはGROUP BY句やUNION、INTERSECTなど集合論に基
礎を持つ演算も多い

- ウィンドウ関数はGROUP BY句から集約の機能を除外してカッ
トの機能だけを残したもの

演習問題2

　Addressテーブルから男女別の年齢ランキング（飛び番あり）を降順に出
力するSELECT文を考えてください。　　　　　　　　**➡解答は334ページ**

75

第 **3** 章

SQLにおける条件分岐
文から式へ

第3章　　　　　　　　SQLにおける条件分岐　文から式へ

　第2章でも見たように、SQLにおける条件分岐はCASE式を使って記述
します。しかし実は、CASE式以外にも条件分岐に（頻繁に）使用される構
文があります。それは、集合演算の道具であるUNIONです。CASE式は、
手続き型言語で使用されていたIF-THEN-ELSE文やSWITCH文の機能を
SQLに移植したものと言ってよいのですが、ある種のわかりにくさがある
ため、初心者からは敬遠されがちです（その「わかりにくさ」の正体は、本章
で詳しく見ていきます）。その結果、もう一つの道具であるUNIONに人気
が集まることになります。

　しかし、これはSQLにとっては不幸なことです。というのも、UNION
はもともと条件分岐のための道具ではないため、そのような用途に使うの
に適していないからです。動作のイメージをつかみやすいことからついつ
いUNIONに頼ってしまいがちですが、本章の目的は、極力UNIONを条
件分岐の道具として使わずに、CASE式によるSQL本流の考え方を身につ
けることです。それはとりもなおさず、簡潔でパフォーマンスにもすぐれ
たコーディングを行うことにもなるのです。

3.1
UNIONを使った冗長な表現

　UNIONを使った条件分岐は、SQL初心者が好むテクニックの一つです。
主に使われるシーンとしては、WHERE句だけが微妙に異なる複数の
SELECT文をマージすることで、複数の条件に合致する1つの結果セット
を得る、という場合です。この方法は、問題を小さなサブ問題に分割して
考えることができるため、思考を組み立てやすいという利点があり、人間
が条件分岐の必要な問題を考える際、必ずと言ってよいほど最初に考えつ
く方法です。

　しかし、その考え方の安易さに反して、この方法はパフォーマンス面で
大きな欠点を抱えています。というのも、このタイプのクエリは、SQL文
の実行回数こそ1回ではあるものの、内部的には複数のSELECT文を実行
する実行計画として解釈されることが多いため、テーブルへのアクセス回

数が増え、I/Oコストが大きく膨らむ傾向があるからです[注1]。

したがって、SQLで条件分岐を行う際にUNIONを使用することが本当に望ましいかどうかは、慎重な検討が必要になります。少なくとも、何も考えずUNIONを使うという判断をしてはいけません。本節では、UNIONとCASE式の2つの方法による条件分岐のクエリを比較しながら、どのようなケースでどちらを使うのが適切かを見ていきます。

UNIONによる条件分岐の簡単なサンプル

少し人工的ですが、誰の目にもわかりやすい問題を例に考えましょう。今、商品を管理するテーブルItemsが存在するとします（**図3.1**）。このテーブルは、各商品について、税抜き価格（外税）／税込み価格（内税）の両方を保持しているとします。2002年から、法改正によって価格表示に税込み価格（内税）を表示することが義務付けられました。そこで、2001年までは税抜き価格を、2002年からは税込み価格を「価格」列として表示するような結果（図3.1の網かけ部分）を求めたいとします（**図3.2**）。

図3.1 商品テーブル

Items（商品）

item_id（商品 ID）	year（年）	item_name（商品名）	price_tax_ex（価格[外税]）	price_tax_in（価格[内税]）
100	2000	カップ	500	525
100	2001	カップ	520	546
100	2002	カップ	600	630
100	2003	カップ	600	630
101	2000	スプーン	500	525
101	2001	スプーン	500	525
101	2002	スプーン	500	525
101	2003	スプーン	500	525
102	2000	ナイフ	600	630
102	2001	ナイフ	550	577
102	2002	ナイフ	550	577
102	2003	ナイフ	400	420

注1　そうではない例外ケースもあるのですが、それについても本章の後半「UNIONを使ったほうがパフォーマンスが良いケース」（92ページ）で説明します。

図3.2 求めるべき結果

```
item_name| year | price
---------+------+-------
 カップ  | 2000 |   500
 カップ  | 2001 |   520
 カップ  | 2002 |   630
 カップ  | 2003 |   630
 スプーン| 2000 |   500
 スプーン| 2001 |   500
 スプーン| 2002 |   525
 スプーン| 2003 |   525
 ナイフ  | 2000 |   600
 ナイフ  | 2001 |   550
 ナイフ  | 2002 |   577
 ナイフ  | 2003 |   420
```

　条件分岐の条件にyear列を使うことは明らかです。それをキーとして、2001年以前と2002年以後で取得する列を変えます。UNIONを使った解は、**リスト3.1**のようになります。

リスト3.1 UNIONを使った条件分岐

```
SELECT item_name, year, price_tax_ex AS price
  FROM Items
 WHERE year <= 2001
UNION ALL
SELECT item_name, year, price_tax_in AS price
  FROM Items
 WHERE year >= 2002;
```

　条件が排他的であるため、重複行が発生することはあり得ません。そのため、無駄なソートを省くためにUNION ALLを使っています。しかし、この問題のポイントはそこにはありません。このコードの第1の問題は、冗長であることです。ほとんど同じ2つのクエリを2度実行しているからです。これは、SQLを無駄に長くして読みにくくするだけです。そしてこれは第2の問題であるパフォーマンスの遅延も引き起こします。

■── UNIONを使うと実行計画が冗長になる

　UNIONを使ったクエリのパフォーマンス上の問題点を明らかにするため、実行計画を見てみましょう。PostgreSQLとOracleの実行計画を**図3.3**、

図**3.4**に示します。

図3.3 **UNIONによる実行計画（PostgreSQL）**

```
--------------------------------------------------------------
Append  (cost=0.00..2.42 rows=12 width=47)
   -> Seq Scan on items  (cost=0.00..1.15 rows=6 width=47)
         Filter: (year <= 2001)
   -> Seq Scan on items  (cost=0.00..1.15 rows=6 width=47)
         Filter: (year >= 2002)
```

図3.4 **UNIONによる実行計画（Oracle）**

Id	Operation	Name	Rows	Bytes	Cost (%CPU)	Time
0	SELECT STATEMENT		13	611	6 (50)	00:00:01
1	UNION-ALL					
* 2	TABLE ACCESS FULL	ITEMS	7	329	3 (0)	00:00:01
* 3	TABLE ACCESS FULL	ITEMS	6	282	3 (0)	00:00:01

　どちらにおいても、UNIONのクエリはItemsテーブルに対して2度のアクセスを実行していることがわかります。その際はテーブルへのフルスキャンが実施されるため、読み取りコストもデータ量に対し線形に伸びていきます。実際にはデータキャッシュにテーブルのデータが保持されることである程度その傾きは緩和されますが、テーブルサイズが大きくなるほどキャッシュヒット率は悪くなり、その効果も期待できなくなります[注2]。

■――**UNIONを安易に使うべからず**

　簡単にレコード集合をマージできるという点で、UNIONは非常に便利な道具です。これを条件分岐のためのツールとして使いたい誘惑に駆られるのも無理のないことです。しかし、これは危険思想なのです。安易にSELECT文全体を連ねて冗長なコードを記述してしまうと、その分だけテーブルへの無駄なアクセスを発生させて、いとも簡単にSQLのパフォーマンスが劣化しますし、物理リソース（ストレージのI/Oコスト）も無駄に消費します。このように安易にUNIONで条件分岐を使ってしまう心的傾向

注2　データキャッシュについては第1章を参照してください。

第3章　　　　SQLにおける条件分岐　文から式へ

を、私は「冗長性症候群」と呼んでいます[注3]。

では、SQLにおける正しい条件分岐はどのように行うべきか見てみましょう。

WHERE句で条件分岐させるのは素人

システム開発の世界には、先人たちの知恵やノウハウが印象的な格言の形で残っています。「GOTOは使うべからず」とか、「データ構造がコードを決めるのであってその逆ではない」とか、「バグではありません、仕様です」とか、みなさんも聞いたことがあると思います。

SQLにもそういう格言がいくつかありますが、その中の一つに「条件分岐をWHERE句で行うのは素人のやること。プロはSELECT句で分岐させる」というものがあります。先の「内税・外税」問題も、SELECT句で条件分岐を行うことで最適解を得ることができます（**リスト3.2**）。

リスト3.2　SELECT句における条件分岐

```
SELECT item_name, year,
       CASE WHEN year <= 2001 THEN price_tax_ex
            WHEN year >= 2002 THEN price_tax_in END AS price
  FROM Items;
```

このクエリも、リスト3.1で見たUNIONのクエリと同じ結果を得ます。しかし、パフォーマンスはこちらのほうが数段良いことが期待できます（テーブルサイズが大きいほどその差は顕著です）。

SELECT句で条件分岐させると実行計画もすっきり

CASE式を使ったクエリの実行計画は**図3.5**、**図3.6**のようになります。

図3.5　CASE式による分岐（PostgreSQL）

```
Seq Scan on items   (cost=0.00..1.18 rows=12 width=51)
```

注3　「冗長性」という言葉は、耐障害性を高めるための多重化を表すなど、システムの世界では必ずしも悪い意味では使われません。しかしここでは、「本来繰り返す必要のない処理を繰り返す」という「冗長」という言葉が本来持つ悪いニュアンスを込めて使っています。ちなみに、私がこれまで見た中で、冗長性症候群を一番こじらせた症例は、UNIONで22個のSELECT文をつなげたクエリでした（信じがたいことに商用システムで動いていました）。もちろんパフォーマンスは最悪で、すぐにCASE式を使って改修しました。

| 図3.6 | CASE式による分岐（Oracle） |

```
| Id | Operation        | Name  | Rows | Bytes | Cost (%CPU)| Time     |

|  0 | SELECT STATEMENT |       |   12 |   564 |    3   (0)| 00:00:01 |
|  1 |  TABLE ACCESS FULL| ITEMS |   12 |   564 |    3   (0)| 00:00:01 |
```

　Itemsテーブルへのアクセスが1回に節約できていることがわかります。これは大雑把に言えば、UNIONの解よりパフォーマンスが2倍向上することを意味します[注4]。SQL文の見た目もすっきりして可読性も向上します。

　このように、SQL文のパフォーマンスの良し悪しは、必ず実行計画レベルで判断しなければなりません。理由は第1章でも説明したように、SQL文にはどのようにデータを取ってくるかというアクセスパスが書かれていないからです。それを知るには、実行計画を見るしかないのです。

　これは、本来は良いことではありません。「ユーザがデータへのアクセスパスという物理レベルの問題を意識しなくてもよいようにしたい」というのがRDBとSQLが掲げたコンセプトだったからです。ただ、その志を遂げるには、RDBとSQL（そして現在のハードウェア）はまだ非力なので、結果として、中途半端に隠蔽されたアクセスパスを、エンジニアがチェックする必要が残っているのです[注5]。

　それはさておき、UNIONとCASE式のクエリを構文的な観点から比較してみると、おもしろいものがあります。UNIONによる分岐は、SELECT「文」の単位で分岐させています。「文」を基本単位とした思考という点で、まだ手続き型の発想に囚われた解だと言えるでしょう。それに対して、CASE式による分岐は、文字どおり「式」をベースにした思考です。この「文」から「式」へのジャンプを成功させることは、SQLをマスターする一つの鍵なのですが、パフォーマンスチューニングにおいてもそれは変わりありません。

　最初からこのジャンプをスムーズに行うことは難しいのですが、一つコツを教えましょう。それは、とりあえず「この問題を手続き型言語で解いたら」と考えたとき、IF文を使う個所があれば、それをSQLに翻訳したら

注4　実際は、先述したようにバッファキャッシュの影響も考えなければなりませんし、それほど単純にI/Oコストと実行時間は線形に相関はしません。あくまで単純化したモデルとして考えてください。

注5　したがって、いつかハードウェアとDBMSが十分に発達した日には、プログラマがこんなことをしなくて済むようになる、と私は信じています。

第3章　　　　SQLにおける条件分岐　文から式へ

CASE式を使う、というルールを頭の中に持っておくことです。これを意識するだけでも、かなりSQLアタマが身につきます。

3.2
集計における条件分岐

　冗長性症候群が発現しやすいケースとして有名なものに、集計を行うSQLがあります。たとえば、都道府県別、男女別の人口を記録するPopulationテーブルがあるとします（**図3.7**）。このテーブルから、**図3.8**のようにレイアウトを変更した結果を出力する方法を考えます。性別「1」は男性、「2」は女性を意味するものと仮定します。

図3.7　　人口テーブル

Population（人口）

prefecture（県名）	sex（性別）	pop（人口）
徳島	1	60
徳島	2	40
香川	1	90
香川	2	100
愛媛	1	100
愛媛	2	50
高知	1	100
高知	2	100
福岡	1	20
福岡	2	200

図3.8　　求める結果

```
prefecture | pop_men | pop_wom
-----------+---------+---------
香川        |      90 |     100
高知        |     100 |     100
徳島        |      60 |      40
愛媛        |     100 |      50
福岡        |      20 |     200
```

※pop_men：男性の人口、pop_wom：女性の人口

84

集計対象に対する条件分岐

■── UNIONによる解

この問題を解くとき、手続き型の考え方をするならば、まずは男性の合計を都道府県別に求め、次に女性の合計を都道府県別に求め、その結果をマージするという考えになります(**リスト3.3**)。

リスト3.3 UNIONによる解

```
SELECT prefecture, SUM(pop_men) AS pop_men, SUM(pop_wom) AS pop_wom
  FROM ( SELECT prefecture, pop AS pop_men, null AS pop_wom
          FROM Population
         WHERE sex = '1' --男性
         UNION
        SELECT prefecture, NULL AS pop_men, pop AS pop_wom
          FROM Population
         WHERE sex = '2') TMP  --女性
 GROUP BY prefecture;
```

サブクエリTMPは**図3.9**のように男性と女性の人口が別の行に存在するため、外側のGROUP BY句によって1行に集約しています。それ自体は大した問題ではなく、やはりこのクエリ最大の問題点は、WHERE句でsex列による分岐を行ったうえで、その結果をUNIONでマージするという手続き型にどっぷり浸かった構造にあります。

図3.9 男性と女性の人口が分かれて表示

```
prefecture | pop_men | pop_wom
-----------+---------+---------
徳島        |      60 |
徳島        |         |      40
香川        |      90 |
香川        |         |     100
愛媛        |     100 |
愛媛        |         |      50
高知        |     100 |
高知        |         |     100
福岡        |      20 |
福岡        |         |     200
```

85

第3章   SQLにおける条件分岐　文から式へ

■── UNIONの実行計画

リスト3.3の実行計画は**図3.10**のようになります。PostgreSQL も Oracle
も同じような実行計画になるので、代表でPostgreSQLのものだけ示しま
す。

図3.10　UNIONの実行計画（PostgreSQL）

```
HashAggregate  (cost=2.70..2.80 rows=10 width=90)
  -> HashAggregate  (cost=2.43..2.53 rows=10 width=11)
      -> Append  (cost=0.00..2.35 rows=10 width=11)
          -> Seq Scan on population  (cost=0.00..1.13 rows=5 width=11)
              Filter: (sex = '1'::bpchar)
          -> Seq Scan on population  (cost=0.00..1.13 rows=5 width=11)
              Filter: (sex = '2'::bpchar)
```

この実行計画からも、Population テーブルに対するフルスキャンが2回実
行されていることがわかります[注6]。これもやはり冗長性症候群の一つです。

■── 集計における条件分岐もやはりCASE式

この問題は、CASE式の応用方法として非常に有名な、表側・表頭のレ
イアウト変換の問題です[注7]。本来、SQLはこういう結果のフォーマッティ
ングを目的とした言語ではないのですが、実務で使う機会の多い技術なの
でご存じの方も多いでしょう。CASE式を集約関数の中に含めることで、求
めていた「男性だけの人口」と「女性だけの人口」の列を作ることができます
（**リスト3.4**）。

リスト3.4　CASE式による解

```
SELECT prefecture,
       SUM(CASE WHEN sex = '1' THEN pop ELSE 0 END) AS pop_men,
       SUM(CASE WHEN sex = '2' THEN pop ELSE 0 END) AS pop_wom
  FROM Population
 GROUP BY prefecture;
```

注6　実はこのケースにおいては、UNIONのほうがCASE式よりもパフォーマンスが良い可能性もありま
す。それは、sex列にインデックスが存在し、レコードの絞り込みが利く場合です。この場合、CASE
式による1回のテーブルフルスキャンよりも、2回のインデックススキャンのほうが高速に動作する
可能性もあるからです。このケースについては「UNIONを使ったほうがパフォーマンスが良いケー
ス」（92ページ）で取り上げます。

注7　表頭は、二次元表の上部の項目を、表側は左側の項目を指します。あまり一般的な用語ではありま
せんが、データ集計の分野ではよく使われます。

これもまた、SELECT句で条件分岐させることで、クエリをシンプルにしています。

■── CASE式の実行計画

そして重要なことは、見た目がシンプルになるだけでなく、パフォーマンスも向上することです。このクエリは、見た目だけではなく実行計画もシンプルにするからです。実行計画は**図3.11**のような非常に単純なものになります。

図3.11 UNIONの実行計画（PostgreSQL）

```
HashAggregate  (cost=1.23..1.28 rows=5 width=13)
  -> Seq Scan on population  (cost=0.00..1.10 rows=10 width=13)
```

Populationテーブルに対するフルスキャンが1回に減っていることがわかります。つまり、UNIONを使った場合の2回に比べて（キャッシュなどを考慮しなければ）1/2のI/Oコストで済むことを意味します。

このように、CASE式による条件分岐をうまく使うことでUNIONを削減し、それによってテーブルへのアクセスを削減することが可能になります。CASE式はSQLを使いこなすうえで生命線となる道具ですが、その理由は、表現力の高さだけでなく、パフォーマンス改善にも大きな力を発揮するからなのです。

集約の結果に対する条件分岐

集約における条件分岐には、もう一つのパターンとして、集約した結果に対して分岐を行うケースがあります。社員とその所属するチームを管理するテーブルEmployees（**図3.12**）を使って、ここから次の条件に応じて結果を取得することを考えましょう。

第3章　　SQLにおける条件分岐　文から式へ

図3.12　社員テーブル

Employees（社員）

emp_id（社員ID）	team_id（チームID）	emp_name（社員名）	team（チーム）
201	1	Joe	商品企画
201	2	Joe	開発
201	3	Joe	営業
202	2	Jim	開発
203	3	Carl	営業
204	1	Bree	商品企画
204	2	Bree	開発
204	3	Bree	営業
204	4	Bree	管理
205	1	Kim	商品企画
205	2	Kim	開発

❶所属するチームが1つだけの社員は、1列にそのチーム名を表示する

❷所属するチームが2つの社員は、「2つを兼務」という文字列を表示する

❸所属するチームが3つ以上の社員は、「3つ以上を兼務」という文字列を表示する

結果は**図3.13**のようになります。

図3.13　条件を満たした結果

```
 emp_name    |     team
-------------+--------------
 Jim         | 開発
 Bree        | 3つ以上を兼務
 Joe         | 3つ以上を兼務
 Carl        | 営業
 Kim         | 2つを兼務
```

■──**UNIONで条件分岐させるのは簡単だが……**

従業員を❶～❸の条件で分類すると、次のように分けられます。

❶Jim、Carl

❷Kim

❸Bree、Joe

この分類を忠実に再現すると**リスト3.5**のようになります。

88

リスト3.5 UNIONで条件分岐させたコード

```
SELECT emp_name,
       MAX(team)  AS team
  FROM Employees  ❶
 GROUP BY emp_name
HAVING COUNT(*) = 1
UNION
SELECT emp_name,
       '2つを兼務'        AS team
  FROM Employees  ❷
 GROUP BY emp_name
HAVING COUNT(*) = 2
UNION
SELECT emp_name,
       '3つ以上を兼務'   AS team
  FROM Employees  ❸
 GROUP BY emp_name
HAVING COUNT(*) >= 3;
```

　この問題のおもしろいところは、条件分岐がレコードの値ではなく、レコード数という集合の値に一段レベルが上がっているところです。そのため、WHERE句ではなくHAVING句で条件を指定しています。ただし、UNIONでマージしている以上、文レベルの分岐である点はWHERE句による分岐と変わりません。

■── UNIONの実行計画

　論より証拠、実行計画を見てみましょう。今度はOracleの実行計画です（図3.14）。

図3.14 UNIONの実行計画（Oracle）

Id	Operation	Name	Rows	Bytes	Cost (%CPU)	Time
0	SELECT STATEMENT			33	792	15 (80)	00:00:01
1	SORT UNIQUE			33	792	15 (80)	00:00:01
2	UNION-ALL						
* 3	FILTER						
4	HASH GROUP BY			11	396	5 (40)	00:00:01
5	TABLE ACCESS FULL	EMPLOYEES		11	396	3 (0)	00:00:01
* 6	FILTER						
7	HASH GROUP BY			11	198	5 (40)	00:00:01
8	TABLE ACCESS FULL	EMPLOYEES		11	198	3 (0)	00:00:01

89

第3章　SQLにおける条件分岐　文から式へ

```
|*  9 |      FILTER                    |          |     |     |            |          |
|  10 |      HASH GROUP BY             |          |  11 | 198 |   5  (40)| 00:00:01 |
|  11 |        TABLE ACCESS FULL| EMPLOYEES |     11 | 198 |   3   (0)| 00:00:01 |
```

　3つのクエリを単純にマージしているため、予想どおり、Employeesテーブルに対するアクセスも3回発生していることが確認できます。

■──── CASE式による条件分岐

　この問題に対する最適解は、やはりSELECT句でCASE式を使ったものです（**リスト3.6**）。

リスト3.6　SELECT句でCASE式を使う

```
SELECT emp_name,
       CASE WHEN COUNT(*) = 1   THEN MAX(team)
            WHEN COUNT(*) = 2   THEN '2つを兼務'
            WHEN COUNT(*) >= 3 THEN '3つ以上を兼務'
        END AS team
  FROM Employees
 GROUP BY emp_name;
```

■──── CASE式による条件分岐の実行計画

　このCASE式の解は、SELECT句で分岐させることで、テーブルへのアクセスコストを3分の1に減らしています。おまけにGROUP BYのHASH演算も3回から1回に減っています。これを可能にしているのが、集約結果（COUNT関数の戻り値）をCASE式の入力にするという技術です。SELECT句においては、COUNTやSUMなど集約関数の結果は1行につき1つに定まります。別の言い方をすれば、集約関数の結果はスカラ値（それ以上分割不可能な値）になります。そのため、CASE式の引数に集約関数を取るという、一見するとトリッキーなコーディングが可能です。実行計画は**図3.15**のようになります。

図3.15　CASE式の実行計画（Oracle）

```
| Id  | Operation          | Name  | Rows | Bytes | Cost (%CPU)| Time     |
|  0  | SELECT STATEMENT   |       |  11  |  396  |   4  (25)| 00:00:01 |
```

90

```
| 1 | HASH GROUP BY          |           | 11 | 396 |  4 (25)| 00:00:01 |
| 2 |  TABLE ACCESS FULL| EMPLOYEES | 11 | 396 |  3  (0)| 00:00:01 |
```

先ほど「WHERE句で条件分岐させるのは素人だ」という格言を紹介しましたが、「HAVING句で条件分岐させるのも素人のやること」だということも覚えておいてください。

3.3
それでもUNIONが必要なのです

これまで、条件分岐をUNIONに頼ってしまう心理的傾向を冗長性症候群と呼んで、悪いものとして扱ってきました。しかし、場合によってはUNIONを使わなければそもそも解くことのできない問題や、UNIONを使ったほうがパフォーマンスが良くなるという逆転現象が生じるケースもあります。本節では、そうした例外ケースを整理しておきましょう。

UNIONを使わなければ解けないケース

UNIONを使わなければ分岐が表現できないパターンとして最もわかりやすくかつ多いのが、マージされるSELECT文同士で使用するテーブルが異なる場合です。つまり、複数のテーブルから取得した結果をマージするケースです。これはもう、SELECT句でCASE式を使えばどうにかなるというものではありません（**リスト3.7**）。

リスト3.7 異なるテーブルの結果をマージする

```
SELECT col_1
  FROM Table_A
 WHERE col_2 = 'A'
UNION ALL
SELECT col_3
  FROM Table_B
 WHERE col_4 = 'B';
```

第3章　SQLにおける条件分岐　文から式へ

　FROM句でテーブルを結合することで、CASE式を使って必要な結果を求めることが可能な場合もあるかもしれませんが、その場合は本来必要のないはずの（UNIONを使えば発生しない）結合が発生することで、パフォーマンスへの悪影響が発生します。そうなると、一概にどちらがパフォーマンスが良いか判断できなくなります。

UNIONを使ったほうがパフォーマンスが良いケース

　次に、もう少し微妙な判断が必要とされるケースを見てみます。それは、UNIONでもそれ以外の手段でも解くことができるのだけど、もしかするとUNIONのほうがパフォーマンスが良い可能性のあるケースです。それは、インデックスが関係する場合です。UNIONを使った場合にうまく絞り込みの利くインデックスが利用できて、かつUNION以外の手段ではそうしたインデックスが使用できない場合、テーブルフルスキャンが発生するとUNIONのほうがむしろパフォーマンスが良い可能性が出てくるのです。

　例として、3つの日付列date_1〜date_3と、それと対になるフラグ列flg_1〜flg_3を持つテーブルThreeElementsを考えます（**図3.16**）。このテーブルの用途についてはあまり深く考えないで、パズルみたいなものだと思ってください。

図3.16　ThreeElementsテーブル

ThreeElements

key	name	date_1	flg_1	date_2	flg_2	date_3	flg_3
1	a	2013-11-01	T				
2	b			2013-11-01	T		
3	c			2013-11-01	F		
4	d			2013-12-30	T		
5	e					2013-11-01	T
6	f					2013-12-01	F

　ThreeElementsテーブルに格納されるデータは、あるレコードについて見ると (date_n, flg_n) という3つのペアのどれか1つのペアの列にだけ値を持ち、残りのペアの列は (NULL, NULL) と決まっています（この条件は演習問題で重要な意味を持ってくるので、よく覚えておいてください）。

92

今、このテーブルから、date_1〜date_3が特定の日付、たとえば「2013年11月1日」という値を持っていて、かつ対になるフラグ列の値が「T」であるレコードを選択するとします。たとえば、図3.12のサンプルデータに対しては、選択結果は**図3.17**のようになります。

図3.17　日付に値があってかつフラグがT

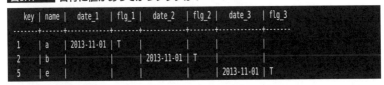

　このような結果を得るSELECT文は、どのようなものになるでしょうか。

■── UNIONによる解

　この問題をUNIONで解くのは、まったく簡単な仕事です。お世辞にもエレガントなコードにはなりませんが、**リスト3.8**のように3つのSELECT文をUNIONでマージするだけです。

リスト3.8　UNIONによる解

```
SELECT key, name,
       date_1, flg_1,
       date_2, flg_2,
       date_3, flg_3
  FROM ThreeElements
 WHERE date_1 = '2013-11-01'
   AND flg_1  = 'T'
UNION
SELECT key, name,
       date_1, flg_1,
       date_2, flg_2,
       date_3, flg_3
  FROM ThreeElements
 WHERE date_2 = '2013-11-01'
   AND flg_2  = 'T'
UNION
SELECT key, name,
       date_1, flg_1,
       date_2, flg_2,
       date_3, flg_3
  FROM ThreeElements
```

第3章　　　SQLにおける条件分岐　文から式へ

```
WHERE date_3 = '2013-11-01'
  AND flg_3  = 'T';
```

　マージされている3つのSELECT文で異なるのは、WHERE句の日付と
フラグのペアだけです。これで機能的には十分なのですが、問題はこのク
エリのパフォーマンスと実行計画です。

　このときポイントになるのがインデックスです。このクエリを最適なパ
フォーマンスで実行するには、次の列セットに対してインデックスが必要
になります。

```
CREATE INDEX IDX_1 ON ThreeElements (date_1, flg_1) ;
CREATE INDEX IDX_2 ON ThreeElements (date_2, flg_2) ;
CREATE INDEX IDX_3 ON ThreeElements (date_3, flg_3) ;
```

　インデックスの構造としくみについては第10章で解説します。今はとり
あえず、これらのインデックスがあれば(date_n, flg_n)という列の組み
合わせに対する条件がWHERE句で使用された場合に高速化できると考え
てください。

　このとき、UNIONによる実行計画は**図3.18**のようになります。Oracle
で見てみましょう[注8]。

図3.18　　**UNIONの実行計画**

```
| Id | Operation                      | Name         | Rows | Bytes | Cost (%CPU)| Time     |

|  0 | SELECT STATEMENT               |              |    3 |    75 |    9  (78)| 00:00:01 |
|  1 |  SORT UNIQUE                   |              |    3 |    75 |    9  (78)| 00:00:01 |
|  2 |   UNION-ALL                    |              |      |       |           |          |
|  3 |    TABLE ACCESS BY INDEX ROWID | THREEELEMENTS |    1 |    25 |    2   (0)| 00:00:01 |
|* 4 |     INDEX RANGE SCAN           | IDX_1        |    1 |       |    1   (0)| 00:00:01 |
|  5 |    TABLE ACCESS BY INDEX ROWID | THREEELEMENTS |    1 |    25 |    2   (0)| 00:00:01 |
|* 6 |     INDEX RANGE SCAN           | IDX_2        |    1 |       |    1   (0)| 00:00:01 |
|  7 |    TABLE ACCESS BY INDEX ROWID | THREEELEMENTS |    1 |    25 |    2   (0)| 00:00:01 |
```

注8　実際には、このサンプルにようにテーブルの行数が少ない場合は、オプティマイザはあえてインデックスを選択せず、テーブルのフルスキャンを選択することも多くあります。これは、テーブルサイズが小さい場合、フルスキャンもインデックススキャンも大して性能に差が出ないためです。しかし、テーブルサイズが大きくなり、かつ、インデックスによる絞り込みが利くようになるほど、インデックススキャンの優位性が際立つようになります。

```
|* 8 |      INDEX RANGE SCAN      | IDX_3    |    1|      |    1  (0)| 00:00:01 |
--------------------------------------------------------------------------------
```

3つのSELECT文それぞれに対して、IDX_1、IDX_2、IDX_3と、すべてのインデックスが使用されていることがわかります。これは、ThreeElementsテーブルの行数が多く、かつそれぞれのWHERE句の検索条件で行数が絞り込まれるほど、テーブルのフルスキャンよりも高速なアクセスが期待できます。

■── ORを使った解

一方、この問題をUNION以外で解くとすれば、まっ先に考えつくのは**リスト3.9**のようなORで条件をつなげた構文でしょう。

リスト3.9 ORによる解

```
SELECT key, name,
       date_1,  flg_1,
       date_2,  flg_2,
       date_3,  flg_3
  FROM ThreeElements
 WHERE (date_1 = '2013-11-01' AND flg_1 = 'T')
    OR (date_2 = '2013-11-01' AND flg_2 = 'T')
    OR (date_3 = '2013-11-01' AND flg_3 = 'T');
```

このクエリの選択結果はUNIONのクエリと同値です。一方、実行計画には大きな変化が見られます（**図3.19**）。

図3.19 ORで分岐

```
--------------------------------------------------------------------------------
| Id | Operation          | Name        | Rows | Bytes | Cost (%CPU)| Time     |
--------------------------------------------------------------------------------
|  0 | SELECT STATEMENT   |             |    1 |    25 |    3  (0)| 00:00:01 |
|* 1 |  TABLE ACCESS FULL | THREEELEMENTS |  1 |    25 |    3  (0)| 00:00:01 |
--------------------------------------------------------------------------------
```

SELECT文が1つになったことで、当然のことながらThreeElementsテーブルへのアクセスが1回に減りました。しかし反面、アクセス方法としては、先ほど使われていたインデックスIDX_1～IDX_3が使われず、テーブルのフルスキャンになっています。このように、WHERE句でORを使用

すると、その列に付与されているインデックスを使えなくなることがあります。

したがって、この場合のUNIONとORのパフォーマンスの比較はつまるところ、

3回のインデックススキャン VS. 1回のテーブルフルスキャン

のどちらが速いか、という問題に帰着します。これは、テーブルの行数と検索条件の選択率（レコードのヒット率）によって答えが変わってくる問題ですが、テーブルサイズが大きく、かつUNIONを使ったときのWHERE条件の選択率が十分に小さい場合は、UNIONに軍配が上がることがあります[注9]。常にUNIONが負けるわけではないのです。

■── INを使った解

なお、ORのクエリは、INを使って**リスト3.10**のように同値変換することもできます。

リスト3.10 INによる解

```sql
SELECT key, name,
       date_1,  flg_1,
       date_2,  flg_2,
       date_3,  flg_3
  FROM ThreeElements
 WHERE ('2013-11-01', 'T')
          IN ((date_1, flg_1),
              (date_2, flg_2),
              (date_3, flg_3));
```

これは、行式（*row expression*）という機能を使った方法です。INの引数には、単純なスカラ値だけではなく、このように (a, b, c) といった値のリスト（配列）もとることができます。それをうまく応用したのがこの書き方です。こちらのほうがORよりもシンプルで理解しやすいかもしれませんが、実行計画はORのクエリと同じなので、パフォーマンス問題の解決に

注9　DBMSのほうでもそれを見越して、ORを使ったクエリに対してUNIONのときと同じ実行計画を作ることもあります（Oracleなどその実行計画を明示的に指定するUSE_CONCATというヒント句まで持っています）。本来は、オプティマイザがどちらの実行計画を使うか適切に判断してくれるならば、そもそもUNIONを使う必要などないのです。

はなりません[注10]。

　なお、この問題に対して、CASE式を使った**リスト3.11**のようなクエリを考えた人もいるかもしれません。

リスト3.11 CASE式による解

```
SELECT key, name,
       date_1, flg_1,
       date_2, flg_2,
       date_3, flg_3
  FROM ThreeElements
 WHERE CASE WHEN date_1 = '2013-11-01' THEN flg_1
            WHEN date_2 = '2013-11-01' THEN flg_2
            WHEN date_3 = '2013-11-01' THEN flg_3
            ELSE NULL END = 'T';
```

　このクエリの選択結果は、(今のビジネスルールを前提とすれば)UNIONのクエリと同値です。実行計画はORやINと同じなので、やはりパフォーマンス問題の特効薬というわけではありませんが。ただし、このクエリには1つ注意点があります。ビジネスルールを少し変えると、必ずしもUNIONやORのクエリと同値になるとは限らないのです。この点については章末の演習問題としますので、考えてみてください。

3.4
手続き型と宣言型

　本章では、UNIONによる条件分岐とそれ以外の方法を対比してきました。そして結論は、例外的な状況を除いて、ほぼUNIONを使わないほうがパフォーマンスも可読性も優れる、というものでした。もともとUNIONは条件分岐を行うためにSQLに導入された機能ではないのだから、これは当然のことです。条件分岐をCASE式で行うのは、構文的にも自然なことです。

注10　行式の応用方法については第9章でも取り上げます。これも便利かつパフォーマンス向上に役立つ機能なので、ぜひ覚えてください。

文ベースと式ベース

　しかしです。それでもなお、CASE式がSQL初心者に難しさを感じさせることも事実です。その理由を端的に表現するなら、SQLの初心者と中級者以上とでは、住んでいる世界が違うからです。

　SQL初心者は、手続き型の世界に住んでいます。これは最初に習うプログラミング言語が手続き型だからです。その世界では、思考の基本単位は「文」(statement)です。一方SQLの中級者以上は、宣言型の世界に住んでいます。ここでの基本単位は「式」(expression)です。2つの世界では、基本的な考え方の枠組み、スキームが違います。

　SQL初心者がUNIONによる分岐に頼ってしまう理由は、UNIONによる場合分けが、文ベースの手続き型のスキームに従うものだからです。実際、UNIONで連結する対象はSELECT「文」です。これは、最初に手続き型言語でプログラミングを覚える私たちのほとんどにとってたいへん馴染み深い発想で、誰にでも理解できます。

　一方、SQLの世界のスキームは宣言型です。この世界では、主役は「文」ではなく「式」です。手続き型言語がCASE「文」で分岐させるところを、SQLではCASE「式」によって分岐させます。SQL文の各パート——SELECT、FROM、WHERE、GROUP BY、HAVING、ORDER BY——に記述するのは、すべて式です。列名や定数しか記述しない場合でもそうです[注11]。SQL文の中には、文は一切記述しません。

宣言型の世界へ跳躍しよう

　手続き型の世界から宣言型の世界への跳躍が、SQL上達の鍵です。跳躍というと、ひとっとびに崖からジャンプするイメージを持つかもしれませんが、実際にはこれは、徐々に起こる心的枠組みの変化です。次章以降を読み進むことで、みなさんもその跳躍を経験することになるでしょう。

注11　列名だけの場合は「たまたま演算子がない式」、定数だけの場合は「たまたま変数も演算子もない式」です。

第3章のまとめ

- SQLのパフォーマンスはストレージへのI/Oをどれだけ減らせる かが鍵

- UNIONで条件分岐を表現したくなったら、冗長性症候群にかか っていないか、胸に手を当てて落ち着いて診断しよう

- INやCASE式で条件分岐を表現できれば、テーブルへのスキャン を大幅に減らせる可能性がある

- そのためにも、文から式へのパラダイムシフトを習得しよう

演習問題3

　「UNIONを使ったほうがパフォーマンスが良いケース」(92ページ)で使 った ThreeElements テーブルは、(date_n, flg_n) のペアには1つしか値を 持たず、残りは (NULL, NULL) であるというビジネスルールを前提していま した。今、このルールをなくして、複数のペアに値を持つことができると しましょう。たとえば、このテーブルに次のようなサンプルデータを追加 できるということです。

```
INSERT INTO ThreeElements VALUES ('7', 'g', '2013-11-01', 'F', NULL, NULL, '2013-11-01', 'T');
```

　そうすると、UNION、OR、CASE式、INを使ったそれぞれのクエリの 間に成立していた結果の同値性が崩れることになります。すなわち、同じ 結果を返さなくなるケースがあるのです。どのようなケースで同値性が崩 れるか、考えてみてください。　　　　　　　　　　**➡解答は335ページ**

第4章

集約とカット
集合の世界

第4章　集約とカット　集合の世界

　SQLの特徴的な考え方として、処理を行単位ではなく、行の「集合」単位
でひとまとめにして記述するというものがあります。この考え方を「集合指
向」(*set-oriented*) と呼びます。これが最もよく現れるのが、GROUP BY句
とHAVING句、およびそれに伴って利用されるSUMやCOUNTなどの集
約関数を使ったときです。SQLでは、これら集合操作の機能が充実してい
るため、手続き型言語ならばループや分岐を使って記述せねばならない複
雑な処理を、非常に簡単で見通し良くコーディングすることが可能になっ
ています。

　しかし一方で、プログラミングにおける思考の基本単位を「行」から「行の
集合」に切り替えるためには、多少の発想の転換を要することも事実です。
この切り替えがうまくいかないために、せっかくSQLがその本領を発揮す
るフィールドであるにもかかわらず、機能を十分に利用できないまま、も
どかしい思いを抱えている人も少なくありません。本章では、このSQLの
一番「SQLらしい」機能の活かし方を、ケーススタディを通じて見ていきま
す。また、本章においてももちろん、集約においてどのような実行計画が
選択され、データベース内部でどのようなアルゴリズムによって集約が実
現されているかも見ていくことにします。

4.1
集約

　SQLには、集約関数(*aggregate function*)という名前で、ほかのいろいろな
関数とは区別されて呼ばれる関数が存在します。具体的には次の5つです。

- COUNT
- SUM
- AVG
- MAX
- MIN

たぶんみなさんにとっても、お馴染みの関数ばかりでしょう。これ以外

にも拡張的な集約関数を用意している実装もありますが[注1]、標準SQLで用意されているのはこの5つです。なぜこれらの関数に「集約」という接頭辞がついているかというと、文字どおり、複数行を1行にまとめる（＝集約する）機能を持っているからです。

複数行を1行にまとめる

この効果を体感するために、1つ例題を解いてみましょう。今、**図4.1**のようなサンプルテーブルがあるとします。

```
CREATE TABLE NonAggTbl
(id VARCHAR(32) NOT NULL,
 data_type CHAR(1) NOT NULL,
 data_1 INTEGER,
 data_2 INTEGER,
 data_3 INTEGER,
 data_4 INTEGER,
 data_5 INTEGER,
 data_6 INTEGER);
```
INSERT文は省略

図4.1 非集約テーブル

NonAggTbl

id (ID)	data_type （データ種別）	data_1 （データ1）	data_2 （データ2）	data_3 （データ3）	data_4 （データ4）	data_5 （データ5）	data_6 （データ6）
Jim	A	100	10	34	346	54	
Jim	B	45	2	167	77	90	157
Jim	C		3	687	1355	324	457
Ken	A	78	5	724	457		1
Ken	B	123	12	178	346	85	235
Ken	C	45		23	46	687	33
Beth	A	75	0	190	25	356	
Beth	B	435	0	183		4	325
Beth	C	96	128		0	0	12

CSVや固定長などのフラットファイルをそのままテーブルに写し取った形の擬似配列テーブルです。人物を管理するid列にデータの種別を管理す

注1　特に最近は、分散や相関といった統計的指標を求めるための関数が多く実装される傾向にあります。これは、統計もまた集合の個々の要素ではなく、集合そのものを基本単位とする分野であることを考えれば当然の話です。RDBと統計は昔から相性は良かったのですが、ハードウェアの性能向上により大規模データを扱うことが可能になり、「ビッグデータ」という言葉もずいぶん人口に膾炙しました。

る data_type を加えて、主キーとしています[注2]。data_1〜data_6の列は、人物一人一人についての何らかの情報を表していると考えてください。これはリレーショナルモデルとして望ましいテーブルの形式ではないのですが、このようなフラットファイルを擬似的にテーブルで表現する(ダメな)設計は、たびたび目にします。

さて、テーブルの色分けに注目しましょう。data_type列がAの行については、data_1とdata_2、Bの行についてはdata_3〜data_5、Cの行についてはdata_6について背景セルの色を変えています。このdata_typeは、異なる業務において使用したいデータの分類を示すものです。たとえば、業務Aではdata_1とdata_2を、業務Bではdata_3、data_4、data_5を使う、という具合です。

この非集約テーブルのように1人の人間についての情報が複数行に分散して格納されている場合、1人の情報にアクセスしようとして「WHERE id = 'Jim'」という条件でSELECT文を作ると、当然ながら3行の結果が得られます。しかし、このデータを処理するアプリケーションとしては、1人の人間については1行の結果で得たい場合も多いでしょう。

あるいは、特定の処理で必要な情報を得たい場合にも、このテーブルだと問題が起きます。たとえば、ある業務でA〜Cのデータタイプのデータが必要だとすると、**リスト4.1**、**リスト4.2**、**リスト4.3**のように3つの異なるクエリが必要になります。

リスト4.1 データタイプ「A」の行に対するクエリ

```
SELECT id, data_1, data_2
  FROM NonAggTbl
 WHERE id = 'Jim'
   AND data_type = 'A';
```

実行結果
```
id  | data_1 | data_2
----+--------+-------
Jim |   100  |    10
```

注2　本当は名前をキーに使うのはエンティティ設計の作法としてよろしくないのですが、今はサンプルとしてのわかりやすさを優先しています。

集約　　4.1

リスト4.2 データタイプ「B」の行に対するクエリ

```
SELECT id, data_3, data_4, data_5
  FROM NonAggTbl
 WHERE id = 'Jim'
   AND data_type = 'B';
```

実行結果

```
id  | data_3 | data_4 | data_5
----+--------+--------+-------
Jim |   167  |   77   |   90
```

リスト4.3 データタイプ「C」の行に対するクエリ

```
SELECT id, data_6
  FROM NonAggTbl
 WHERE id = 'Jim'
   AND data_type = 'C';
```

実行結果

```
id  | data_6
----+-------
Jim |   457
```

　これらのクエリの結果は、いずれも列数が異なり、UNIONで1つのクエリにまとめることが困難です。しかも、安易にUNIONで複数のクエリをマージすることが性能的にアンチパターンであることは、第3章でも説明したとおりです。

　したがって本当は、このようなデータは**図4.2**のようなレイアウトのテーブル(AggTbl)で保持することが望ましいわけです。

図4.2 1人1行に集約したテーブル

AggTbl

id (ID)	data_1 (データ1)	data_2 (データ2)	data_3 (データ3)	data_4 (データ4)	data_5 (データ5)	data_6 (データ6)
Jim	100	10	167	77	90	457
Ken	78	5	178	346	85	33
Beth	75	0	183		4	12

　先ほどのNonAggTblと比べれば、その違いは明らかです。非集約テーブルでは1人についての情報が複数行に分散していたため、1人の情報を参照するためにも複数の行にアクセスする必要があったのですが、集約後のテ

105

第4章　集約とカット　集合の世界

ーブルを見れば、1人の人間についての情報がすべて同じ行にまとめられているので1つのクエリで済みます。モデリングの観点から見ても、人間というエンティティを表すテーブルはこのようにあるべきです。

■──CASE式とGROUP BYの応用

さて、本題はここからです。NonAggTblからAggTblへ変換を行うSQLを考えます。考え方としては、まず人物単位に集約するので、GROUP BY句に指定する集約キーは人物の識別子であるid列であることは明らかです。あとは、選択する列をデータタイプによって分岐させます。ここで、第3章で登場したCASE式が有効です。すると、まずリスト4.4のような形のクエリができます。

リスト4.4　惜しいけど間違い

```
SELECT id,
        CASE WHEN data_type = 'A' THEN data_1 ELSE NULL END AS data_1,
        CASE WHEN data_type = 'A' THEN data_2 ELSE NULL END AS data_2,
        CASE WHEN data_type = 'B' THEN data_3 ELSE NULL END AS data_3,
        CASE WHEN data_type = 'B' THEN data_4 ELSE NULL END AS data_4,
        CASE WHEN data_type = 'B' THEN data_5 ELSE NULL END AS data_5,
        CASE WHEN data_type = 'C' THEN data_6 ELSE NULL END AS data_6
  FROM NonAggTbl
 GROUP BY id;
```

このクエリは、残念ながら構文違反のためエラーとなります[注3]。というのも、GROUP BYを使って集約操作を行った場合、SELECT句に書くことができるのは、

- **定数**
- **GROUP BY句で指定した集約キー**
- **集約関数**

に限定されるからです。今、CASE式の中で使われているdata_1〜data_6は、このどれにも該当しません。

注3　MySQLは、このクエリを通すような独自拡張を施していますが、標準違反でほかの実装との互換性もないため、その機能に依存することは勧めません。なぜMySQLがこのような独自拡張をしているかというと、このあとの本文にも書いてあるとおり、単元集合と要素を混同しているからです。詳しくは『達人に学ぶSQL徹底指南書』の「2-10 SQLにおける存在の階層」を参照してください。

106

たしかに、id列でグループ化したうえ、さらにCASE式でデータタイプまで指定したなら、それによって行は一意に定まります。したがって別に集約関数を使わなくても、data_1〜data_6を「裸で」書いたとしても、データベースエンジンが気を利かせてくれれば値は一意に定まります。

しかしこれは、単元集合と要素を混同した行為であり、SQLの原理（＝集合論の原理）に反するので、正しくは、面倒でも集約関数を使って**リスト4.5**のように書く必要があります。

リスト4.5 これが正解。どの実装でも通る

```
SELECT id,
       MAX(CASE WHEN data_type = 'A' THEN data_1 ELSE NULL END) AS data_1,
       MAX(CASE WHEN data_type = 'A' THEN data_2 ELSE NULL END) AS data_2,
       MAX(CASE WHEN data_type = 'B' THEN data_3 ELSE NULL END) AS data_3,
       MAX(CASE WHEN data_type = 'B' THEN data_4 ELSE NULL END) AS data_4,
       MAX(CASE WHEN data_type = 'B' THEN data_5 ELSE NULL END) AS data_5,
       MAX(CASE WHEN data_type = 'C' THEN data_6 ELSE NULL END) AS data_6
  FROM NonAggTbl
 GROUP BY id;
```

実行結果

```
 id  | data_1 | data_2 | data_3 | data_4 | data_5 | data_6
-----+--------+--------+--------+--------+--------+--------
 Jim |    100 |     10 |    167 |     77 |     90 |    457
 Beth|     75 |      0 |    183 |        |      4 |     12
 Ken |     78 |      5 |    178 |    346 |     85 |     33
```

MAX関数を使ったのは、GROUP BYで切り分けた時点では各集合は3つの要素を含んでいますが、集約関数を適用すると、その時点でNULLが除外されて1つの要素に限定されるからです[4]。あとは、この結果を別に用意したAggTblテーブルにINSERTすれば、求めたかったレイアウトのテーブルが作られます。または、NonAggTblテーブルが小さくてパフォーマンスに不安がないならば、このクエリをそのままビューに保存してもよいでしょう。

これは、「複数行を1行に集約する」というGROUP BY句の特徴がよくわ

---

[4] だから別に、MINやAVG、SUMを使ってもこの場合は同じです。ただし、今回はdata_1〜data_6の型が数値型なのでAVGやSUMでもかまいませんが、文字型や日付型など対応するためにMAXかMINのどちらかを使う習慣をつけておくのがよいでしょう。

第4章　集約とカット　集合の世界

かるサンプルです[注5]。

■——集約・ハッシュ・ソート

さて、この集約クエリの実行計画はどのようなものになるでしょうか。PostgreSQLとOracleで見てみましょう（**図4.3**、**図4.4**）。

図4.3　実行計画（PostgreSQL）

```
--------------------------------------------------------------------
HashAggregate  (cost=1.38..1.41 rows=3 width=30)
  -> Seq Scan on nonaggtbl  (cost=0.00..1.09 rows=9 width=30)
```

図4.4　実行計画（Oracle）

Id	Operation	Name	Rows	Bytes	Cost (%CPU)	Time
0	SELECT STATEMENT		9	891	4 (25)	00:00:01
1	HASH GROUP BY		9	891	4 (25)	00:00:01
2	TABLE ACCESS FULL	NONAGGTBL	9	891	3 (0)	00:00:01

どちらも非常にシンプルです。NonAggTblをフルスキャンして、GROUP BYによる集約を行う、というただそれだけの実行計画です。注目すべきは、GROUP BYの集約操作においてPostgreSQL、Oracleともに「ハッシュ」というアルゴリズムが使われていることです。「集約ってソートで行うものではないの？」と思った人もいるかもしれません。それも間違いではなくて、ソートが選択される場合もあります。その場合は「SORT GROUP BY」（Oracleの場合）のような実行計画が現れます。

最近では、GROUP BYを使ったときの集約ではソートよりもハッシュが使われることが増えてきました。この場合の動作は、GROUP BY句に指定されている列をハッシュ関数にかけてハッシュキーを生成し、同じハッシュキーを持つグループを作ることで集約するという方法です。古典的なソートを使う方法よりも高速に動作することが期待できるため、利用されるケースが増えています。特に、ハッシュの性質上、GROUP BY句のキーの一意性が高い場合に効率良く動作します。

注5　そしてもちろん、前章で学んだCASE式の便利さもよくわかります。

GROUP BYについてパフォーマンス上の注意が必要な点は、ソートであれハッシュであれ、メモリを多く使用する演算であるため、十分なハッシュ用（あるいはソート用）のワーキングメモリが確保できないと、スワップが発生してストレージ上のファイルが使用されることになり、大幅な遅延が発生することです。このときDBMS内で使われるメモリが、第1章「もう一つのメモリ領域『ワーキングメモリ』」（16ページ）で説明したワーキングメモリ領域です。

本書では基本的に実装固有の話には立ち入りませんが、イメージをつかんでもらうために例を出すと、たとえばOracleではソートやハッシュを行うためにPGAというメモリ領域を使います[注6]。このPGAサイズが集約対象のデータ量に比べて不足すると、一時領域（すなわちストレージ）を使って不足分をカバーしようとします。

これが通称「TEMP落ち」と呼ばれる現象で、処理がメモリ内で完結していた場合と比べると極端にパフォーマンスが劣化します。これは、第1章でも説明したように、メモリとストレージ（主にはディスク）のアクセス速度に天と地の差があるからです。これは、記憶装置の「速さ VS. 容量」のトレードオフをもろに食らってしまうケースの一つです。したがって、演算の対象行数が多いGROUP BY句（または集約関数）を使うSQLについては、十分な性能試験（特に本番相当の多重度をかけた負荷試験）を実施する必要があります。TEMP落ちによってパフォーマンスが劣化するだけならばまだしも、最悪のケースでは、TEMP領域すら使い果たしてSQL文が異常終了することもありえます[注7]。

合わせ技1本

集約操作のイメージをつかむため、もう1つ練習問題をやっておきましょう。問題は、『SQLパズル 第2版』[注8]の「パズル65 製品の対象年齢の範

注6 　PostgreSQLではwork_mem、Microsoft SQL ServerではWorkspace Memoryというメモリ領域がソートおよびハッシュのために使われます。いずれにせよ、これらの領域が不足すると、不足を補うために一時領域（物理的にはストレージ上のファイル）が使用されることになるという点は同じです。

注7 　TEMP領域は自動拡張を設定できるDBMSもありますが、その場合でも物理的容量が拡張限界です。

注8 　Joe Celko著、ミック訳『SQLパズル 第2版 プログラミングが変わる書き方 / 考え方』翔泳社、2007年

第4章 集約とカット 集合の世界

囲」を使います。**図4.5**のような、複数の製品の対象年齢ごとの値段を管理
するテーブルがあるとします。同じ製品IDでも値段の異なる製品があるの
は、対象年齢によって設定や難易度を変えたバージョンの違いによるもの、
くらいに考えてください。また1つの製品について、年齢範囲の重複する
レコードはないものと仮定します。

```
CREATE TABLE PriceByAge
(product_id VARCHAR(32) NOT NULL,
 low_age    INTEGER NOT NULL,
 high_age   INTEGER NOT NULL,
 price      INTEGER NOT NULL,
 PRIMARY KEY (product_id, low_age),
   CHECK (low_age < high_age));
INSERT文は省略
```

図4.5 年齢別価格テーブル

PriceByAge（年齢別価格）

product_id（製品ID）	low_age（対象年齢の下限）	high_age（対象年齢の上限）	price（値段）
製品1	0	50	2000
製品1	51	100	3000
製品2	0	100	4200
製品3	0	20	500
製品3	31	70	800
製品3	71	100	1000
製品4	0	99	8900

　すると、このテーブルにおいては、(product_id,low_age) というキーで、
レコードが一意に定まります（下限 [low_age] の代わりに上限 [high_age] を
使ってもかまいません）。考えてもらう問題は、これらの製品の中から、0
〜100歳までのすべての年齢で遊べる製品を求めるというものです。もち
ろん、バージョンの相違は無視して、製品ID単位で考えます。
　図4.6のように図示してみると、問題の意図がよりわかりやすくなるで
しょう。
　製品1の場合、2レコードを使って0〜100までの整数の全範囲をカバー
できています。したがって、製品1は今回の条件をたしかに満たします。一
方、製品3の数直線を見ると、3レコードも使っているにもかかわらず、21
〜30の間が断絶していることが見て取れます。こちらは残念ながらNGで
す。このように、たとえ1レコードで全年齢範囲をカバーできなかったと

110

図4.6 製品の対象年齢の範囲

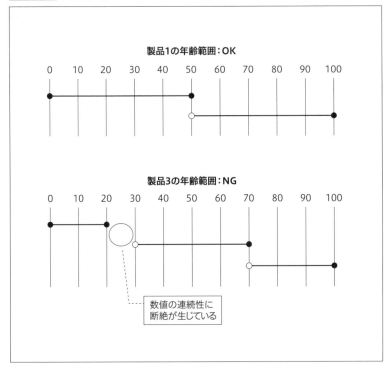

しても、複数のレコードを組み合わせてカバーできたなら「合わせ技1本」とみなす、というのがこの問題の主旨です。

そうとわかれば、あとの話は先ほどの問題と同じです。まず、集約する単位は製品ですから、集約キーは製品IDに決まります。あとは、各レコードの範囲の大きさをすべて足しこんだ合計が101に到達している製品を探し出せば任務完了です[注9]。

答えは**リスト4.6**のようになります。

リスト4.6 複数のレコードで一つの範囲をカバーする

```
SELECT product_id
  FROM PriceByAge
 GROUP BY product_id
```

注9　0から100までなので、値の個数は101個であることに注意してください。

第4章　集約とカット　集合の世界

```
HAVING SUM(high_age - low_age + 1) = 101;
```

実行結果
```
 product_id
------------
        製品1
        製品2
```

　HAVING句の`high_age - low_age + 1`で、各行の年齢範囲が含む値の個数が算出されます。あとは、それを同じ製品内で足し合わせればよいわけです。

　今はサンプルとして「年齢」という数値型のデータを用いましたが、より一般的に日付や時刻に拡張することもできます。たとえば、応用問題としてこんなのはどうでしょう。ホテルの部屋ごとに、到着日と出発日の履歴を記録するテーブルを使います（**図4.7**）[注10]。

```
CREATE TABLE HotelRooms
(room_nbr   INTEGER,
 start_date DATE,
 end_date   DATE,
     PRIMARY KEY(room_nbr, start_date));
```
INSERT文は省略

図4.7　ホテルテーブル

HotelRooms

room_nbr（部屋番号）	start_date（到着日）	end_date（出発日）
101	2008-02-01	2008-02-06
101	2008-02-06	2008-02-08
101	2008-02-10	2008-02-13
202	2008-02-05	2008-02-08
202	2008-02-08	2008-02-11
202	2008-02-11	2008-02-12
303	2008-02-03	2008-02-17

　このテーブルから、稼働日数が10日以上の部屋を選択します。稼働日数の定義は、宿泊日数で計ることとします。到着日が2月1日、出発日が2月

注10　『SQLパズル 第2版』の「パズル6　ホテルの予約」に登場するテーブル構造を一部変更して掲載しています。

112

6日の場合は、5泊なので5日です（**リスト4.7**）。

リスト4.7 複数レコードから稼働日数を算出する

```
SELECT room_nbr,
       SUM(end_date - start_date) AS working_days
  FROM HotelRooms
 GROUP BY room_nbr
HAVING SUM(end_date - start_date) >= 10;
```

実行結果

```
 room_nbr | working_days
----------+--------------
      101 |           10
      303 |           14
```

4.2
カット

　これまでは、GROUP BY句の行の「集約」という側面を強調してその機能を説明してきました。ですが冒頭でも少し触れたように、GROUP BY句には集約以外にも、もう1つ重要な機能があります。それが「カット」という機能です。これは要するに、母集合である元のテーブルを小さな部分集合に切り分けることです。だからGROUP BY句というのは、この1つの句の中に、

- **カット**
- **集約**

という2つの操作が組み込まれた演算です。この点は第2章でも簡単に触れました。1つの句の中に2つの演算が組み込まれているというのもGROUP BY句に対する理解を阻む一因になっているのですが、まあそれは今言っても始まりません。今度は、この「カット」の機能に焦点を当ててみましょう。

第4章 集約とカット 集合の世界

あなたは肥り過ぎ？ 痩せ過ぎ？ ——カットとパーティション

サンプルに、**図4.8**のような個人の身長などの情報を保持するテーブルを考えます。

```
CREATE TABLE Persons
(name   VARCHAR(8) NOT NULL,
 age    INTEGER NOT NULL,
 height FLOAT NOT NULL,
 weight FLOAT NOT NULL,
     PRIMARY KEY (name));
```
INSERT文は省略

図4.8 人物テーブル

Persons（人物）

name（名前）	age（年齢）	height（身長cm）	weight（体重kg）
Anderson	30	188	90
Adela	21	167	55
Bates	87	158	48
Becky	54	187	70
Bill	39	177	120
Chris	90	175	48
Darwin	12	160	55
Dawson	25	182	90
Donald	30	176	53

今、上司からこのテーブルを使って簡単な集計作業を依頼されたとします。まずは簡単なところから。名簿のインデックスを作るために、名前の頭文字のアルファベットごとに何人テーブルに存在するかを集計しましょう。これはつまり、Persons集合を**図4.9**のようなS1〜S4の部分集合に切り分けて、それぞれの要素数を調べる、ということです。

図4.9 4つの部分集合に切り分けてそれぞれの要素数を調べる

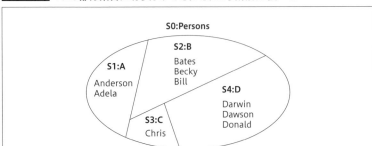

　集合の要素数を調べる関数はもちろんCOUNTです。name列は主キーなので、NULLについて考慮する必要はありません（主キーを構成する列をNULLにすることはできません）。あとは、頭文字をGROUP BY句のキーに指定すれば、カット完了です。SQL文は**リスト4.8**です。

リスト4.8 頭文字のアルファベットごとに何人がテーブルに存在するか集計するSQL

```
SELECT SUBSTRING(name, 1, 1) AS label,
       COUNT(*)
  FROM Persons
 GROUP BY SUBSTRING(name, 1, 1);
```

実行結果
```
label | COUNT(*)
------+---------
  A   |    2
  B   |    3
  C   |    1
  D   |    3
```

■――パーティション

　こういうGROUP BY句でカットして作られた一つ一つの部分集合は、数学的には「類」（*partition*）と呼ばれます。これは、互いに重複する要素を持たない部分集合のことで、そのまま「パーティション」と呼ぶこともあります。同じ母集合からでも、類の作り方は切り分け方によってさまざまあります。たとえば、年齢によって、子供（20歳未満）、成人（20～69歳）、老人（70歳以上）に分けるなら、**図4.10**のようにカットされます。

図4.10 年齢によるカット

当然、GROUP BY句のキーもこの3つの区分に対応する形になります。これは、CASE式を使って**リスト4.9**のように表現します。

リスト4.9 年齢による区分を実施

```
SELECT CASE WHEN age < 20 THEN '子供'
            WHEN age BETWEEN 20 AND 69 THEN '成人'
            WHEN age >= 70 THEN '老人'
            ELSE NULL END AS age_class,
       COUNT(*)
  FROM Persons
 GROUP BY CASE WHEN age < 20 THEN '子供'
               WHEN age BETWEEN 20 AND 69 THEN '成人'
               WHEN age >= 70 THEN '老人'
               ELSE NULL END;
```

実行結果

```
age_class | COUNT(*)
----------+---------
 子供     |    1
 成人     |    6
 老人     |    2
```

カット基準となるキーを、GROUP BY句とSELECT句の両方に書くのがポイントです。PostgreSQLとMySQLでは、SELECT句で付けた「age_class」という別名を使って「GROUP BY age_class」という簡潔な書き方も許しているのですが、この書き方は標準違反なので注意してください[注11]。

注11 とはいえ便利な機能なので、いずれ標準SQLに取り入れられるとよいのですが。

さて、GROUP BY句でCASE式を使った場合、実行計画はどうなるでしょうか。PostgreSQLで見てみましょう（**図4.11**）[注12]。

図4.11 実行計画（PostgreSQL）

```
--------------------------------------------------------
HashAggregate  (cost=1.23..1.39 rows=8 width=4)
  -> Seq Scan on persons  (cost=0.00..1.18 rows=9 width=4)
```

図4.3（108ページ）で見た計画と代わり映えのしない、いたってシンプルなものです。GROUP BY句でCASE式や関数を使ったところで実行計画には影響しない、ということがこれでわかります。もちろん、単純な列ではなく、列に演算を加えた式をGROUP BY句のキーにとれば、その分CPU演算のオーバーヘッドは発生するのですが、それはデータを取ってきたあとの話であるため、データへのアクセスパスには影響しないのです。

実際、集約関数とGROUP BYの実行計画は、ハッシュ（またはソート）の使用するワーキングメモリの容量に注意すること以外、ほかにパフォーマンスの観点であまり語るべきことはありません。

■── BMIによるカット

健康診断などで、BMIという体重の指標を見たことがあると思います。身長をt（メートル）、体重をw（キログラム）とすると、次の式で求められます。

$$BMI = w / t^2$$

ここで、身長はセンチではなくメートルであることに注意してください。これによって求められた数値に基づいて、日本では18.5未満を痩せ型、18.5以上25未満を標準、25以上を肥満としています。この基準に基づいて、Personsテーブル（図4.8）の人々の体重を分類して、各階級の人数を求めてみましょう。ちなみに、各人のBMIは、上の式で求めると**表4.1**のようになります。

注12　Oracleでも内容的には同じです。

表4.1　BMI

名前	BMI	分類
Anderson	25.5	肥満
Adela	19.7	標準
Bates	19.2	標準
Becky	20.0	標準
Bill	38.3	肥満
Chris	15.7	やせ
Darwin	21.5	標準
Dawson	27.2	肥満
Donald	17.1	やせ

カットのイメージは**図4.12**のようになります。

図4.12　BMIによるカットのイメージ

BMIの計算は「weight / POWER(height / 100, 2)」という式で簡単に求められます。こうして求められたBMIをCASE式で3つの階級に振り分ければ、カットする基準が作れます。あとは、これをGROUP BY句とSELECT句に書けばできあがりです（**リスト4.10**）。

リスト4.10　BMIによる体重分類を求めるクエリ

```
SELECT CASE WHEN weight / POWER(height /100, 2) < 18.5      THEN 'やせ'
            WHEN 18.5 <= weight / POWER(height /100, 2)
                 AND weight / POWER(height /100, 2) < 25 THEN '標準'
            WHEN 25 <= weight / POWER(height /100, 2)       THEN '肥満'
            ELSE NULL END AS bmi,
```

```
        COUNT(*)
  FROM Persons
 GROUP BY CASE WHEN weight / POWER(height /100, 2) < 18.5       THEN 'やせ'
               WHEN 18.5 <= weight / POWER(height /100, 2)
                     AND weight / POWER(height /100, 2) < 25 THEN '標準'
               WHEN 25 <= weight / POWER(height /100, 2)         THEN '肥満'
               ELSE NULL END;
```

実行結果

```
BMI          | COUNT(*)
-------------+---------
やせ         |      2
標準         |      4
肥満         |      3
```

　GROUP BY句が「SQLの本領」であるという言葉の意味が、少しわかって
いただけたでしょうか。GROUP BY句には列名を書くものだと思い込んで
いる人にとっては、こんな複雑な基準によるパーティションカットが可能
であると知ることは、一種の感動をもたらします。

　なお、この場合の実行計画も図4.11（117ページ）で見た実行計画と同じ
になります。

PARTITION BY句を使ったカット

　それでは最後に、さらに応用的な使い方を紹介して本章を締めくくりま
しょう。第2章でも述べましたが、「GROUP BY句から集約機能を取り去
って、カットの機能だけ残したのがウィンドウ関数のPARTITION BY句」
です。実際、その1点を除けば、GROUP BY句とPARTITION BY句に機
能的な差はありません。

　ということはつまり、PARTITION BY句にもGROUP BY句と同様、単
純な列名だけでなく、CASE式や計算式を利用した複雑な基準を記述でき
てもおかしくないはずです。そして事実、それは可能なのです。たとえば、
さっきの年齢階級別のパーティションカットを使いましょう。これを
PARTITION BY句に記述して、同一年齢階級内で年齢の上下によって順位
をつけるクエリは、**リスト4.11**のようになります。

リスト4.11　PARTITION BYに式を入れてみる

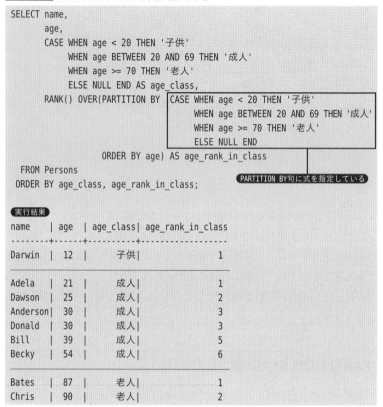

結果にデリミタの横線を引いたのは、パーティション（類）の区切りを明確にするためです。最後尾のage_rank_in_classが各パーティション内部での年齢の順位を示す列です。PARTITION BY句はGROUP BY句と違って集約機能を伴わないため、元のPersonsテーブルの行がすべてそのままの形で出てくることに注目してください。言い換えると、GROUP BY句は入力の集合を集約してまったく異なるレベルの出力に変換しますが、PARTITION BY句は入力に情報を付け加えるだけなので、オリジナルのテーブルの情報を完全に保存しているのです。

　GROUP BY句が式を引数に取れる以上、PARTITION BY句もまた同様であるということは、論理的には何ら問題のない結論ではあります。しかし、実際にクエリを目にしてみると、「こんなことが可能なのか……」という感慨にとらわれるのではないでしょうか。

第4章のまとめ

- GROUP BY句やウィンドウ関数のPARTITION BY句は集合のカットをしている

- GROUP BY句やウィンドウ関数は内部的にハッシュまたはソートの処理が実行されている

- ハッシュやソートはメモリを多く使用する。もしメモリが不足した場合は一時領域としてストレージが使用され、パフォーマンス問題を引き起こす

- GROUP BY句やウィンドウ関数とCASE式を組み合わせると非常に強力な表現力を持つ

演習問題4

リスト4.8（115ページ）のSQLについて、みなさん自身の使用しているDBMSにおける実行計画を取得して、GROUP BY・集約関数の演算にソートとハッシュのどちらが使用されているか、調べてみてください。各DBMSにおける実行計画の取得方法は第1章「実行計画がSQL文のパフォーマンスを決める」（24ページ）を参照してください。なお、DB2とOracleはSUBSTRING関数をサポートしていないため、実装依存ですがSUBSTR(name, 1, 1) で置き換えてください。　　　　　➡解答は336ページ

第5章

ループ
手続き型の呪縛

第5章 ループ　手続き型の呪縛

　前章では、SQLにおいては通常の手続き型の考え方とは異なる態度——集合指向——によって問題に取り組まなければ、十分な理解が得られないことを説明しました。しかしそうは言っても、言うは易く行うはなんとやら、SQLに対して手続き型アプローチでアタックしては失敗を繰り返す事例は後を絶ちません。本章では、そのようなパラダイム間の不幸なすれ違いが引き起こした、最悪の事例の一つを紹介するとともに、このようなすれ違いが起きる原因と対処について説明します。

5.1
ループ依存症

　私たちエンジニアやプログラマは皆、共通の病気にかかっています。この言い方はちょっと誇大であるかもしれませんが、少なくとも一度、病気を経験しています。「え、私は別にどこも体調悪くないよ」と思う人もいるでしょうが、世の中には自覚症状のない病気も多いものです。

　その病気というのが**ループ依存症**です。これは、問題を細かく分割し、究極的には「レコード」という単位にまで問題を落とし込んだあとに、1レコードに対する処理を繰り返す(ループ)ことで問題を解こうとする心的態度のことです。

Q.「先生、なぜSQLにはループがないのですか?」

　この病気に罹ると、「困難は分割せよ」「ボトムアップでアプローチする」「モジュールを細かく分割する」といった標語を口走るという兆候を示すようになります。診断は非常に簡単で、ちょっと観察すればすぐにわかります。この病気に罹ったエンジニアがSQLとRDBを見ると、まずSQLにループがないことに驚き、ついでどうしたものかと頭を抱え、最後に顔を上げてこう言います。

　　「何て貧弱な言語なんだ! これじゃ何もできない。お手上げだよ!」

124

A.「ループなんてないほうがいいな、と思ったからです」

　たしかに、SQLにはループがありません。しかしそれは別にうっかり実装し忘れたというわけではありません。SQLが誕生してからはや40年、その間ずっと忘れ続けていたということはありえません。むしろ逆で、SQLは意識的にループを言語設計から排除したのです。「ループなんか邪魔だ」と思ったからです。RDBを考案したCoddは次のように言っています。

> 関係操作では、関係全体をまとめて操作の対象とする。**目的は繰返し（ループ）をなくすことである。** いやしくも末端利用者の生産性を考えようというのであれば、この条件を欠くことはできないし、応用プログラマの生産性向上に有益であることも明らかである。
>
> ※強調は引用者
> ——E.F.Codd著／赤攝也訳「関係データベース：生産性向上のための実用的基盤」
> 『ACMチューリング賞講演集』共立出版、1989年、p.455

　ちょっと訳語が硬いですが「関係操作」というのはSQLのことだと思ってください。つまり、SQLは最初に考えられたときから、はっきりと「まずループをなくそう」という発想で作られた言語だったのです。Coddはその理由を「だってそのほうが便利だから」と言い切っています。しかし、ここはやや楽観的すぎたようです。実際は多くの「末端利用者」や「応用プログラマ」[注1]が、SQLにループがないことに戸惑いを隠しません。

それでもループは回っている

　そこで困ったユーザたちはどうしたか。答えは、1レコードずつアクセスする細かいSQLをループで回し、ビジネスロジックはホスト言語（もちろん手続き型）側で実装する、という手段に訴えたのです。これならSQLの「貧弱」な表現力に煩わされることもなく、処理のほとんどはJavaなりC#なりのホスト言語側で記述すればOKです。「要するに、テーブルなんて**巨大なファイル**だと思えばいいんだよ」という声が聞こえてきそうです。「SQLってのは、単純にそのファイルから1行ずつ読み出したり書き込んだりす

注1　アプリケーションプログラマのことです。

第5章 ループ　手続き型の呪縛

るためだけに使えばよいのさ」。

こうして生み出されるのが、ループ依存症のコード、通称**ぐるぐる系**です。これは本当にいたるところで見かけるコーディングスタイルで、みなさんも、次のようなコードを自分の携わったシステムで見かけたことはないでしょうか。

- オンライン処理で画面に明細行を表示するために、1行ずつ明細にアクセスするSELECT文をループさせる
- バッチ処理で大量データを処理するため、1行ずつレコードをフェッチしてホスト言語側で処理を行い、また1行ずつテーブルを更新する

どうでしょう。こういう処理、作った経験がありませんか？　身に覚えがある？　そうでしょうそうでしょう、私もやったことがあります。

「でもさ、ループ使って何か悪いわけ？　別に何でもSQLでやらなきゃいけないなどという法律はないのだから、ループを使ったほうがメリットが大きいなら、そちらを使えばいいのでは」。

これもお説のとおりです。適材適所という言葉もあるとおり、SQLが向かない処理で無理にSQLを使う必要はありません。また、ミドルウェアやO/Rマッパなどのフレームワークを使うと、内部で自動的にぐるぐる系のSQLが発行されることもあり、エンジニア側に選択の余地がないケースもあります[注2]。

でも実は、ループをなくすことには、プログラムの生産性以外にCoddが言及しなかった大きなメリットがもう一つあったのです。そして、それは裏返して、ぐるぐる系のコードが持つ無視できない欠点として現れてくるのです。

注2　ミドルウェアが自動的にぐるぐる系のSQLを実行する例としては、DBMSの外部キー制約において CASCADE DELETEやCASCADE UPDATEを利用した場合などがあります。たとえばOracleでは、親テーブルが更新されたとき、CASCADEオプションによる子テーブルの更新は、1行を更新するSQL文が繰り返し発行されるという内部動作をするため、大量データの更新時に性能問題になることがあります。かつ、これはDBMS内部の動作であるためユーザが制御できず、チューニングが困難です。

126

5.2
ぐるぐる系の恐怖

まず、具体的なサンプルを使って考えてみましょう。**図5.1**のような2つのテーブルがあるとします。

図5.1 売り上げ計算を行うテーブル

Sales

company (会社)	year (年)	sale (売上：億)
A	2002	50
A	2003	52
A	2004	55
A	2007	55
B	2001	27
B	2005	28
B	2006	28
B	2009	30
C	2001	40
C	2005	39
C	2006	38
C	2010	35

Sales2

company (会社)	year (年)	sale (売上：億)	var (変化)

Salesテーブルは、企業ごとに会計年ごとの売り上げを記録します。ただし年は連続しているとは限りません。このデータから、同じ企業についてある年とその直近の年の売り上げの変化を調べたいとします。その結果を、var列を追加したSales2テーブルに登録します。var列の値は次のルールによって決められます。

- より古い年のデータが存在しない場合：NULL
- 直近の年のデータより売り上げが伸びた場合：+
- 直近の年のデータより売り上げが減った場合：-
- 直近の年のデータより売り上げと同じ場合：=

登録後のSales2テーブルは**図5.2**のようになります。

第5章　ループ　手続き型の呪縛

図5.2　登録後のSales2テーブル

Sales2

company（会社）	year（年）	sale（売上：億）	var（変化）
A	2002	50	
A	2003	52	+
A	2004	55	+
A	2007	55	=
B	2001	27	
B	2005	28	+
B	2006	28	=
B	2009	30	+
C	2001	40	
C	2005	39	-
C	2006	38	-
C	2010	35	-

リスト5.1に、これを解く「典型的な」方法の一つを示します[注3]。

リスト5.1　ぐるぐる系のコード

```
CREATE OR REPLACE PROCEDURE PROC_INSERT_VAR
IS

    /* カーソル宣言 */
    CURSOR c_sales IS
        SELECT company, year, sale
          FROM Sales
         ORDER BY company, year;

    /* レコードタイプ宣言 */
    rec_sales c_sales%ROWTYPE;

    /* カウンタ */
    i_pre_sale INTEGER := 0;
    c_company CHAR(1) := '*';
    c_var CHAR(1) := '*';

BEGIN

OPEN c_sales;
```

注3　OracleのPL/SQLのコードを提示しましたが、手続き型言語の便宜的なサンプルとして使っているだけなので、ほかのDBMSのプロシージャおよびJavaなどのホスト言語に適宜読み替えてください。

```
LOOP
    /* レコードをフェッチして変数に代入 */
    fetch c_sales into rec_sales;
    /* レコードがなくなったらループ終了 */
    exit when c_sales%notfound;

    IF (c_company = rec_sales.company) THEN
        /* 直前のレコードが同じ会社のレコードの場合 */
        /* 直前のレコードと売り上げを比較 */
        IF (i_pre_sale < rec_sales.sale) THEN
            c_var := '+';
        ELSIF (i_pre_sale > rec_sales.sale) THEN
            c_var := '-';
        ELSE
            c_var := '=';
        END IF;

    ELSE
        c_var := NULL;
    END IF;

    /* 登録先テーブルにデータを登録 */
    INSERT INTO Sales2 (company, year, sale, var)
      VALUES (rec_sales.company, rec_sales.year, rec_sales.sale, c_var);

    c_company := rec_sales.company;
    i_pre_sale := rec_sales.sale;

END LOOP;

CLOSE c_sales;
commit;
END;
```

　今年のレコードと直近のレコードの値を比較するロジックを1レコード
ずつ繰り返す、典型的な「record at a time」(1度につき1行)の考え方です。
手続き型言語を学んだばかりの学生や新米プログラマであれば、この問題
を解く方法は十中八九これになるでしょう。

　この解法において注目すべきは、SQL文の単純さです。この解で使われ
ているSQL文は2つありますが、いずれも極めて単純で、SQLをほとんど
知らなくても使うことができるレベルのものです。そう、ぐるぐる系の解
の「良いところ」は、何と言っても「SQLをほとんど知らなくても解ける」と

いう明快さにあります。ぐるぐる系にも利点がいくつかあるのですが、その一つが、SQLの処理を単純化できることです。ぐるぐる系の反対である複数行を一度に処理するSQLを**ガツン系**と呼びますが、ガツン系のSQLはビジネスロジックをSQLに入れ込むため複雑になり、保守性の低いSQL文ができあがることがあります。

ぐるぐる系のほかの利点については、「ぐるぐる系の利点」(136ページ)で説明します。その前に、ぐるぐる系が持つ数多くの問題点を明らかにしておきましょう。

ぐるぐる系の欠点

ぐるぐる系の何が悪いか。それは一言で言うならばパフォーマンスです。同じ機能を実現しようとする限り、ぐるぐる系で実装したコードとガツン系で実装したコードを比較すると、ぐるぐる系はガツン系に性能で勝てないのです。それも惜敗とかではなく、もうまったく勝てません。処理する行数が少ない場合は、ぐるぐる系もガツン系も大きな差は出ませんし、ぐるぐる系の方が速いというケースもあります。しかし、処理する行数が多くなればなるほど、その差は開いていきます。処理特性によっても変わってきますが、ざっくり一般化したイメージは**図5.3**のような感じです。

図5.3 ぐるぐる系とガツン系の処理時間

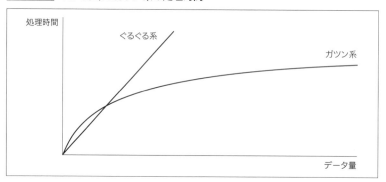

ぐるぐる系の処理時間が処理対象のデータ量に対して線形に伸びる理由は簡単です。ぐるぐる系の処理時間は、「処理回数 × 1回あたり処理時間」

ですから、「1回あたり処理時間」が一定と仮定すれば[注4]、あとは処理回数（＝処理対象のデータ量）に比例するのは自明です。

一方ガツン系のほうは、SQLのパターンが多種多様なので完全にこういう対数関数的な曲線になるとは断言できないのですが、だいたいがインデックス経由のアクセスであり、実行計画変動がないと仮定すれば、こうした緩いカーブを描くグラフに近似することが多いのです[注5]。

ぐるぐる系がなぜガツン系にパフォーマンスで負けるか、その理由について、主なものを次に挙げます。

■── SQL実行のオーバーヘッド

一口にSQL実行と言っても、データを検索したり計算を行ったりといった、本当にSQLの実行が行われている部分以外にいろいろな処理がその前後で行われています。ざっと挙げてみると次のようになります。

- **前処理**
  ❶ SQL文のネットワーク伝送
  ❷ データベースへの接続
  ❸ SQL文のパース
  ❹ SQL文の実行計画生成および評価
- **後処理**
  ❺ 結果セットのネットワーク伝送

❶と❺はSQLを実行しているアプリケーションとデータベースが物理的に同一筐体ならば発生しませんが、一定規模以上のシステムではアプリケーションサーバとデータベースサーバは物理的に分離されていることが普通なので、SQL文や結果セットをネットワークを通じて伝送する必要があります。通常、両者は同じデータセンター内の同一LAN上にあるので、伝送速度自体は高速（だいたいミリ秒のオーダー）なのですが、オーバーヘッドにはなります。

❷は、データベースにSQL文を実行するためには、まずデータベースに接続してセッションを確立する必要があるために生じる処理です。ただし、最近ではアプリケーション側であらかじめ接続を一定数確保しておくことでこのオーバーヘッドを減らすコネクションプールの技術を利用している

注4　実際、リソースネックやロック競合など例外的な状況でなければそう仮定できます。
注5　もちろんリソース不足などの状況ではないと仮定します。

ことが多いので、その場合にはあまり問題になりません[注6]。

オーバーヘッドの中で最も影響が大きいのは、❸および❹です。特にやっかいなのが第1章でも解説したSQLのパース（構文解析）です。パースはDBMSごとにやり方も微妙に異なり、種類もいくつかありますが[注7]、遅い場合は0.1秒〜1秒程度かかることもあります。これはほかのオーバーヘッドがミリ秒の世界であるのに比べるとかなり大きなウェイトです。そして、パースは原則として、データベースがSQLを受け取るたびに実行せざるをえないため、細かいSQLを積み重ねるぐるぐる系においては、オーバーヘッドに占める割合が高くなりがちです（図5.4）。

図5.4　SQL実行時間によらず一定のオーバーヘッドが必要

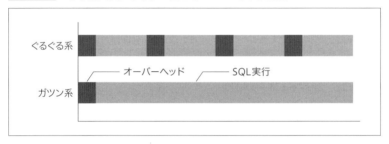

みなさんも仕事をするにあたって、顧客や業者と契約を交わすと思いますが、オーバーヘッドはこの契約にかかる作業だと考えると近いかもしれません。中には「ほらよ」「あいよ」という馴れ合いのやり方をしている現場もあるかもしれませんが、原則として仕事の規模の大小によらず契約は結ばなければなりませんし、1件あたりにかかる処理コストも、規模にはあまり左右されません[注8]。したがって管理職としては、総計としては同じ規模の仕事であっても、小さい仕事が100件よりは大きな仕事が1件のほうを好むわけです。

注6　逆にコネクションプールを使用していないシステムでは、接続の確立と切断を頻繁に繰り返すことになるため、この処理が集中するとそれだけでデータベースサーバのCPUネックを引き起こしてしまうほどの大問題にもなります。

注7　たとえば、Oracleではハードパースとソフトパースという2種類が存在します。このうち、前者はさまざまな管理用のテーブルにSELECT文を実行する必要があるため、後者に比べて非常に時間がかかります。

注8　よほど大きな契約になれば、法務の審査が入ったり、契約コストも大きくなる傾向はありますが、少なくとも線形ではありません。

■—— 並列分散がやりにくい

　ぐるぐる系は、ループ1回あたりの処理を極めて単純化している関係上、リソースを分散したうえでの並列処理による最適化が受けられません。これはCPUのマルチコアによる並列処理を利用できないのはもちろん、最も不利なのが、ストレージの分散効率が悪いことです。データベースサーバのストレージは多くの場合RAIDディスクで構成されており、I/O負荷を分散できるようになっています。しかし、ぐるぐる系で実行されるSQL文は単純なものが多く、必然的に1回のSQL文がアクセスするデータ量も少なくなります。すると、I/Oを並列化しにくいというデメリットが生じます（図5.5）。

図5.5 ぐるぐる系はリソースの使用効率が悪い

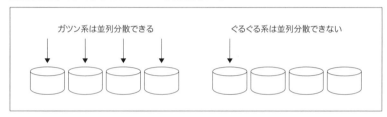

　もっとも、これに対しては「アプリケーション側でループそのものを多重化すれば解決するのではないか」という反論が出るかもしれません。このアイデアについては、「ぐるぐる系を速くする方法はあるか」（134ページ）で検討します。

■—— データベースの進化による恩恵を受けられない

　データベースが処理しなければならないデータ量は、近年加速度的に増加しています。こうした要請を受けて、DBMSベンダーは、いかにしてSQLを高速に実行するかという点に心血を注いでいます。DBMSのバージョンが上がるほどオプティマイザはより効率的な実行計画を立て、より高速なアクセスを可能にするアーキテクチャが実装されています。その問題意識は、ハードウェアベンダーにも共有されています。最近特に注目を集めているのが、従来のディスクを大きく超えるI/O性能を持つSSDなどの媒体の実用化です。これはストレージネックに苦しんできたデータベースの世界に革命を起こす可能性があります。

ただし、こうした努力は、基本的には「大規模データを扱う複雑なSQL文」を速くすることが中心になっています。単純なSQL文を細かくループさせるような「軽い」処理を速くすることは、あまり眼中にありません。したがって、ぐるぐる系はミドルウェアやハードウェアの進化による恩恵もあまり受けられないのです。実際、ぐるぐる系の処理が遅いことが問題になったとき、対処としてスケールアップが(深い考えなしに)行われることがありますが、別に物理リソースがボトルネックになっているわけではないため、まったく速くならないという残念な結果に終わることもしばしばです。

以上のような理由によって、ぐるぐる系はガツン系に比べてパフォーマンスの観点では比較になりません。ときどき、「ぐるぐる系は、DBMSがガツン系のSQLに対して内部的に実行していることをプログラムで肩代わりしているだけなので、性能に差は生じない」と言う人もいますが、これは上記のデメリットを考慮していない雑な意見です。

もちろん、この比較が成り立つのは、ガツン系のSQLが十分にチューニングされていれば、という前提つきです。ガツン系のSQLは、ぐるぐる系に比べれば複雑なSQL文になります。そのためノンチューニングの「素の状態」では、ぐるぐる系に負けることもあります。しかし、ガツン系のSQLはチューニングポテンシャルが高いので、きっちりチューニングしきれば、当初より桁違いの性能が出ます。

このガツン系の利点は、裏返せばそのままぐるぐる系の欠点でもあります。つまり、ぐるぐる系はただ遅いというだけではなく、いざ遅かったときに**チューニングポテンシャルがほとんどない**のです。ぐるぐる系が本当に怖いのはこの欠点です。

ぐるぐる系を速くする方法はあるか

さて、みなさんの携わっているシステムにおいて、ぐるぐる系の性能が出なくて困っているとしましょう。こういう場合、どのようにチューニングすればよいでしょうか。選択肢は、大きく次の3つしかありません。

■──ぐるぐる系をガツン系に書き換える

これは即、アプリケーション改修を意味します。「馬鹿野郎、いまさら改修できるか!」という罵声が聞こえてきそうです。カットオーバー直前の性

能試験で問題が発覚して不眠不休で殺気立っている現場のみなさんを前に、こういうガサツな「提案」をかまして顰蹙を買うのは「コンサルタント」のお家芸です。しかし、現実問題としてこれしか選択肢がないケースもままあります。

■── 個々のSQLを速くする

「塵も積もれば」作戦です。これはあり得る選択肢ではあります。しかし、ぐるぐる系のSQLはもうすでに十分に単純なわけで、だいたい主キーのユニークスキャンか、十分に絞り込みの利くインデックスのレンジスキャンになっていて、実行計画を見ても2行ぐらいだったりするわけです。どこをチューニングしろというのでしょうか。

あるいは、本章の最初で見たようにINSERT文がぐるぐる回るケースもよく見ます。INSERT文はSELECT文より高速化が難しく、選択肢が一層限られます[注9]。

■── 処理を多重化する

これは最も望みのある選択肢です。CPUやディスクといったリソースに余裕があって、処理をうまく分割できるキーがあれば、ループそのものを多重化することで、パフォーマンスを線形に近い形でスケールさせられるかもしれません。アプリケーション改修は必要ですが、最初から多重度を設定できるように設計しておけば、コードを変更せずに実現することも可能です。逆に、データをうまく分割できるキーがなかったり、順序が求められる処理だったり、並列化しようにも物理リソースがすでにいっぱいいっぱいだったりすると、この方法は採用できません。

───────

このようにぐるぐる系というのは、エンジニア泣かせなほどチューニングの選択肢が乏しいのです。ぐるぐる系が遅かったら、その時点で大掛かり

───────

注9　INSERT文は実行計画がとてもシンプルなため、SELECT文とは違って実行計画を操作するというチューニングはできません。選択肢として考えられるのは、コミット間隔を（たとえば1件単位を1,000件単位に）広げるよう調整するか、INSERT文をまとめて発行するDBMSの機能（バルクINSERTなどと呼ばれます）を利用するくらいしかありません。ただし、コミット間隔の調整は、そのトランザクション粒度が機能要件を満たす場合に限られますし、バルクINSERTはDBMSがサポートしている必要がありますし、アプリケーション改修が必要になります。

なアプリケーションの変更を覚悟してください。オンラインの明細出力の
ように、そもそも数百行程度しかループしないような処理であれば、ぐる
ぐる系であっても十分に性能が担保できることが多く、あまり目くじら立て
てぐるぐる系を敵視する必要はありません。しかし、数百万回や数千万回
のループを平気で行うバッチ処理においては警戒が必要です。また、フレ
ームワークや業務パッケージの内部でぐるぐる系が発行されることも多く、
こういう場合はアプリケーション改修のハードルは一層高くなります。

ぐるぐる系の利点

さて、これまで否定的に語ってきたぐるぐる系ですが、何か良いところ
はないのでしょうか。実は3つの利点があります。いずれも、ぐるぐる系
のSQL文が単純極まりないことから得られる利点です。たとえば、典型的
な主キーのユニークスキャンを例に考えましょう（**リスト5.2**）。

リスト5.2 これ以上ないぐらい単純なSQL文

```
SELECT col_a FROM Foo WHERE p_key = 1;
```

この単純なクエリは、実行計画もまた極めてシンプルになります（**図5.6**）。

図5.6 ぐるぐる系の実行計画（PostgreSQL）

```
--------------------------------------------------------------
Index Scan using foo_pkey on foo  (cost=0.16..8.17 rows=1 width=4)
  Index Cond: (p_key = 1)
```

実行計画が単純だと何がうれしいのか？ ここからそれを説明します。

■──実行計画が安定する

実行計画がシンプルということは、この実行計画には**変動リスクがほと
んどない**ということです。せいぜい、オプティマイザには使うインデック
スを変えるぐらいの自由しか許されていません。したがって、本番運用中
に突如実行計画が変わってスローダウンするというコストベースのオプティ
マイザが宿命的に抱えるトラブルから（ほぼ）自由になれるのです。特に、
SQL文の中で結合を記述しなくて済むのが大きいです。というのも、実行
計画変動の中で最もやっかいなのが、結合アルゴリズムの変動だからで

す注10。これは、ある意味でルールベースからコストベースという、DBMS
の進化に背を向けることを意味するのですが、オプティマイザが完璧では
ない現状においては、パフォーマンスの安定性を確保できるのは無視でき
ないメリットです。

逆に見ると、これはガツン系のデメリットということです。ガツン系は
SQL文が複雑になる分、SQLの実行計画に変動の余地が大きくなります。
これがオプティマイザにとって工夫の余地が大きいとポジティブに評価す
るか、リスクが増えるとネガティブに評価するかは微妙なところですが、
私が現時点で良いと思うのは、基本オプティマイザに任せたうえで実行計
画が揺れやすいSQLについては部分的にヒント句で実行計画を固定するか、
揺れにくい単純化した構文を使う、というものです注11。

■──── 処理時間の見積り精度が（相対的には）高い

実行計画が単純でパフォーマンスが安定的であるということは、もう一
つの副次的な利点を生みます。それは、処理時間の見積り精度がガツン系
に比べて高いことです。ぐるぐる系の処理時間は、次のような簡単な式で
表現できます。

処理時間 ＝ 1回当たり実行時間 × 実行回数

実行回数は機能要件からわかります。一方、1回当たり実行時間は、お
よそ0.1ミリ秒～0.5秒ぐらいの間です。「およそって5,000倍も違うじゃな
いか！」と思うかもしれません。絶対値として見ればそのとおりです。高速
なSQLの処理時間は、ちょっとした条件の違いですぐに数倍～数百倍の違
いが出てしまうので、それを積み上げるような見積り方は、本来は精度が
高いとはお世辞にも呼べません。あくまでガツン系に比べればという相対
的な話だと受け取ってください。ガツン系はどんな実行計画が選ばれるか
によってパフォーマンスがまったく違うので、プログラム仕様が固まる前
に机上で処理時間を見積もるのが難しいのですが、それに比べればまだマ
シ、という程度です。本当に精度の高い見積りをするには、ある程度大量
のデータ件数を積んだうえで、実機でプロトタイプ検証を行って、件数が

注10　結合アルゴリズムについては第6章を参照してください。
注11　こういうとき、DB2のようにヒント句を持たないDBMSだと、SQLの構文やERモデルの変更にま
　　　で修正が及んで難儀します。

第5章 ループ 手続き型の呪縛

積まれた状態での総体の実行時間を何点か測定し（たとえば10万件、100万件、1千万件の3点）、実行時間が線形で伸びること、およびその傾きを算出するしかありません。

■──トランザクション制御が容易

ぐるぐる系のもう一つの利点は、機能的なものです。それは、トランザクション粒度を細かく調整できることです。たとえば、更新処理をぐるぐる系で回して、特定のループ回数ごとにコミット処理を行うとしましょう。この場合、ある更新処理でエラーが発生したとすると、その処理の前まではコミットされているため、その地点からリスタートを行うことができます。また、バッチを何らかの理由で中断しなければならない場合も、続きから再開することが可能になります。このような細かい制御は、ガツン系のSQL文では行うことはできません。ガツン系のSQL文による更新処理がエラーとなった場合、処理を再実行する場合は、またすべての処理を最初から実行しなければなりません。

このように、性能だけではなく機能的な観点まで視野を広げてみると、ぐるぐる系にも利点があることがわかります。どちらの処理方式を選択するかは、このような利点と欠点のトレードオフについての慎重な考慮が必要になります。

5.3
SQLではループをどう表現するか

これまで、ぐるぐる系とガツン系の対比を説明してきましたが、ここからは、ガツン系で処理を記述するにはどのようにすればよいのかを見ていきます。

ポイントはCASE式とウィンドウ関数

SQLでループを代用する重要な技術は、CASE式とウィンドウ関数です。

正確に言うと、CASE式は手続き型言語で言うところのIF-THEN-ELSE文に対応する機能なので、ループに対応する機能はウィンドウ関数だと言ってもよいのですが、手続き型言語でループの中でだいたいIF文を使うように、SQLにおいてもCASE式とウィンドウ関数は一緒に使うので、もうこの2つはセットメニューだと覚えてください。ぐるぐる系のリスト5.1（128ページ）をガツン系のSQLで書き換えたのが**リスト5.3**です。

リスト5.3 **ウィンドウ関数を使った解**

```
INSERT INTO Sales2
SELECT company,
       year,
       sale,
       CASE SIGN(sale - MAX(sale)
                        OVER ( PARTITION BY company
                               ORDER BY year
                               ROWS BETWEEN 1 PRECEDING
                                        AND 1 PRECEDING) )
       WHEN 0  THEN '='
       WHEN 1  THEN '+'
       WHEN -1 THEN '-'
       ELSE NULL END AS var
  FROM Sales;
```

　この解のポイントは、SIGN関数です。これは、数値型を引数に取り、符号がマイナスなら-1を、プラスなら1を、0の場合は0を返す関数で、直近の年との売り上げの変化を知るために利用しています。CASE式の条件部分に、何度もウィンドウ関数を記述しないためのちょっとした小技です[注12]。

　SELECT文の部分について、実行計画を確認してみましょう（**図5.7**、**図5.8**）。

図5.7 **ウィンドウ関数による実行計画（PostgreSQL）**

```
WindowAgg  (cost=1.34..1.82 rows=12 width=10)
  -> Sort  (cost=1.34..1.37 rows=12 width=10)
        Sort Key: company, year
        -> Seq Scan on sales  (cost=0.00..1.12 rows=12 width=10)
```

注12　SQLには変数がないため、それを補っているのです。

139

図5.8　ウィンドウ関数による実行計画(Oracle)

```
| Id | Operation         | Name  | Rows | Bytes | Cost (%CPU)| Time     |

|  0 | SELECT STATEMENT  |       |  12  |  348  |  3  (34)| 00:00:01 |
|  1 |  WINDOW SORT      |       |  12  |  348  |  3  (34)| 00:00:01 |
|  2 |   TABLE ACCESS FULL| SALES|  12  |  348  |  2   (0)| 00:00:01 |
```

　PostgreSQLもOracleも同じ実行計画になりました。まずSalesテーブルをフルスキャンして(これはWHERE句の条件がないので当然です)、次にウィンドウ関数をソートで実行しています。このSELECT文は結合を使用していないため、テーブルの件数が増えてもこれ以外の実行計画の選択肢はまず考えられず、実行計画の安定性も非常に高いと言えます。

　この解で重要な技術は、ウィンドウ関数においてROWS BETWEENオプションを使っていることです。これは、さかのぼる対象範囲のレコードを直前の1行に制限しています。ROWS BETWEEN 1 PRECEDING AND 1 PRECEDINGは、「カレントレコードの1行前から1行前の範囲」という意味なので、結局、直前の1行だけを含みます(**図5.9**)。

図5.9　ROWS BETWEENの動作

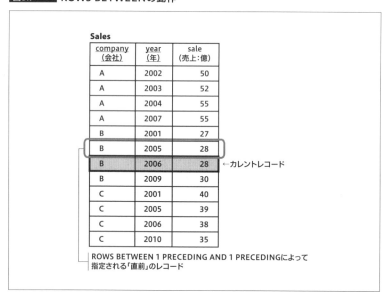

つまり、このウィンドウ関数は「同じ会社の直近の売上」を戻り値とします。**リスト5.4**のように、結果を表示させてみればはっきりします。

Column

相関サブクエリによる対象レコードの制限

相関サブクエリは、サブクエリ内に外側のクエリとの結合条件を記述することで、テーブルをその結合キーでカットした部分集合に対して操作を行うことを可能にする技術です。その点で、ウィンドウ関数のPARTITION BY句とORDER BY句と同じ機能を持っています。たとえば、リスト5.4と同じ結果を得る相関サブクエリを使ったSELECT文は、**リストa**のようになります。

リストa　相関サブクエリで「1行前の会社名」と「1行前の売り上げ」を取得

```
SELECT company,
       year,
       sale,
       (SELECT company
          FROM Sales S2
         WHERE S1.company = S2.company
           AND year = (SELECT MAX(year)
                         FROM Sales S3
                        WHERE S1.company = S3.company  相関サブクエリの結合条件
                          AND S1.year > S3.year)) AS pre_company,
       (SELECT sale
          FROM Sales S2
         WHERE S1.company = S2.company
           AND year = (SELECT MAX(year)
                         FROM Sales S3
                        WHERE S1.company = S3.company  相関サブクエリの結合条件
                          AND S1.year > S3.year)) AS pre_sale
  FROM Sales S1;
```

相関サブクエリの解では、「直近」や「直前」のデータを求めることはMAX/MIN関数を使えばできるのですが、そこから2番目、3番目のデータを求めるのはかなり難しくなります。また、実行計画が複雑なものになることから、性能的なリスクも負うことになるのです。

第5章　ループ　手続き型の呪縛

リスト5.4　ウィンドウ関数で「1行前の会社名」と「1行前の売り上げ」を取得

```
SELECT company,
       year,
       sale,
       MAX(company)
           OVER (PARTITION BY company
                     ORDER BY year
                   ROWS BETWEEN 1 PRECEDING
                           AND 1 PRECEDING) AS pre_company,
       MAX(sale)
           OVER (PARTITION BY company
                     ORDER BY year
                   ROWS BETWEEN 1 PRECEDING
                           AND 1 PRECEDING) AS pre_sale
  FROM Sales;
```

実行結果

```
company | year | sale | pre_company | pre_sale
--------+------+------+-------------+----------
A       | 2002 |  50  |             |
A       | 2003 |  52  | A           |    50
A       | 2004 |  55  | A           |    52
A       | 2007 |  55  | A           |    55
B       | 2001 |  27  |             |
B       | 2005 |  28  | B           |    27
B       | 2006 |  28  | B           |    28
B       | 2009 |  30  | B           |    28
C       | 2001 |  40  |             |
C       | 2005 |  39  | C           |    40
C       | 2006 |  38  | C           |    39
C       | 2010 |  35  | C           |    38
```

　また、もし比較対象のレコードを「1行前」ではなく「2行前」にしたいなら
ば、ROWS BETWEEN 2 PRECEDING AND 2 PRECEDINGと、さかのぼるレンジを
変えてやることで簡単に対応できます。この柔軟さは、ウィンドウ関数が
普及するまで行間比較の手段だった相関サブクエリにはない利点です。

ループ回数の上限が決まっている場合

　ループに頼らずガツン系で問題を解く例を、もう少し見てみましょう。
ポイントはやはり、CASE式とウィンドウ関数です。

142

■──近似する郵便番号を求める

現在、日本では郵便番号は「413-0033」のようなハイフンつきの7桁の数字で管理されています。ハイフンの左の3桁が大きな地域を意味し、右の4桁でさらに細かい区画に割っているので、一意性という観点から見れば、ハイフンを抜いて「4130033」のような連続した7桁の数値と考えられます。その場合でも、2つの異なる郵便番号は、下位の桁まで一致するほど近い地域を意味します。たとえば、「4130033」は静岡県熱海市熱海、「4130002」は静岡県熱海市伊豆山という近隣の地域を表します。

この郵便番号の性質を使って、次のような問題を解くことを考えます。まず、郵便番号を管理するテーブルを作ります。このテーブルで保持する郵便番号の集合から、入力に与えられた郵便番号に「最寄」の郵便番号を検索することを考えます。「最寄」の定義は、最も小さな桁(=右の桁)の数値が一致することです。7桁ピッタリ一致すればそれが答えになりますが、ピタリ賞がなかった場合は、順次左へ桁をさかのぼって、最初にマッチした郵便番号を答えとします。もし一番左の桁ですら一致しなかった場合は、「マッチせず」が解になります。

この問題では、複数の郵便番号が答えになることがあります。具体的に見てみましょう。

リスト5.5によって作られるPostalCodeテーブル(**図5.10**)から郵便番号「4130033」に最寄の番号を求める場合、答えは**図5.11**の3つの郵便番号です。

リスト5.5 郵便番号テーブルの定義

```
CREATE TABLE PostalCode
(pcode CHAR(7),
 district_name VARCHAR(256),
     CONSTRAINT pk_pcode PRIMARY KEY(pcode));

INSERT INTO PostalCode VALUES ('4130001',  '静岡県熱海市泉');
INSERT INTO PostalCode VALUES ('4130002',  '静岡県熱海市伊豆山');
INSERT INTO PostalCode VALUES ('4130103',  '静岡県熱海市網代');
INSERT INTO PostalCode VALUES ('4130041',  '静岡県熱海市青葉町');
INSERT INTO PostalCode VALUES ('4103213',  '静岡県伊豆市青羽根');
INSERT INTO PostalCode VALUES ('4380824',  '静岡県磐田市赤池');
```

第5章　ループ　手続き型の呪縛

図5.10　郵便番号テーブル

PostalCode（郵便番号）

pcode（郵便番号）	district_name（地域名）
4130001	静岡県熱海市泉
4130002	静岡県熱海市伊豆山
4130103	静岡県熱海市網代
4130041	静岡県熱海市青葉町
4103213	静岡県伊豆市青羽根
4380824	静岡県磐田市赤池

図5.11　求める結果

```
pcode
-------
4130001
4130002
4130041
```

　考え方としては、まず郵便番号「4130033」がテーブルに存在しないか探しにいくのですが、これはテーブルにないため、次に「413003*」（*は任意の数字1文字）という番号がないか探しにいきます。これもまだ見つからないため、今度は「41300**」という番号を探しにいきます。するとここで3つの郵便番号がヒットするので、これを答えとして終了です。

　この問題は、手続き型に考えるなら、当然ループで解くことになります。PostalCodeがファイルだとすれば、単純に考えて、ファイルの全件ループを最大7回繰り返せば答えが見つかります[注13]。しかしこれは、テーブルの行数が大きくなればなるほど、パフォーマンスはガツン系で解くより悪くなっていきます。

■──ランキングの問題に読み替え可能

　この問題のポイントは、テーブルに含まれる郵便番号のデータは、入力の郵便番号に対して近さの度合い（ランキング）を持っている、ということです。一番近い郵便番号の順位を0、一番遠い郵便番号の順位を6として表現すると、**図5.12**のようになります。

注13　あるいは7回目でも見つからなければ「マッチせず」であることはわかります。

SQLではループをどう表現するか   5.3

図5.12 郵便番号のランキング

```
  pcode |    district_name    | rank
--------+---------------------+------
4130001 | 静岡県熱海市泉      |   2
4130002 | 静岡県熱海市伊豆山  |   2
4130103 | 静岡県熱海市網代    |   3
4130041 | 静岡県熱海市青葉町  |   2
4103213 | 静岡県伊豆市青羽根  |   5
4380824 | 静岡県磐田市赤池    |   6
```

このrank列を作るには、CASE式を使えばよいのです（**リスト5.6**）。

リスト5.6 郵便番号のランキングを求めるクエリ

```
SELECT pcode,
       district_name,
       CASE WHEN pcode = '4130033' THEN 0
            WHEN pcode LIKE '413003%' THEN 1
            WHEN pcode LIKE '41300%'  THEN 2
            WHEN pcode LIKE '4130%'   THEN 3
            WHEN pcode LIKE '413%'    THEN 4
            WHEN pcode LIKE '41%'     THEN 5
            WHEN pcode LIKE '4%'      THEN 6
            ELSE NULL END AS rank
  FROM PostalCode;
```

CASE式のWHEN句は**短絡評価**を行うため、一度条件が真になって
THEN句に入れば、それ以降のWHEN句の評価は行われません。これに
よって、ランキングを正しく計算できます。

さてそうすると、この問題は次のように読み替えられます。

ランキングが最上位の郵便番号を選択せよ

ランキングが最上位とはすなわち、rank列が最小値ということなので、
MIN関数を使えばOKです（**リスト5.7**）。

リスト5.7 最寄の郵便番号を求めるクエリ

```
SELECT pcode,
       district_name
  FROM PostalCode
 WHERE CASE WHEN pcode = '4130033' THEN 0
            WHEN pcode LIKE '413003%' THEN 1
```

145

```
               WHEN pcode LIKE '41300%'   THEN 2
               WHEN pcode LIKE '4130%'    THEN 3
               WHEN pcode LIKE '413%'     THEN 4
               WHEN pcode LIKE '41%'      THEN 5
               WHEN pcode LIKE '4%'       THEN 6
               ELSE NULL END =
                   (SELECT MIN(CASE WHEN pcode = '4130033' THEN 0
                                    WHEN pcode LIKE '413003%' THEN 1
                                    WHEN pcode LIKE '41300%'  THEN 2
                                    WHEN pcode LIKE '4130%'   THEN 3
                                    WHEN pcode LIKE '413%'    THEN 4
                                    WHEN pcode LIKE '41%'     THEN 5
                                    WHEN pcode LIKE '4%'      THEN 6
                                    ELSE NULL END)
                      FROM PostalCode);
```

実行結果

```
 pcode   | district_name
---------+---------------------
 4130001 | 静岡県熱海市泉
 4130002 | 静岡県熱海市伊豆山
 4130041 | 静岡県熱海市青葉町
```

　この解法のポイントは、7回のループを7回のCASE式の分岐で表現した
ことです。実際のアプリケーションでは、郵便番号をパラメータとして与
える形で、動的にこのSQLを生成することになるでしょう。

　しかし、これはまだパフォーマンスの観点で最適解とは言えません。実
行計画を見ると、PostgreSQL、OracleともにPostalCodeテーブルに対する
スキャンが2度発生していることがわかります（**図5.13**、**図5.14**）。

図5.13　**PostgreSQLの実行計画**

```
--------------------------------------------------------------
Seq Scan on postalcode  (cost=1.19..2.37 rows=1 width=8)
  Filter: (CASE WHEN (pcode =   '4130033'::bpchar) THEN 0
               WHEN (pcode ~~ '413003%'::text)    THEN 1
               WHEN (pcode ~~ '41300%'::text)     THEN 2
               WHEN (pcode ~~ '4130%'::text)      THEN 3
               WHEN (pcode ~~ '413%'::text)       THEN 4
               WHEN (pcode ~~ '41%'::text)        THEN 5
               WHEN (pcode ~~ '4%'::text)         THEN 6
               ELSE NULL::integer END = $0)
  InitPlan 1 (returns $0)
```

```
    -> Aggregate  (cost=1.18..1.19 rows=1 width=8)
        -> Seq Scan on postalcode  (cost=0.00..1.06 rows=6 width=8)
```

図5.14　Oracleの実行計画

```
-------------------------------------------------------------------------------
| Id | Operation           | Name      | Rows | Bytes | Cost (%CPU)| Time     |
-------------------------------------------------------------------------------
|  0 | SELECT STATEMENT    |           |    1 |    34 |   6   (0)| 00:00:01 |
|* 1 | TABLE ACCESS FULL   | POSTALCODE |    1 |    34 |   3   (0)| 00:00:01 |
|  2 |   SORT AGGREGATE    |           |    1 |     8 |          |          |
|  3 |    TABLE ACCESS FULL| POSTALCODE |    6 |    48 |   3   (0)| 00:00:01 |
-------------------------------------------------------------------------------
```

　このサンプルテーブルはたかが数行なので、テーブルをフルスキャンして
も1秒とかからず終わりますが、これが数百万、数千万といった規模の
テーブルになったときは、この冗長なスキャン操作は大きな無駄になりま
す。これを削減する方法を考えねばなりません。

■───ウィンドウ関数でスキャン回数を減らす

　今、なぜテーブルスキャンが2回発生しているかと言えば、ランキング
の最小値をサブクエリで求めているからです。これは古典的方法ですが、
同じことをウィンドウ関数で実現できます（**リスト5.8**）。

リスト5.8　ウィンドウ関数による解

```
SELECT pcode,
       district_name
  FROM (SELECT pcode,
               district_name,
               CASE WHEN pcode = '4130033' THEN 0
                    WHEN pcode LIKE '413003%' THEN 1
                    WHEN pcode LIKE '41300%'  THEN 2
                    WHEN pcode LIKE '4130%'   THEN 3
                    WHEN pcode LIKE '413%'    THEN 4
                    WHEN pcode LIKE '41%'     THEN 5
                    WHEN pcode LIKE '4%'      THEN 6
                    ELSE NULL END AS hit_code,
               MIN(CASE WHEN pcode = '4130033' THEN 0
                    WHEN pcode LIKE '413003%' THEN 1
                    WHEN pcode LIKE '41300%'  THEN 2
                    WHEN pcode LIKE '4130%'   THEN 3
                    WHEN pcode LIKE '413%'    THEN 4
```

```
                        WHEN pcode LIKE '41%'       THEN 5
                        WHEN pcode LIKE '4%'        THEN 6
                        ELSE NULL END)
                OVER(ORDER BY CASE WHEN pcode = '4130033' THEN 0
                                   WHEN pcode LIKE '413003%' THEN 1
                                   WHEN pcode LIKE '41300%'  THEN 2
                                   WHEN pcode LIKE '4130%'   THEN 3
                                   WHEN pcode LIKE '413%'    THEN 4
                                   WHEN pcode LIKE '41%'     THEN 5
                                   WHEN pcode LIKE '4%'      THEN 6
                                   ELSE NULL END) AS min_code
        FROM PostalCode) Foo
 WHERE hit_code = min_code;
```

Column

インデックスオンリースキャン

　インデックスオンリースキャンをサポートしているDBMSでは、リスト5.7の
SQL文のように、SQL文で使用する列がすべてインデックスに含まれていれば、
テーブルスキャンをスキップして、インデックスに対するアクセスのみを実行す
るという最適化を行うことも可能です。たとえば、リスト5.7のSELECT文だと、
サブクエリ内のSELECT文はpcode列しか使っていないため、主キーに対するアク
セスだけで必要なデータを取得できます。たとえばOracleだと、次のように実
行計画に主キーに対する「INDEX FAST FULL SCAN」が現れます。

```
----------------------------------------------------------------------
| Id | Operation          | Name       | Rows | Bytes | Cost (%CPU)| Time     |
----------------------------------------------------------------------
|  0 | SELECT STATEMENT   |            |    1 |    34 |    5  (0)| 00:00:01 |
|* 1 |  TABLE ACCESS FULL | POSTALCODE |    1 |    34 |    3  (0)| 00:00:01 |
|  2 |   SORT AGGREGATE   |            |    1 |     8 |          |          |
|  3 |    INDEX FAST FULL SCAN| PK_PCODE |  6 |    48 |    2  (0)| 00:00:01 |
----------------------------------------------------------------------
```

　アクセス対象のオブジェクトを示す「Name」列からテーブル「POSTALCODE」が消
えて、代わりにインデックス「PK_PCODE」だけが現れていることが確認できます。
　ただし、インデックスオンリースキャンによるチューニングは、SQL文で使用
する列が比較的少ない場合にしか利用できないため、常に使える手段ではありま
せん。また、仮に使えたとしても、列数が多くてはせっかくのディスク読み込み
の削減効果も薄くなり、大した効果はなくなります。
　インデックスオンリースキャンについては、第10章で詳しく説明します。

実行計画を見ると、テーブルへのフルスキャンが1回に減っていることが確認できます（**図5.15**、**図5.16**）。

図5.15　PostgreSQLの実行計画：改善版

```
Subquery Scan on foo  (cost=16.39..25.49 rows=1 width=40)
  Filter: (foo.hit_code = foo.min_code)
  -> WindowAgg  (cost=16.39..23.74 rows=140 width=32)
      -> Sort  (cost=16.39..16.74 rows=140 width=32)
            Sort Key: (CASE WHEN (postalcode.pcode = '4130033'::bpchar) THEN 0
                            WHEN (postalcode.pcode ~~ '413003%'::text) THEN 1
                            WHEN (postalcode.pcode ~~ '41300%'::text) THEN 2
                            WHEN (postalcode.pcode ~~ '4130%'::text) THEN 3
                            WHEN (postalcode.pcode ~~ '413%'::text) THEN 4
                            WHEN (postalcode.pcode ~~ '41%'::text) THEN 5
                            WHEN (postalcode.pcode ~~ '4%'::text) THEN 6
                            ELSE NULL::integer END)
            -> Seq Scan on postalcode  (cost=0.00..11.40 rows=140 width=32)
```

図5.16　Oracleの実行計画：改善版

Id	Operation	Name	Rows	Bytes	Cost (%CPU)	Time
0	SELECT STATEMENT		6	870	4 (25)	00:00:01
* 1	VIEW		6	870	4 (25)	00:00:01
2	WINDOW SORT		6	204	4 (25)	00:00:01
3	TABLE ACCESS FULL	POSTALCODE	6	204	3 (0)	00:00:01

ウィンドウ関数がソートを必要とするためそのコストがかかりますが、テーブルサイズが大きい場合はテーブルスキャンを減らせる効果のほうが上回るでしょう[注14]。

ループ回数が不定の場合

前項の例題では、ループ（または分岐）回数の上限が7回と最初から決まっていました。こういう場合であれば、ループをCASE式の分岐としてSQL

注14　また、リスト5.7のコードにおいてもMIN関数のソートは必要なので、ウィンドウ関数の場合とコストはあまり変わらないでしょう。

第5章　ループ　手続き型の呪縛

文の中にハードコーディングすることが可能でした。しかし、常にループの上限回数が決まっているとは限りません。今度はそのような上限が不定のケースを見てみましょう。

■——隣接リストモデルと再帰クエリ

再び、郵便番号を使ったサンプルを考えます。今度は現住所だけでなく、昔住んでいた住所の履歴を管理するテーブルを使います。住所を番地まで使うと冗長なので、郵便番号で代替します。**リスト5.9**のようなSQLを実行し、**図5.17**のようなテーブルを作成します。

リスト5.9 郵便番号の履歴テーブルの定義

```
CREATE TABLE PostalHistory
(name  CHAR(1),
 pcode CHAR(7),
 new_pcode CHAR(7),
     CONSTRAINT pk_name_pcode PRIMARY KEY(name, pcode));

CREATE INDEX idx_new_pcode ON PostalHistory(new_pcode);

INSERT INTO PostalHistory VALUES ('A', '4130001', '4130002');
INSERT INTO PostalHistory VALUES ('A', '4130002', '4130103');
INSERT INTO PostalHistory VALUES ('A', '4130103', NULL   );
INSERT INTO PostalHistory VALUES ('B', '4130041', NULL   );
INSERT INTO PostalHistory VALUES ('C', '4103213', '4380824');
INSERT INTO PostalHistory VALUES ('C', '4380824', NULL   );
```

図5.17 郵便番号の履歴テーブル

PostalHistory

name（人名）	pcode（郵便番号）	new_pcode（転居先の郵便番号）
A	4130001	4130002
A	4130002	4130103
A	4130103	
B	4130041	
C	4103213	4380824
C	4380824	

このテーブルは、現住所を登録するときは

```
('A', '4130001', NULL)
```

のように、現住所のみ郵便番号を登録し、転居先の郵便番号はNULLとします。その後、Aさんが引越しを行ったタイミングで

```
('A', '4130001', NULL)→('A', '4130001', '4130002')
```

のように転居先の郵便番号を更新し、さらに引越し先の住所を

```
('A', '4130002', NULL)
```

のように新しい行として登録します。以下、Aさんが引越しを繰り返すたびに同様の処理を行います。このように履歴を保存することで、Aさんは次のように引越しを2回行ったことがわかるわけです。

```
4130001→4130002→4130103（現住所）
```

同様に、Bさんはまだ一度も引越しをしておらず、Cさんは1回引越しをしていることになります。実際の郵便局も、古い住所へ宛てた郵便物を新住所へ転送するために、こういう履歴管理をしているはずです。これは言わば、郵便番号をキーにしてデータを数珠つなぎにするポインタチェインの構造をしており、階層構造を表現する古典的手段です。これを表現するPostalHistoryのようなテーブルの形式を「隣接リストモデル」と呼びます（**図5.18**）。

図5.18 ポインタチェインによる隣接リストモデル

今Aさんについて、一番むかしに住んでいた住所を検索したいとします。つまり答えは「4130001」です。これを見つけるには、現住所から出発して、順次1つ前の住所へたどっていく必要があります。問題は、何回たどれば一番古い住所にたどり着けるか、事前にはわからないことです。引越しを1回しかしない人もいれば、100回近く繰り返す葛飾北斎のような引越しマニアもいるでしょう。引越し回数の上限が決まっていれば、その回数だけ自己結合を繰り返すという方法もありますが、上限が不定の場合はそうはいきません。

手続き型言語とループを使う場合、この問題に悩むところはありません。

第5章　ループ　手続き型の呪縛

ファイルをnameでソートしたあとに、現住所の行から出発してレコードをさかのぼっていき、転居先住所で郵便番号がヒットしなくなるまで処理を繰り返せば一番古い住所のレコードを見つけられます。

SQLで階層構造をたどる方法の一つは、再帰共通表式を使う方法です（**リスト5.10**）[注15]。

リスト5.10 一番古い住所を検索する（PostgreSQL）

```
WITH RECURSIVE Explosion (name, pcode, new_pcode, depth)
AS
(SELECT name, pcode, new_pcode, 1
   FROM PostalHistory
  WHERE name = 'A'
    AND new_pcode IS NULL -- 探索の開始点
  UNION
  SELECT Child.name, Child.pcode, Child.new_pcode, depth + 1
    FROM Explosion AS Parent, PostalHistory AS Child
   WHERE Parent.pcode = Child.new_pcode
     AND Parent.name = Child.name)
-- メインのSELECT文
SELECT name, pcode, new_pcode
  FROM Explosion
 WHERE depth = (SELECT MAX(depth)
                  FROM Explosion);
```

実行結果

```
name |  pcode  | new_pcode
-----+---------+-----------
 A   | 4130001 | 4130002
```

共通表式Explosionは、Aさんについて現住所（new_pcode列がNULL）から出発して、ポインタチェインをたどっていき過去の住所すべてを網羅します。その中で一番古い住所は、再帰レベルが最も深かった行ですから、これをdepth列で計算しています。depth列は1回の再帰を行うたびに1ずつインクリメントされるので、これが最大のものが最も再帰レベルが深かったことを意味するわけです。

実行計画を確認しましょう（**図5.19**）。

注15　再帰共通表式をサポートしているDBMSは、2014年12月時点でOracle、DB2、SQLServer、PostgreSQLです。

152

SQLではループをどう表現するか　　5.3

図5.19 再帰共通表式の実行計画（PostgreSQL）

```
............................................................................
..........
CTE Scan on explosion  (cost=839.38..839.63 rows=1 width=72)
  Filter: (depth = $3)
  CTE explosion
    -> Recursive Union  (cost=0.00..839.12 rows=11 width=22)
        -> Index Scan using idx_new_pcode on postalhistory  (cost=0.00..8.27 rows=1 width=18)
            Index Cond: (new_pcode IS NULL)
            Filter: (name = 'A'::bpchar)
        -> Nested Loop  (cost=0.00..83.06 rows=1 width=22)
            Join Filter: (parent.name = child.name)
            -> WorkTable Scan on explosion parent  (cost=0.00..0.20 rows=10 width=44)
            -> Index Scan using idx_new_pcode on postalhistory child  (cost=0.00..8.27 rows=1
width=18)
                Index Cond: (new_pcode = parent.pcode)
  InitPlan 2 (returns $3)
    -> Aggregate  (cost=0.25..0.26 rows=1 width=4)
        -> CTE Scan on explosion  (cost=0.00..0.22 rows=11 width=4)
```

　「Recursive Union」の処理が再帰計算を意味しています。これは、何回引越しが行われても対応できるという点で柔軟性の高いクエリです[注16]。途中に「WorkTable」という単語が見えますが、これはExplosionビューに何度もアクセスするため、一時テーブルとして実体化していることを示します。この一時テーブルともとのPostalHistoryテーブルをインデックス「idx_new_pcode」を使ったNested Loopsを行っているわけで、かなり効率的な計画です。この実行計画は、Oracleでもほぼ同じになります（**リスト5.11**、**図5.20**）。

リスト5.11 一番古い住所を検索する（Oracle版）

```
WITH Explosion (name, pcode, new_pcode, depth)
AS
(SELECT name, pcode, new_pcode, 1
   FROM PostalHistory
  WHERE name = 'A'
    AND new_pcode IS NULL -- 探索の開始点
 UNION ALL
 SELECT Child.name, Child.pcode, Child.new_pcode, depth + 1
   FROM Explosion Parent, PostalHistory Child
```

注16　実装で決められている再帰計算の最大数までですが。

153

```
  WHERE Parent.pcode = Child.new_pcode
    AND Parent.name = Child.name)
-- メインのSELECT文
SELECT name, pcode, new_pcode
  FROM Explosion
 WHERE depth = (SELECT MAX(depth)
                  FROM Explosion);
```

図5.20 再帰共通表式の実行計画（Oracle版）

Id	Operation	Name	Rows	Bytes	Cost (%CPU)	Time
0	SELECT STATEMENT		3	102	9 (23)	00:00:01
1	TEMP TABLE TRANSFORMATION					
2	LOAD AS SELECT	SYS_TEMP_0FD9D6609_6829E				
3	UNION ALL (RECURSIVE WITH) BREADTH FIRST					
* 4	TABLE ACCESS FULL	POSTALHISTORY	1	15	2 (0)	00:00:01
5	NESTED LOOPS					
6	NESTED LOOPS		2	80	3 (0)	00:00:01
7	RECURSIVE WITH PUMP					
* 8	INDEX RANGE SCAN	IDX_NEW_PCODE	3	0	0 (0)	00:00:01
* 9	TABLE ACCESS BY INDEX ROWID	POSTALHISTORY	2	30	1 (0)	00:00:01
* 10	VIEW		3	102	2 (0)	00:00:01
11	TABLE ACCESS FULL	SYS_TEMP_0FD9D6609_6829E	3	102	2 (0)	00:00:01
12	SORT AGGREGATE		1	13		
13	VIEW		3	39	2 (0)	00:00:01
14	TABLE ACCESS FULL	SYS_TEMP_0FD9D6609_6829E	3	102	2 (0)	00:00:01

　「SYS_TEMP_0FD9D6609_6829E」という名前のオブジェクトが
Explosionビューを意味します[注17]。あとは、インデックスを使ってNested
Loopsを使う点も同じです。
　この解は標準SQLに沿った方法なので、その意味では実装依存ではない
のですが、再帰共通表式は比較的新しい機能のため、まだ実装されていな
かったり実行計画が最適化されないこともあります。そのような場合の代
替手段を次に見てみましょう。

注17　この名前はOracleが機械的に割り振っているため、実行するたびに変わる可能性があります。

■──── 入れ子集合モデル

SQLにおける階層構造の表現方法は、大きく3つあります。

❶隣接リストモデル

❷入れ子集合モデル

❸経路列挙モデル

❶は上で見た方法で、RDBの誕生以前から階層構造の表現方法として使用されてきた伝統的なものです。❸は更新がほとんど発生しないケースで力を発揮する方法なので、今回のサンプルには適さないため説明は省略します。重要なのは、❷の入れ子集合モデルです。この方法のポイントは、各行のデータを集合(円)と見なして、階層構造を集合の入れ子関係で表現することです。言葉で説明するより実際に見たほうが理解が早いでしょう。**リスト5.12**のSQLを実行し、**図5.21**のようなテーブルを作成してください。

リスト5.12 郵便番号の履歴テーブル2の定義

```
CREATE TABLE PostalHistory2
(name  CHAR(1),
 pcode CHAR(7),
 lft   REAL NOT NULL,
 rgt   REAL NOT NULL,
     CONSTRAINT pk_name_pcode2 PRIMARY KEY(name, pcode),
     CONSTRAINT uq_name_lft UNIQUE (name, lft),
     CONSTRAINT uq_name_rgt UNIQUE (name, rgt),
     CHECK(lft < rgt));

INSERT INTO PostalHistory2 VALUES ('A',      '4130001',    0,      27);
INSERT INTO PostalHistory2 VALUES ('A',      '4130002',    9,      18);
INSERT INTO PostalHistory2 VALUES ('A',      '4130103',   12,      15);
INSERT INTO PostalHistory2 VALUES ('B',      '4130041',    0,      27);
INSERT INTO PostalHistory2 VALUES ('C',      '4103213',    0,      27);
INSERT INTO PostalHistory2 VALUES ('C',      '4380824',    9,      18);
```

155

図5.21 郵便番号の履歴テーブル2

PostalHistory2（郵便番号履歴）

name(人名)	pcode(現住所の郵便番号)	lft	rgt
A	4130001	0	27
A	4130002	9	18
A	4130103	12	15
B	4130041	0	27
C	4103213	0	27
C	4380824	9	18

　このモデルでは、郵便番号のデータを数直線上に存在する円として考えます。lftとrgtは、円の左端と右端の座標です。座標の数値は、大小関係さえ適切であれば、任意の数値を用いることができます（整数である必要すらありません）。そして、引越しを行うたびに、新しい郵便番号が古い郵便番号の「中に」含まれる形で追加されていきます。するとたとえば、Aさんの3つの郵便番号の包含関係は**図5.22**のような入れ子の同心円で表せます。

図5.22 入れ子集合による階層構造の表現

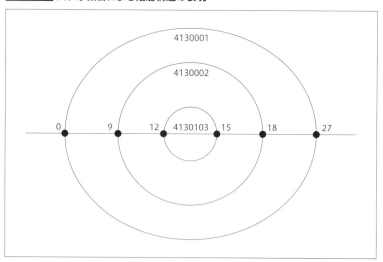

　このとき、新たに挿入する郵便番号の座標は、外側の円の左端と右端の座標を使って決めることができます。たとえば、外側の郵便番号の左端座標をplft、右端座標をprgtとすると、次の数式によって自動的に追加ノードの座標を計算できます。

- 追加ノードの左端座標 = (plft * 2 + prgt) / 3 ……(a)
- 追加ノードの右端座標 = (plft + prgt * 2) / 3 ……(b)

これはつまり、plftとprgtによって与えられた区間を3つの区間に分割する2点の座標を求めているのと同じです。lftとrgtのデータ型に実数型（REAL）を使うことで、実装の許す精度の範囲内であれば、低コストでいくらでも入れ子を深くしていくことができます。

この入れ子集合モデルのテーブルを前提とすれば、Aさんの最も古い住所を求めるクエリは非常に単純に書けます。というのも、これはつまり、「一番外側の円を求める」ことと同義になるからです。一番外側の円とは、すなわちほかのどの円にも含まれない円ということですから、NOT EXISTSを使えば簡単です（**リスト5.13**）。「左端の座標が、ほかのすべての円の左端の座標よりも小さい」という条件に合致する円を選択すればよいのです。

リスト5.13 一番外側の円を求める

```
SELECT name, pcode
  FROM PostalHistory2 PH1
 WHERE name = 'A'
   AND NOT EXISTS
        (SELECT *
           FROM PostalHistory2 PH2
          WHERE PH2.name = 'A'
            AND PH1.lft > PH2.lft);
```

実行計画を見てみましょう（**図5.23**、**図5.24**）。

図5.23 入れ子集合モデルの実行計画（PostgreSQL）

```
Nested Loop Anti Join  (cost=0.00..2.27 rows=2 width=10)
  Join Filter: (ph1.lft > ph2.lft)
  -> Seq Scan on postalhistory2 ph1  (cost=0.00..1.08 rows=3 width=14)
        Filter: (name = 'A'::bpchar)
  -> Materialize  (cost=0.00..1.09 rows=3 width=4)
      -> Seq Scan on postalhistory2 ph2  (cost=0.00..1.08 rows=3 width=4)
          Filter: (name = 'A'::bpchar)
```

157

第5章　　ループ　手続き型の呪縛

図5.24　　入れ子集合モデルの実行計画（Oracle）

```
| Id  | Operation                    | Name           | Rows | Bytes | Cost (%CPU)| Time     |

|   0 | SELECT STATEMENT             |                |    2 |    42 |    5   (0)| 00:00:01 |
|   1 |  NESTED LOOPS ANTI           |                |    2 |    42 |    5   (0)| 00:00:01 |
|   2 |   TABLE ACCESS BY INDEX ROWID| POSTALHISTORY2 |    2 |    26 |    2   (0)| 00:00:01 |
|*  3 |    INDEX RANGE SCAN          | PK_NAME_PCODE2 |    2 |       |    1   (0)| 00:00:01 |
|*  4 |   TABLE ACCESS BY INDEX ROWID| POSTALHISTORY2 |    1 |     8 |    2   (0)| 00:00:01 |
|*  5 |    INDEX RANGE SCAN          | UQ_NAME_LFT    |    1 |       |    1   (0)| 00:00:01 |
```

　Oracle、PostgreSQLともに、外側のテーブル（PH1）と内側のテーブル
（PH2）を一度だけNested Loopsで結合するという実行計画です[注18]。再帰計
算の必要もありません。PostgreSQLではテーブルのフルスキャンが行われ
ていますが、これはテーブル件数が少ないためで、件数が増えればOracle
のようにインデックスを利用するプランが立てられるでしょう。したがっ
て、テーブル件数が増えても、処理時間の増加は緩やかであることが期待
できます。この入れ子集合のコードが再帰よりも速いかどうかは一概には
判断できませんが、問題をコーディングではなくモデル（エンティティの構
造）のレベルから解決するという高い視点からの解法もあるのだということ
は理解していただけたと思います。この観点からの効率化については、第
9章でも取り上げます。

5.4
バイアスの功罪

　本章の締めくくりとして、なぜシステムの世界にはループ依存症的な「ぐ
るぐる系」のプログラムが溢れているのかについて考えてみます。

注18　PostgreSQLもOracleも、「NESTED LOOPS」の後ろに「ANTI」とついているのは、通常の結合が
　　　条件にマッチする行を見つけるのに対し、今回はNOT EXISTSを使っているので、「1行もマッチし
　　　ない」行を見つける動作になっているためです。マッチしない行を見つけた時点でPH2テーブルの
　　　検索を打ち切れるため、EXISTSよりも高速なことが期待できる処理であり、これもまた、入れ子集
　　　合モデルに有利な条件です。なお、実行計画は環境によって変わる可能性があるため、みなさんの
　　　環境では異なる実行計画が表示されることもあります。

本章の冒頭で、「ループに依存するのは病気だ」と言いました。しかし、病気とは言っても、これはけっして100％悪い病気ではありません。本章でも見たように、ぐるぐる系にも利点はあります。手続き型から集合指向へのパラダイムシフトを促すためにあえて「病気」という扇動的な言葉を使いましたが、実際のところ、これは**バイアス**（色眼鏡）と呼んだほうが近いものです。そして人間は、何らかのバイアスなしには、そもそも物事を観察したり分析することはできません。だから、バイアスを持つことそのものが悪いわけではありません。ただ、一つのバイアスに凝り固まってしまうと、違う視点から物事を考えられなくなります。バイアスというのはその点で呪いみたいなもので、私たちの思考を常に規定し、縛ろうとします。

私たちのほとんど全員がループ依存症に（少なくとも一度は）罹ります。その理由は、これが手続き型言語とファイルシステムの心理モデルだからです。プログラミングを覚えるとき、私たちは皆まず何かしら手続き型言語を使って勉強します。「最初に覚えた言語は関数型です」という人が半数を超すにはもう数年かかるでしょう。手続き型言語でファイルをオープンし、レコードを1行ずつ読み込んでビジネスロジックに基づいた処理を行い、最後にファイルをクローズする。まずはそういう処理モデルでプログラミングを覚えます。問題は、このモデルが強力すぎて、ほとんどすべての問題に対する最適解であるかのような錯覚を引き起こすことです。心理学には「金槌しか持っていない人にはすべての問題が釘に見えてくる」という格言がありますが、ループは強力すぎる金槌です。

SQLは、本章の最初で紹介したCoddの言葉からもわかるように「脱・手続き型」を目指した言語です。DBMSも内部的には手続き型言語で作られており、実際の物理データへのアクセスは手続き的に行っているのですが、その手続きレイヤを隠蔽することがSQLの理念でした[注19]。そのため、私たちはSQLを使うとき、手続き型の強力な磁場から逃れる努力をしなければならず、それが多くのエンジニアにとって負担に感じられます。これが、SQLが嫌われる理由の一つです。「ぐるぐる系」は、そのようなSQLの世界を上からさらに隠蔽し、手続き型の世界へ帰還する心地良い解決策です。言ってみれば、SQLはこのとき、サンドイッチのように手続き型のレイヤ

注19　実行計画で結合アルゴリズムにNested Loopsなどを見ると、「SQLも結局、中では1行ずつ処理してるんだよなあ」という感慨を抱くのは私だけでしょうか。

第5章　ループ　手続き型の呪縛

に挟まれている状態なのです（**図5.25**）。

図5.25 手続き型のサンドイッチ構造

アプリケーション（手続き型）
SQL（集合指向）
実行計画（手続き型）

　ですが、本当にRDBでハイパフォーマンスを実現しようとするならば、一度手続き型のバイアスを引き剥がして、重力から自由になる必要があります。そのうえで、ぐるぐる系とガツン系の利点と欠点を考慮し、どちらの処理方式を採用するかを冷静に判断しなければならないのです。SQLが持つ強力な道具とチューニング手段を活用するためにも、みなさんにはぜひ集合指向の考え方を身につけていただきたいと思います。

第5章のまとめ

- 私たちはみなループ依存症に罹っている

- SQLは意図的にループを追放したので、そこのところで文句をつけられても困る

- ぐるぐる系はパフォーマンスに大きな欠点を抱えているが、いくつかの長所もある

- ただし、ぐるぐる系にほとんどパフォーマンスチューニングのポテンシャルがないことには注意が必要

- ここでもやはりトレードオフを考えて、ぐるぐる系とガツン系のどちらを採用するか判断する必要がある

演習問題5

リスト5.3(139ページ)と同値なSQL文を相関サブクエリを使って作ってください。

➡解答は338ページ

第6章

結合
結合を制する者はSQLを制す

第6章　結合　結合を制する者はSQLを制す

　RDBを使っていて、結合（*join*）という演算を使わないシステムはありません。RDBでは、設計のセオリーとして正規化[注1]というプロセスを踏むため、必然的にテーブルの数が増えます。そうすると、複数のテーブルに散在するデータを統合——「逆正規化」——したり、あるいは結果に含めたいデータを得るために、私たちはさまざまな種類の結合を利用します。

　結合演算は、SQLの演算の中では比較的イメージをつかみやすいものです。少なくとも、相関サブクエリやCASE式に比べれば、テーブルとテーブルをつなげて新しいテーブルを作り出す、という基本動作はたいへんシンプルです。その一方で、結合はバリエーションが多く、どういう場合にどういう結合を使うのが適切なのか、迷うこともしばしばです。

　本章ではまず、SQLで利用される結合について、どのような種類の結合がどういう動作を行うかの整理を行います。軸となるのは、内部結合と外部結合の違いです。

　次に、結合を行う際に利用される内部アルゴリズムの観点から説明します。なぜ結合のアルゴリズムが重要かと言えば、これが結合のパフォーマンスを決定し、そして結合はSQLのパフォーマンスを決定するからです。すなわち、結合アルゴリズムはSQLのパフォーマンスを大きく左右する要因なのです。ここで基本となるアルゴリズムは、Nested Loops（入れ子ループ、多重ループ）です。

　結合はデータベースエンジニアにとっては非常にポピュラーな演算である一方、DBMS内部でどのような結合アルゴリズムが選択されているかまで意識しているユーザは、あまり多くありません。本当は、そんなものを意識せずに済むほうがユーザから見れば便利なのですが、パフォーマンスを求められるクエリにおいては、結合アルゴリズムの最適化を行う必要があることも少なくありません。結合を制する者がSQLを制するのです。

注1　更新時のデータ整合性を保つため、データの冗長性を排除したりキーとなる列とそれ以外の列との関係を明確にするための操作です。この正規化の過程において、テーブルを分割するという操作が行われます。

6.1

機能から見た結合の種類

SQLには「結合」と名のつく演算が多く出てきます。ざっと挙げてみましょう。

- **クロス結合**
- **内部結合**
- **外部結合**
- **自己結合**
- **等値結合／非等値結合**
- **自然結合**

これらのうち、機能的な観点から分類されているのは、クロス結合、内部結合、外部結合だけです。この3つは、生成する結果のタイプから名づけられており、それぞれの名前が互いに関連を持っています。この3つは互いに排他的な分類なので、「内部結合かつ外部結合」のような結合はありません。これらについてはこのあと詳しく取り上げます。

他方、等値結合／非等値結合は結合条件として等号（＝）を使うか、それ以外の不等号（＞、＞＝など）を使うかの違いを意味するだけなので、「外部結合かつ非等値結合」といった組み合わせがありえます。自然結合は最も頻繁に使う「内部結合かつ等値結合」を簡略的な構文で記述できるようにしたものです（コラム「自然結合の構文」参照）。

自己結合は？ これは個人的な意見ですが、私はこれを一つの結合のカテゴリとして立てる意味はないと考えています。理由はあとで述べます。

クロス結合──すべての結合の母体

結合について話をするにあたり、まずクロス結合（*cross join*）から始めたいと思います。最初に断っておくと、このクロス結合は、実務で使う機会はほとんどありません。これまで1回も使ったことがないとか、存在を知らなかったという人もいるでしょう。それをあえて最初に解説するのは、SQLにおける結合という演算を理解するには、クロス結合を理解してもら

165

第6章　結合　結合を制する者はSQLを制す

Column

自然結合の構文

本章では演算のタイプという観点から、クロス結合、内部結合、外部結合という3つの結合の関係を取り上げました（自己結合は、本文でも書いたように、私はあえて独自のカテゴリを作る必要はないと思っています）。

本文では取り上げませんでしたが、「〜結合」という名前のついている演算として、「自然結合」（*natural join*）があります。これは、次のような構文で記述します。

```
SELECT *
  FROM Employees NATURAL JOIN Departments;
```

自然結合においては結合条件は記述せず、暗黙に結合されるテーブルの同じ名前の列が等号で結ばれます。したがってこれを普通の内部結合で書き換えるとこうなります。

```
SELECT *
  FROM Employees E INNER JOIN Departments D
    ON E.dept_id = D.dept_id;
```

自然結合は、一応標準SQLで定義されている構文ですので、その点で方言性はなく、どの実装でも使えるのですが、あえて使う必要はないと思います。自然結合のメリットは、頻繁に使う（＝「自然」な）等値結合を短い記述量で書けるということですが、しかし別に内部結合で書いてもそんなに記述量が増えるわけでもありません。一方で、等値条件しか記述できない、列名が異なったりデータ型が違うと適用できない、などの制約がつくため、拡張性に乏しいというデメリットがあります。また、テーブル定義をよく理解していないとクエリの結合条件が読み取れないため、可読性も良くありません。

この自然結合と内部結合の中間みたいな道具として、USING句というのもあります。上の2つと同等のクエリをUSINGを使って表現すると、次のようになります。

```
SELECT *
  FROM Employees INNER JOIN Departments
  USING (dept_id);
```

このUSING句も標準SQLで定義されてはいますが、やはり等値条件しか記述できずテーブル間で列名が異なる場合もアウトという、自然結合とほとんど同じ機能的制限を受けます。結合式で使う列名を明示している点で、可読性は自然結合よりマシですが。

結論としては、特殊な事情がない限り内部結合を使っていればよい、ということです。

166

うことが一番の近道だからです。急がば回れです。

■──── クロス結合の動作

サンプルに使うのは**図6.1**のような簡単なテーブルです。**リスト6.1**のようにして作成します。

図6.1 クロス結合を行う社員テーブルと部署テーブル

Employees（社員）

emp_id（社員ID）	emp_name（社員名）	dept_id（部署ID）
001	石田	10
002	小笠原	11
003	夏目	11
004	米田	12
005	釜本	12
006	岩瀬	12

Departments（部署）

dept_id（部署ID）	dept_name（部署名）
10	総務
11	人事
12	開発
13	営業

リスト6.1 クロス結合を行うサンプルテーブルの定義

```
CREATE TABLE Employees
(emp_id    CHAR(8),
 emp_name  VARCHAR(32),
 dept_id   CHAR(2),
    CONSTRAINT pk_emp PRIMARY KEY(emp_id));

CREATE TABLE Departments
(dept_id    CHAR(2),
 dept_name  VARCHAR(32),
    CONSTRAINT pk_dep PRIMARY KEY(dept_id));
INSERT文は省略
```

社員およびその所属部署を管理しています。この2つのテーブルに対してクロス結合を行う構文は、**リスト6.2**のようになります。

リスト6.2 クロス結合

```
SELECT *
  FROM Employees
       CROSS JOIN
       Departments;
```

さて、それでは質問です。この結果の行数は何行でしょう？ これはクロス結合の定義を知っているかどうかだけの問題ですので、あまり深く考え

167

第6章　結合　結合を制する者はSQLを制す

ずに回答してください。

　正解は24行。計算方法は、社員テーブルの行数6と、部署テーブルの行数4の掛け算（6×4）です。結果を全部表示するとちょっと多いのですが、図6.2のようになります。

図6.2　リスト6.2の実行結果

```
emp_id| emp_name| dept_id | dept_id | dept_name
------+---------+---------+---------+----------
001   | 石田    |10       | 10      | 総務
001   | 石田    |10       | 11      | 人事
001   | 石田    |10       | 12      | 開発
001   | 石田    |10       | 13      | 営業
002   | 小笠原  |11       | 10      | 総務
002   | 小笠原  |11       | 11      | 人事
002   | 小笠原  |11       | 12      | 開発
002   | 小笠原  |11       | 13      | 営業
003   | 夏目    |11       | 10      | 総務
003   | 夏目    |11       | 11      | 人事
003   | 夏目    |11       | 12      | 開発
003   | 夏目    |11       | 13      | 営業
004   | 米田    |12       | 10      | 総務
004   | 米田    |12       | 11      | 人事
004   | 米田    |12       | 12      | 開発
004   | 米田    |12       | 13      | 営業
005   | 釜本    |12       | 10      | 総務
005   | 釜本    |12       | 11      | 人事
005   | 釜本    |12       | 12      | 開発
005   | 釜本    |12       | 13      | 営業
006   | 岩瀬    |12       | 10      | 総務
006   | 岩瀬    |12       | 11      | 人事
006   | 岩瀬    |12       | 12      | 開発
006   | 岩瀬    |12       | 13      | 営業
```

　クロス結合は、数学的には直積とかデカルト積と呼ばれる演算で、結合対象となる2つのテーブルのレコードから、可能なすべての組み合わせ網羅する演算です。したがって、社員テーブル1行に対して部署テーブル4行が結合されるため、結果的には6×4＝24行になるわけです。

■──クロス結合が実務で使われない理由

　クロス結合を実務では使わない理由は、2つあります。

168

- 実際にこういう結果を求めたいケースがない
- 非常にコストがかかる演算である

　クロス結合は、その結果行数の多さからも想像がつくように、数ある結合演算の中で最も高コストです。実行時間が長くハードウェアリソースも多く消費します。パフォーマンス観点からは良いところなしの結合です。

■──うっかりクロス結合

　クロス結合が実務のクエリに現れることがある一番ありがちなケースは、**リスト6.3**のように古い結合構文を使って、うっかり結合条件を書き忘れてしまった場合です。

リスト6.3 うっかりクロス結合：WHERE句に結合条件がない！

```
SELECT *
  FROM Employees, Departments;
```

　この場合、結合条件がないため、DBMSはしかたなくテーブル同士の全行を組み合わせようとします（それ以外にやりようがありません）。これを俗に「うっかりクロス結合」と呼びます。巨大なテーブルに対してこのようなポカミスをやると、いつまで待っても結果が返ってこないという悲劇に見舞われます。これを見ると、「結合条件を書き忘れるなんてそんな間抜けなことしないよ」という反応をする人もいるかもしれません。たしかに、クエリで使うテーブルが2つだけならそうでしょう。しかし、実際には3つ以上のテーブルを結合することも多く、そうした場合には結合条件も複数記述する必要があります。そのときに、記述漏れが発生するケースがあるのです。

　これを確実に防ぐには、きちんと標準SQL準拠の結合構文を使うようコーディング規約を定めることです。「INNER JOIN」のような標準SQLの構文では、結合条件がないとDBMSは構文エラーとして実行を拒否するので、こうしたミスを未然に防止できます。標準語を守ることには、こういうメリットもあります。なお、クロス結合が意図せず発生するケースはもう一つあるのですが、これについてはあとで詳しく解説します。

　さて、そんなわけでおよそ使い道のないクロス結合ですが、これを最初に解説したのは、この演算がほかのすべての結合演算の母体だからです。

第6章 結合 結合を制する者はSQLを制す

内部結合と外部結合は、このクロス結合を基準にして考えると簡単に理解できます。

内部結合──何の「内部」なのか

内部結合(*inner join*)は、一番よく使う結合の種類です。ほとんどのSQLの参考書では、結合と言えば最初に内部結合から話を始めます。構文についてはすでにご存じの方も多いでしょうが、一応紹介しておきます。引き続き、先ほどのサンプルデータを使います。

■──内部結合の動作

今、図6.1(167ページ)の社員テーブルだけ見ると、社員の部署名はわかりません。わかるのは部署IDだけです。部署名を知るためには、部署テーブルの部署名(dept_name)列の情報を持ってこなくてはなりません。このときの結合キーはもちろん、どちらのテーブルにも存在している部署ID(dept_id)列になります(**リスト6.4**)。

リスト6.4 内部結合を実行

```
SELECT E.emp_id, E.emp_name, E.dept_id, D.dept_name
  FROM Employees E INNER JOIN Departments D
    ON E.dept_id = D.dept_id;
```

実行結果

```
emp_id| emp_name| dept_id | dept_name
------+---------+---------+----------
001   | 石田    | 10      | 総務
002   | 小笠原  | 11      | 人事
003   | 夏目    | 11      | 人事
004   | 米田    | 12      | 開発
005   | 釜本    | 12      | 開発
006   | 岩瀬    | 12      | 開発
```

この結果と、先ほどのクロス結合の結果とを見比べたとき、何か気づくことはないでしょうか。実は内部結合の結果は、そのすべてがクロス結合の結果の一部、つまり部分集合になっています(**図6.3**)。

170

機能から見た結合の種類　　6.1

図6.3　内部結合の結果は必ずクロス結合の部分集合になる
（クロス結合後の表内の網掛け部分が内部結合の結果）

emp_id （社員ID）	emp_name （社員名）	dept_id （部署ID）	dept_id （部署ID）	dept_name （部署名）
001	石田	10	13	営業
001	石田	10	12	開発
001	石田	10	11	人事
001	石田	10	10	総務
002	小笠原	11	13	営業
002	小笠原	11	12	開発
002	小笠原	11	10	総務
002	小笠原	11	11	人事
003	夏目	11	11	人事
003	夏目	11	12	開発
003	夏目	11	13	営業
003	夏目	11	10	総務
004	米田	12	11	人事
004	米田	12	12	開発
004	米田	12	13	営業
004	米田	12	10	総務
005	釜本	12	12	開発
005	釜本	12	11	人事
005	釜本	12	10	総務
005	釜本	12	13	営業
006	岩瀬	12	11	人事
006	岩瀬	12	10	総務
006	岩瀬	12	13	営業
006	岩瀬	12	12	開発

　内部結合という語の由来はここにあります。内部とは「直積の部分集合」
という意味です。そのため、内部結合の演算を行うアルゴリズムとしても、
一度クロス結合の結果を作ってから結合条件でフィルタリングをかける、
という方法が最も単純です。もっとも、実際にDBMSが内部結合を実行す
るアルゴリズムはこれとは異なります。理由は先ほども触れたとおり、ク
ロス結合の実行コストが並外れて高いからです。実際は、最初から結合対
象をなるべく絞り込むように動作します。詳細は「結合のアルゴリズムとパ
フォーマンス」（177ページ）で解説します。

■───**内部結合と同値の相関サブクエリ**

　内部結合は、機能的に相関サブクエリを使って代替可能なことが多くあ

171

第6章 結合 結合を制する者はSQLを制す

ります。たとえば、リスト6.4のコードを相関サブクエリで書き換えると**リスト6.5**のようになります。

リスト6.5 リスト6.4を相関サブクエリで書き換えた例

```
SELECT E.emp_id, E.emp_name, E.dept_id,
        (SELECT D.dept_name
           FROM Departments D
          WHERE E.dept_id = D.dept_id) AS dept_name
  FROM Employees E;
```

これを最初に見たときにちょっと驚く人もいますが、ロジックは見た目ほどトリッキーではありません。emp_id、emp_name、dept_idの3列は普通に社員テーブルから選択しているだけですので、肝心なのは部署名(dept_name)を選択している最後の列です。相関サブクエリの内部で結合条件を記述しているのですが、dept_idは部署テーブルの主キーですから、これで条件を指定すればレコードが1行に定まることが保証されます(これは主キーの定義そのものです。)。したがって、この相関サブクエリは常にスカラサブクエリ[注2]として利用可能なことが保証される、というしかけです。

では内部結合と相関サブクエリとどちらを用いるのがよいか、という点ですが、基本的に結合で記述できる限りは結合を選択するのがよいでしょう。と言うのも、相関サブクエリをスカラサブクエリとして使うと、結果行数の数だけ相関サブクエリを実行することになるため、かなり高コストな処理になるからです。

外部結合――何の「外部」なのか

外部結合(*outer join*)は、内部結合の次によく使われます。「内部」と「外部」という名称が示唆するように、これは内部結合と排他的な演算です。「内部」が「直積の部分集合」という含意を持っていたことからも類推できるとおり、「外部」とは「直積の部分集合にならない」という意味です。誤解しないでもらいたいのは、常に部分集合にならないわけではなく、「データの状態によってそういうこともある」という点です。サンプルデータで確認してみ

注2　戻り値が単一の値(これを「スカラ値」と呼ぶ)になるクエリのことで、その性質からSELECT句に記述できます。

172

機能から見た結合の種類　　6.1

■―― 外部結合の動作

　外部結合には、次の3種類があります。

- **左外部結合**
- **右外部結合**
- **完全外部結合**

　このうち左外部結合と右外部結合は実質的には同じ機能を持っています。ただ、マスタとなるテーブルを左に書くなら左外部結合、右に書くなら右外部結合、というだけの話です。したがって、**リスト6.6**の2つのコードの結果はまったく同じです。

リスト6.6　左外部結合と右外部結合

```
--左外部結合の場合（左のテーブルがマスタ）
SELECT E.emp_id, E.emp_name, E.dept_id, D.dept_name
  FROM Departments D LEFT OUTER JOIN Employees E
    ON D.dept_id = E.dept_id;

--右外部結合の場合（右のテーブルがマスタ）
SELECT E.emp_id, E.emp_name, D.dept_id, D.dept_name
  FROM Employees E RIGHT OUTER JOIN Departments D
    ON E.dept_id = D.dept_id;
```

実行結果

```
emp_id| emp_name | dept_id | dept_name
------+----------+---------+----------
001   | 石田     | 10      | 総務
002   | 小笠原   | 11      | 人事
003   | 夏目     | 11      | 人事
004   | 米田     | 12      | 開発
005   | 釜本     | 12      | 開発
006   | 岩瀬     | 12      | 開発
NULL  | NULL     | 13      | 営業    ←この行はクロス結合では生成されない
```

※「NULL」と表示されているところは、PostgreSQLやOracleでは空欄で表示されるが、便宜上「NULL」と表記しています。MySQLだと「NULL」と表示されます。

　実行結果の最終行を見るとわかるとおり、外部結合の結果には、マスタ側のテーブルだけに存在するキーがあった場合そのキーを削除せず、結果に保存するよう動作します。そのため、キーの値をすべて網羅するレイア

173

ウトのレポートを作る場合に多用されます。

外部結合と内部結合の違い

　実行結果のうち、上6行は内部結合の結果と同じで、違うのは最終行です。これは内部結合はもちろん、クロス結合の結果のどの行とも一致しません。いわば「外部に」はみ出しているわけです。これが外部結合という名前の由来です。外部結合の結果がクロス結合の結果の部分集合にならないのは、外部結合がマスタ側のテーブルの情報を保存するよう動作し、その結果NULLを生成するからです。一方、クロス結合や内部結合は、NULLを生成することはありません。

　クロス結合、内部結合、外部結合の3つの関係をベン図で表現すると、**図6.4**のようになります。内部結合は完全にクロス結合に包含される形になり、外部結合は、クロス結合の枠内に収まらない部分を持ちます。

図6.4　クロス結合、内部結合、外部結合の関係

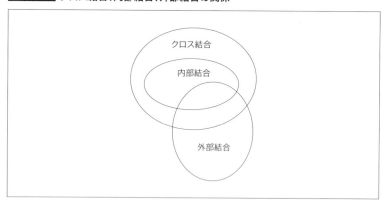

自己結合──自己とは誰のことか

　自己結合(self join)は、文字どおり自分自身と結合する演算で、要するに同じテーブル(あるいは同じビュー)を使って結合を行うものです。これは、先に解説してきた3種類の結合とはちょっと毛色が違います。というのも、自己結合というのは生成される結果を基準とした分類ではなく、演算の対象に何を使うかという点が問題になっているからです。その証拠に、自己

結合は、「自己結合＋クロス結合」「自己結合＋外部結合」というように、ほかの結合との組み合わせも可能です。これは、「内部結合＋外部結合」のような組み合わせがありえないことと対照的です。

■──自己結合の動作

　ちょっとパズル的な問題をサンプルに使って考えてみましょう。**図6.5**のような1行に1つの数字を持つ10行の「数字」テーブルを作ります。このテーブルに対して「自己結合＋クロス結合」を行います。コードは**リスト6.7**のものを使います。

図6.5　**自己結合を解説するための数字テーブル**

Digits

digit（数字）
0
1
2
3
4
5
6
7
8
9

リスト6.7　**自己結合＋クロス結合**

```
SELECT D1.digit + (D2.digit * 10)  AS seq
  FROM Digits D1 CROSS JOIN Digits D2;
```

　さて、このコードの結果が具体的にどうなるかを考える前に、行数が何行になるかを考えてください。

　できましたか？　答えは100行です。クロス結合において結果の行数は、結合対象となるテーブルの行数の掛け算になるのでしたね。この場合、結合対象はDigits（D1）およびDigits（D2）ですので、どちらも10行です。したがって10×10が答えになります。ちなみにこのクエリの結果は、0から99までの連番になります（**図6.6**）。

図6.6 リスト6.7の実行結果

```
seq
---
  0
  1
  2
 略
 97
 98
 99
```

図6.6は見やすいように昇順で結果を表示していますが、もちろんORDER BY句のない場合、結果の順序は不定です。

■────**自己結合の考え方**

自己結合を行う場合、一般的に同じテーブルに別名（この場合はD1とD2）をつけて、それらをあたかも別のテーブルであるかのように扱います。というより、クエリの動作を把握するためだけであれば、本当にこれらは別のテーブルであると考えてかまいません。つまり、D1とD2を、偶然保持するデータがまったく同一だった2つの異なる名前のテーブルとみなします（**図6.7**）。そうすると、リスト6.7のクエリは単純に、D1およびD2を対象としたクロス結合とみなすことができます。

図6.7 D1とD2はデータが同一の異なる名前のテーブルと考える

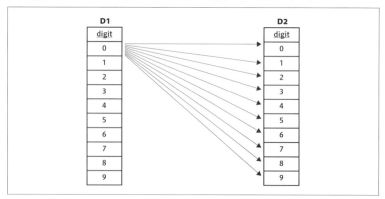

以上のような事情から、私は個人的に、結合の種類として自己結合という特別の分類は不要だと考えています。物理レベルで見れば、同一のテー

ブルと結合しているのですが、論理レベルで見れば、異なる2つのテーブルを結合していると考えてもかまわないからです。

6.2
結合のアルゴリズムとパフォーマンス

これまでは、結合によって生成される結果を基準にして結合を分類してきました。ここからは、SQLで結合演算を行う場合、内部で選択されるアルゴリズムを基準にして結合について考えていきます。

オプティマイザが選択可能な結合アルゴリズムは、大きく次の3つがあります。

❶ Nested Loops
❷ Hash
❸ Sort Merge

オプティマイザがどのアルゴリズムを選択するかは、データサイズや結合キーの分散といった要因にも依存しますが、最も頻繁に見るアルゴリズムはNested Loopsで、各種の結合アルゴリズムの基本となるアルゴリズムです。次に重要なのがHashです。Sort Mergeはこの2つに比べると重要性は一段下がります。

これら3つのアルゴリズムは多くのDBMSがサポートしていますが、MySQLのように、Nested Loopsとその派生バージョンしかサポートしておらず、HashやSort Mergeを使用しないDBMSもあります。また、これら基本アルゴリズムの派生バージョンをサポートするDBMSもあります[注3]。このあたりの事情は、今後のDBMSのバージョンアップに伴う機能拡張によって変化していくので、自分が主に使っているDBMSの最新動向には目を配っておきましょう。

注3　Oracle、PostgreSQL、SQL Server、DB2は2014年12月時点において、3つのアルゴリズムをすべてサポートしています。また、OracleのBatching Nested LoopsやMySQLのBatched Key Access Joinなど、Nested Loopsの変化バージョンをサポートしている実装もありますが、こうした諸バージョンについては本書では取り上げないので、各実装のマニュアルを参照してください。

Nested Loops

── Nested Loopsの動作

Nested Loopsは、名前のとおり入れ子のループを使うアルゴリズムです。SQLでは、結合は常に1度につき2つのテーブルしか結合しないため、これは実質的に二重ループと同じ意味です。動作イメージを図で表現すると、図6.8のようになります。

図6.8 Nested Loopsのイメージ

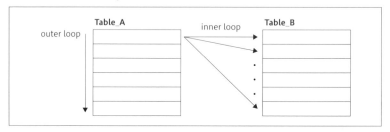

❶結合対象となるテーブル（Table_A）を1行ずつループしながらスキャンする。このテーブルを駆動表（*driving table*）または外部表（*outer table*）と呼ぶ[注4]。もう一方のテーブル（Table_B）は「内部表（*inner table*）」と呼ぶ[注5]。

❷駆動表の1行について、内部表を1行ずつスキャンして、結合条件に合致すればそれを返却する

❸この動作を駆動表のすべての行に対して繰り返す

それほど複雑な動作ではないので、イメージはつかみやすいでしょう。このNested Loopsには、次のような特徴があります。

- Table_A、Table_Bの結合対象の行数をR(A)、R(B)とすると、アクセスされる行数はR(A) × R(B)となる。Nested Loopsの実行時間はこの行数に比例する[注6]

注4 「駆動」とは「処理を開始する」という意味、「外部」とは、「二重ループの外側のループでアクセスされる」という意味です。ときどきこの外部表を「外部結合で使用されるテーブル」という意味で使う人がいますが、これは誤用です。「外部表」ではなく「外側表」とか「内側表」という訳語であれば、こういう勘違いも起きないので、訳語も紛らわしいのですが。なお、内部表にも、英語にはdriven-to tableというdriving tableに対応した呼称があるのですが、日本語で「被駆動表」と呼ぶことはあまりないようです。

注5 「二重ループの内側のループでアクセスされる」という意味です。

注6 Nested Loopsにはいくつかバリエーションがあり、それらにおいてはスキャン行数がR(A) × R(B)よりも少なくなることがあります。たとえば、EXISTS述語を使った場合の半結合（*Semi-Join*）や、NOT EXISTSを使った場合の反結合（*Anti-Join*）では、必ずしも内部表のすべての行にアクセスする必要がないため、行数が減る傾向にあります。しかし、そうした場合も多重ループという基本ロジックは同じです。このEXISTS述語を使った場合の実行計画については、章末の演習問題で取り上げます。

- 1つのステップで処理する行数が少ないため、HashやSort Mergeと比べてあまりメモリを消費しない
- どのDBMSでも必ずサポートしている

Nested Loopsは一見すると単純に見えますが、結合のパフォーマンスの鍵を握っていると言っても過言ではない重要なアルゴリズムです。特に、A、Bどちらのテーブルを駆動表にするかが大きな要因となります。素朴に考えると、どちらが駆動表でもアクセス行数はR(A) × R(B)、R(B) × R(A)で変わらないように思われます。しかし実際は、駆動表の選択はNested Loopsの性能において非常に重要な意味を持ちます。具体的に言うと、駆動表が小さいほどNested Loopsの性能は良いものになります[注7]。

鍵は、二重ループの外側と内側のループの処理が非対称なことにあります。

■――駆動表の重要性

Nested Loopsの性能を改善するキーワードとして「駆動表に小さなテーブルを選ぶ」ということを聞いたことのある人もいると思います。これは大方針として間違いではないのですが、実はある前提条件がないと意味がないので、なぜ駆動表が小さいほうが性能的に有利なのか、それが意味を持つ条件は何なのか、その理由をここで理解しておきましょう。

実際、上で解説したNested Loopsのしくみを前提すると、駆動表がどちらのテーブルになっても、結局のところアクセスされる行数はR(A) × R(B)で表現されるのだから、駆動表が小さかろうが大きかろうが、結合コストに違いはないように思われます。実は、この「駆動表を小さく」という格言には、次のような暗黙の前提が隠れています。

内部表の結合キーの列にインデックスが存在すること

もし内部表の結合キーの列にインデックスが存在する場合、そのインデックスをたどることによって、DBMSは駆動表の1行に対して内部表を馬鹿正直にループする必要がなくなります。いわば内部表のループをある程度スキップできるようになるのです（**図6.9**）。

注7　正確には、検索条件で行数が絞られたあとの駆動表の行数が小さいほど、ですが。

図6.9　Nested Loopsの内部表にインデックスがある場合のイメージ

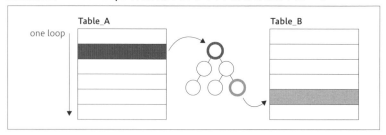

　理想的なケースでは、駆動表のレコード1行に対して内部表のレコードが1行に対応していれば、内部表のインデックスをたどることでループすることなく1行を特定できるため、完全に内部表のループを省略できます。この場合のアクセス行数は、R(A) × 2になります。

　リスト6.4で取り上げた内部結合のクエリを例に考えましょう（**リスト6.8**）。

リスト6.8　内部結合を実行（再掲）

```
SELECT E.emp_id, E.emp_name, E.dept_id, D.dept_name
  FROM Employees E INNER JOIN Departments D
    ON E.dept_id = D.dept_id;
```

　このとき、**図6.10**、**図6.11**のように内部表の結合キーのインデックス（departments_pkey、PK_DEP）が使用されていれば、内部表のループをスキップできるので、Nested Loopsが高速化されます[注8]。

図6.10　内部表のインデックスが使われるNested Loops（PostgreSQL）

```
Nested Loop  (cost=0.15..150.90 rows=510 width=212)
  -> Seq Scan on employees e  (cost=0.00..15.10 rows=510 width=130)
  -> Index Scan using departments_pkey on departments d  (cost=0.15..0.26 rows=1 width=94)
        Index Cond: (dept_id = e.dept_id)
```
内部表に結合キーのインデックスでアクセス

図6.11　内部表のインデックスが使われるNested Loops（Oracle）

```
| Id | Operation          | Name | Rows | Bytes | Cost (%CPU)| Time |
```

注8　駆動表は同じインデントのレベルにあって、上に位置するテーブルです。この場合は「Employees」が駆動表です。

```
| 0 | SELECT STATEMENT           |             | 6 | 150 | 4   (0)| 00:00:01 |
| 1 |  NESTED LOOPS              |             | 6 | 150 | 4   (0)| 00:00:01 |
| 2 |   TABLE ACCESS FULL        | EMPLOYEES   | 6 | 102 | 3   (0)| 00:00:01 |
| 3 |   TABLE ACCESS BY INDEX ROWID| DEPARTMENTS | 1 |   8 | 1   (0)| 00:00:01 |
|* 4 |    INDEX UNIQUE SCAN       | PK_DEP      | 1 |     | 0   (0)| 00:00:01 |
```
内部表に結合キーのインデックスでアクセス

しかし、**図6.12**、**図6.13**のように内部表の結合キーのインデックスが使われないと、駆動表を小さくするメリットが少なくなります[注9]。

図6.12 内部表のインデックスが使われないNested Loops（PostgreSQL）

```
Nested Loop  (cost=0.00..5005.38 rows=510 width=212)
  Join Filter: (e.dept_id = d.dept_id)
  -> Seq Scan on departments d  (cost=0.00..16.50 rows=650 width=94)
  -> Materialize  (cost=0.00..17.65 rows=510 width=130)
        -> Seq Scan on employees e  (cost=0.00..15.10 rows=510 width=130)
```
内部表にフルスキャンでアクセス

図6.13 内部表のインデックスが使われないNested Loops（Oracle）

```
| Id | Operation           | Name        | Rows | Bytes | Cost (%CPU)| Time     |

|  0 | SELECT STATEMENT    |             |   6  |  150  | 10   (0)| 00:00:01 |
|  1 |  NESTED LOOPS       |             |   6  |  150  | 10   (0)| 00:00:01 |
|  2 |   TABLE ACCESS FULL | DEPARTMENTS |   4  |   32  |  3   (0)| 00:00:01 |
|* 3 |   TABLE ACCESS FULL | EMPLOYEES   |   2  |   34  |  2   (0)| 00:00:01 |
```
内部表にフルスキャンでアクセス

もちろん、内部表のループを完全にスキップできるのは、結合キーが内部表に対して一意な場合だけです。この場合、等値結合であれば、内部表のアクセス対象行を必ず1行に限定できるので、二重ループの内側のループを完全に省略できます。Oracleの実行計画（図6.11）に「INDEX UNIQUE

注9　厳密に言うと、駆動表のレコードは各行1回しかアクセスされないのに対して、内部表のレコードは複数回アクセスされるため、内部表が十分に乗るだけの大きさのバッファキャッシュのサイズがあれば、内部表が大きいほうが有利になる可能性も否定できません。しかし、内部表のインデックスを使用できる場合の効果に比べれば小さなものです。

SCAN」が現れるのはこの場合で、非常に効率的なアクセスが可能です（内部表の母体が何千万件、何億件であろうとも、必ず1行にしかアクセスしません）。一方、結合キーが内部表に対して一意でない場合は、インデックスで内部表へアクセスする場合であっても複数行がヒットする可能性があります。この場合は、そのヒットした複数行に対してループする必要があります[注10]（**図6.14**）。

図6.14　内部表のループをどれだけスキップできるかがポイント

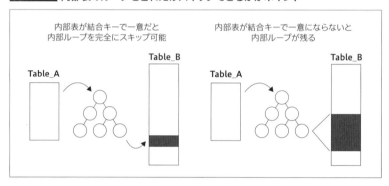

　こうして考えてみると、「駆動表を小さく」という格言は、裏返しにして「内部表を大きく」というふうに解釈したほうがわかりやすいかもしれません。内部表が大きいほど、インデックスによるループのスキップ効果が大きくなるからです[注11]。

　「駆動表の小さなNested Loops」+「内部表の結合キーにインデックス」。この組み合わせは、SQLチューニングにおける基本中の基本です。麻雀の役で言うところの「ピンフ」+「タンヤオ」みたいなものです（麻雀を知らない人ゴメンなさい）。結合が遅い場合の半分はこの組み合わせによって改善できるほどです。逆に言うと、物理ERモデルとインデックスの設計を行う際は、どのテーブルを内部表にして、どの結合キーにインデックスを作成しておくべきか、設計の段階から考えながら行う必要があるのです。

注10　このケースの実行計画では、Oracleならば「INDEX RANGE SCAN」が現れます。
注11　さらに、インデックスはテーブルに比べて一般にサイズがかなり小さいため、キャッシュに載りやすく、I/Oコストの削減効果が大きいという追加効果もあります。

■── Nested Loopsの落とし穴

「駆動表の小さなNested Loops」+「内部表の結合キーにインデックス」──これでパフォーマンスはバッチリだと思っていたら、期待したようなレスポンスタイムが出ないケースもあります。この場合によくある理由は、結合キーで内部表にアクセスしたときのヒット件数が多くなってしまうケースです。これは、上で説明した「結合キーが内部表に対して一意でない場合」に発生する可能性があります。いかにインデックスをたどってある程度ループをスキップできたとしても、結局絶対量としてのループ回数が多くて遅くなってしまっては意味がありません。

たとえば、店舗のテーブルとそこで受け付ける注文のテーブルがあるとします。この場合、1つの店舗に対して複数の注文が対応するので、店舗テーブルのほうがかなり小さくなることから、店舗テーブルが駆動表にふさわしいと仮定します。すると、店舗IDを結合キーとして注文テーブルにアクセスしにいくことになります。そこまではよいのですが、たとえばそこで、1つの店舗IDで数百万件とか数千万件のレコードがヒットしてしまうと、結局は内部表に対するループ回数が多くなり、Nested Loopsの性能は悪くなります（図6.15）。

図6.15 内部表のヒット件数が多くてNested Loopsの性能が悪いパターン

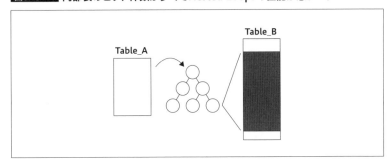

この問題のやっかいなところは、店舗というのは当然地域や規模によって扱う注文数にも開きがあるため、小規模の店舗の場合は注文件数が少なく、内部表のヒット件数も少ないため高速に処理されるのに対して、大規模な店舗の場合は大量のレコードがヒットしてしまい、まったく結果が返ってこない、という事態が生じるところです。つまり、SQLの構造は同じなのに外から与える検索パラメータによって性能のばらつきが大きくなる

のです。これは期間指定のような範囲検索の場合も同様に当てはまります。結局のところ、SQLのパフォーマンスは処理対象となるデータの量に依存するからです。

この問題に対処するには2つの方法があります。1つは、あえて駆動表に大きなテーブル、この場合なら注文テーブルを選ぶという逆説的な方法です。そうすると、今度は内部表になった店舗テーブルへのアクセスは主キー（店舗ID）で行われるので、常に1行のアクセスが保証されます。それによって、店舗によって性能がばらつくという問題を押さえつつ、極端に性能が劣化することを防止します。言わばこれは「100点は狙わずに70点を取りにいく」という作戦です。これは、注文テーブルという巨大テーブルへのアクセスコストが（検索条件によるインデックスが使えるなどで）現実的な範囲に収まるならば、有効な方法です。もう1つの方法が、次に紹介するHashです。

Hash

■──Hashの動作

Hashというアルゴリズムはシステムの世界ではよく使われます。入力に対してなるべく一意性と一様性を持った値を出力する関数をハッシュ関数と呼びます。ハッシュ結合は、まず小さいテーブルをスキャンし、結合キーに対してハッシュ関数を適用することでハッシュ値[注12]に変換します。その次に、もう一方の（大きな）テーブルをスキャンして、結合キーがそのハッシュ値に存在するかどうかを調べる、という方法で結合を行います（**図6.16**）。

小さいほうのテーブルからハッシュテーブルを作る理由は、ハッシュテーブルはDBMSのワーキングメモリに保持されるため、なるべく小さいほうが効率が良いからです。この小さいほうのテーブルをNested Loopsに倣って駆動表と呼んでもよさそうな気もしますが、あまりHashの場合はそういう呼び方はしません。また、Hashが使われるケースとして、どちらかのテーブルが極端に小さいことはあまりないため[注13]、駆動表という概念があ

注12　このハッシュ値の集合をハッシュテーブルと呼びます。
注13　小さいテーブルがあるならNested Loopsが第一候補になります。

図6.16 ハッシュ結合のイメージ

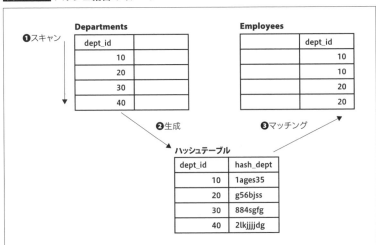

まり意味を持たない、という事情もあるのでしょう。

図6.17、**図6.18**の実行計画は、最初に読み込んだテーブルの部署IDに対してハッシュテーブルを作り、次にもう一方のテーブルを読み込んでそのハッシュ値に合致するかを調べる、という動作を表します。

図6.17 ハッシュ結合の実行計画（PostgreSQL）

```
Hash Join  (cost=24.63..46.74 rows=510 width=212)
  Hash Cond: (e.dept_id = d.dept_id)
  -> Seq Scan on employees e  (cost=0.00..15.10 rows=510 width=130)
  -> Hash  (cost=16.50..16.50 rows=650 width=94)
       -> Seq Scan on departments d  (cost=0.00..16.50 rows=650 width=94)
```

図6.18 ハッシュ結合の実行計画（Oracle）

```
| Id | Operation          | Name        | Rows | Bytes | Cost (%CPU)| Time     |

|  0 | SELECT STATEMENT   |             |   6  |  324  |   7  (15)| 00:00:01 |
|* 1 |  HASH JOIN         |             |   6  |  324  |   7  (15)| 00:00:01 |
|  2 |   TABLE ACCESS FULL| DEPARTMENTS |   4  |   88  |   3   (0)| 00:00:01 |
|  3 |   TABLE ACCESS FULL| EMPLOYEES   |   6  |  192  |   3   (0)| 00:00:01 |
```

第6章　結合　結合を制する者はSQLを制す

■——— Hashの特徴

さて、Hashの主な特徴は次のとおりです。

- 結合テーブルからハッシュテーブルを作るために、Nested Loopsに比べるとメモリを多く消費する
- このことから、メモリ内にハッシュテーブルが収まらないとストレージを使用することになり、遅延が発生する[注14]
- 出力となるハッシュ値は入力値の順序性を保存しないため、等値結合でしか使用できない

■——— Hashが有効なケース

Hashが有効なケースとしては、次のような場合が考えられます。

- Nested Loopsで適切な駆動表（すなわち相対的に十分に小さいテーブル）が存在しない場合
- 「Nested Loopsの落とし穴」（183ページ）で見たように駆動表として小さいテーブルは指定できるが内部表のヒット件数が多い場合
- Nested Loopsの内部表にインデックスが存在しない（かつ諸事情によりインデックスを追加できない）場合

　一言で言えば、Nested Loopsが効率的に動作しない場合の次善策がHashです。

　ただし、Hashにも注意すべきトレードオフがあります。第一に、最初にハッシュテーブルを作る必要があるため、Nested Loopsに比べて消費するメモリ量が大きいことです。したがって、同時実行性の高いOLTP処理[注15]のSQLでHashが使われると、DBMSの利用できるワーキングメモリが枯渇してストレージが使用され、遅延が発生するリスクを伴います。先ほど解説したDBMSのスワップである「TEMP落ち」です。したがって、OLTPでのHashの使用は極力避け、同時併走する処理の少ない夜間バッチ、またはBI/DWHのようなスループットの低いシステムに使いどころを限定するのがHashを使うときの基本戦略です。

注14　いわゆる「TEMP落ち」です。第1章の「もう一つのメモリ領域『ワーキングメモリ』」（16ページ）および第4章の「集約・ハッシュ・ソート」（108ページ）も参照してください。

注15　ここではOLTPを、ユーザの要求にシステムが即座にレスポンスを返すタイプの処理を指して使っています。典型的には多くのWebアプリケーションに対するブラウザ経由のアクセスが相当します。

186

そして第二に、Hash結合では必ず両方のテーブルのレコードを全件読み込む必要があるため、テーブルのフルスキャンが採用されることが多いことです。PostgreSQL、Oracleのどちらの実行計画においても、DepartmentsテーブルとEmployeesテーブルに対してフルスキャンが行われていることが確認できます。このため、テーブル規模が大きい場合には（Hashが採用されるのは、えてしてテーブル規模が大きい場合です）、このフルスキャンに要する時間も考慮する必要があります。

Sort Merge

── Sort Mergeの動作

　Nested Loopsが非効率な場合、Hashと並んでもう一つの選択肢となるのがSort Mergeというアルゴリズムです[注16]。単に「Merge」とか「Merge Join」と呼ばれることもあります。Sort Mergeは、結合対象のテーブルをそれぞれ結合キーでソートを行い、一致する結合キーを見つけたらそれを結果セットに含める、というものです（**図6.19**）。

図6.19　Sort Merge結合のイメージ

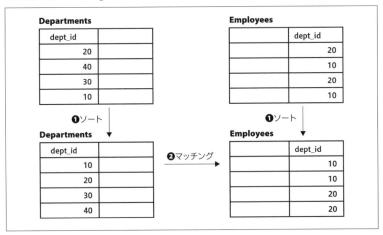

注16　これと（字面だけ）よく似た用語に「Merge Sort」というアルゴリズムがあるのですが、こちらはソートを行うためのアルゴリズムの一種なので、結合アルゴリズムである「Sort Merge」とはまったく別物です。

第6章　結合　結合を制する者はSQLを制す

■──── Sort Mergeの特徴

このアルゴリズムは次のような性質を持ちます。

ⓐ 対象テーブルをどちらもソートする必要があるため、Nested Loopsよりも多くのメモリを消費する。Hashと比較してどうであるかは、テーブルの規模にも依存するが、Hashは片方のテーブルに対してしかハッシュテーブルを作らないため、Hashよりも多くのメモリを使うこともある。メモリ不足により「TEMP落ち」によるディスクI/Oが発生して遅延するリスクがあるのもHashと同様

ⓑ Hashと違い、等値結合だけでなく不等号（<、>、<=、>=）を使った結合にも利用できる。ただし、否定条件（<>）の結合では利用できない[注17]

ⓒ 原理的には、テーブルが結合キーでソート済みになっていれば、ソートをスキップできる。ただしSQLではテーブルの行の物理的配置は意識しないことになっているため、この恩恵を受けられるとしてもそれは実装依存となる[注18]

ⓓ テーブルをソートするため、片方のテーブルをすべてスキャンしたところで結合を終了できる

■──── Sort Mergeが有効なケース

Sort Merge結合は、結合そのものにかかる時間は結合の対象行数が多い場合でも悪くないのですが、テーブルのソートに多くの時間とリソースを要する可能性があります。したがって、テーブルのソートをスキップできる（かなり例外的な）ケースでは考慮に値しますが、それ以外の場合はまずNested LoopsとHashが優先的な選択肢となります。

意図せぬクロス結合

さて、結合アルゴリズムについて一通り解説したところで、「第四の」ア

注17　否定条件（<>、!=）で利用できる結合アルゴリズムはNested Loopsだけです。結合で否定条件を使うことはめったにないでしょうが。

注18　たとえばMicrosoft SQL Serverでは、結合キーにクラスタ化インデックスを作ることができれば、テーブルがあらかじめソートされた状態で格納されるため、Sort Mergeにおいてソートをスキップできます。これはソート抜きの「Sort Merge」なので、ずばり「Merge」結合とでも呼ぶべきものです。やや古い資料ですが、Microsoftのドキュメントでは次のように書かれています。

　「マージ結合自体は非常に高速ですが、並べ替え操作が必要な場合、時間がかかることがあります。ただし、データ量が多く、必要なデータを既存のBツリーインデックスからあらかじめ並べ替えられた形で取得できる場合、多くの場合、利用可能な結合アルゴリズムの中でマージ結合が最も高速になります。」
　「マージ結合について - MSDN」（http://msdn.microsoft.com/ja-jp/library/ms190967%28v=sql.90%29.aspx）

ルゴリズムについて触れておきます。それがクロス結合です。「クロス結合——すべての結合の母体」（165ページ）で、クロス結合を実務のクエリで使うことはまずないと述べたことを覚えているでしょうか。これは、結合条件を記述しないような結合を使う機会がほとんどないからでした。しかし一方で、結合のアルゴリズムとして意図せずしてクロス結合が現れることがあります。それは、俗に「三角結合」と呼ばれるパターンです。これは、たとえば**リスト6.9**のようなクエリの場合に生じます。

リスト6.9 三角結合の例

```
SELECT A.col_a, B.col_b, C.col_c
  FROM Table_A A
       INNER JOIN Table_B B
          ON A.col_a = B.col_b
       INNER JOIN Table_C C
          ON A.col_a = C.col_c;
```

　このクエリは、Table_A、Table_B、Table_Cという3つのテーブルを結合していますが、結合条件が存在するのは、「Table_A - Table_B」と「Table_A - Table_C」の間だけです。「Table_B - Table_C」の間には結合条件が存在しないことに注目してください。グラフにすると**図6.20**のようになります。

図6.20 三角結合のイメージ

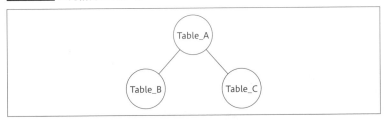

　こういう場合、人間が素朴に考えるならば、結合条件をたどる形で実行計画を組み立てます。したがって、考えられる選択肢としては次の4通りです。

- Table_Aを駆動表にTable_Bと結合する。その結果とTable_Cを結合する
- Table_Aを駆動表にTable_Cと結合する。その結果とTable_Bを結合する
- Table_Bを駆動表にTable_Aと結合する。その結果とTable_Cを結合する
- Table_Cを駆動表にTable_Aと結合する。その結果とTable_Bを結合する

第6章　結合　結合を制する者はSQLを制す

■── Nested Loopsが選択される場合

実行計画としては、たとえば**図6.21**のようになります。

図6.21　Nested Loopsによる三角結合（Oracle）

```
| Id | Operation          | Name    | Rows | Bytes | Cost (%CPU)| Time     |

|  0 | SELECT STATEMENT   |         |    1 |     9 |     6   (0)| 00:00:01 |
|  1 |  NESTED LOOPS      |         |    1 |     9 |     6   (0)| 00:00:01 |
|  2 |   NESTED LOOPS     |         |    1 |     6 |     4   (0)| 00:00:01 |
|  3 |    TABLE ACCESS FULL| TABLE_A |    1 |     3 |     2   (0)| 00:00:01 |
|* 4 |    TABLE ACCESS FULL| TABLE_B |    1 |     3 |     2   (0)| 00:00:01 |
|* 5 |   TABLE ACCESS FULL | TABLE_C |    1 |     3 |     2   (0)| 00:00:01 |
```

　これは「Table_A と Table_B を最初に結合し、その結果と Table_C を結合する」という順番で Nested Loops による結合を行っています。この実行計画に、特に問題はありません。

■── クロス結合が選択される場合

　しかし、このような3つ以上のテーブルを使っていて、かつ「Table_B - Table_C」のように結合条件を持たない結合が存在する場合、**図6.22**のようにこの結合条件のないテーブル同士をクロス結合で結合するケースがあるのです。

図6.22　クロス結合による三角結合（Oracle）

```
| Id | Operation          | Name    | Rows | Bytes | Cost (%CPU)| Time     |

|  0 | SELECT STATEMENT   |         |    1 |     9 |     7  (15)| 00:00:01 |
|* 1 |  HASH JOIN         |         |    1 |     9 |     7  (15)| 00:00:01 |
|  2 |   MERGE JOIN CARTESIAN|      |    1 |     6 |     4   (0)| 00:00:01 |
|  3 |    TABLE ACCESS FULL | TABLE_B |    1 |     3 |     2   (0)| 00:00:01 |
|  4 |    BUFFER SORT     |         |    1 |     3 |     2   (0)| 00:00:01 |
|  5 |     TABLE ACCESS FULL | TABLE_C |    1 |     3 |     2   (0)| 00:00:01 |
|  6 |   TABLE ACCESS FULL | TABLE_A |    1 |     3 |     2   (0)| 00:00:01 |
```

　これは「Table_B と Table_C を最初に結合し、その結果を Table_A と結合する」という順序で結合していますが、前述のとおり Table_B と Table_C の間に結合条件がないため、クロス結合せざるをえません。「MERGE JOIN

「CARTESIAN」はOracleでクロス結合を行うときの実行計画です。

なぜ非効率な（と人間には思われる）クロス結合があえて選択されるのでしょう。オプティマイザがどういうロジックで実行計画を選択しているかは実装依存の部分もあるので推測になりますが、一つ考えられる有力な理由は、Table_BとTable_Cのサイズを非常に小さいと評価している可能性がある、ということです（**図6.23**）。2つのテーブルのサイズが十分に小さければ、大きなTabl_Aに2回当たりにいくよりも、先にTable_BとTable_Cの結合を済ませておくことで、Table_Aとの結合を1回に限定するというのは、合理的な判断です。

図6.23 大きなトランザクションと小さなマスタ

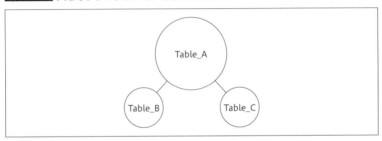

このような状況はそれほど珍しいことではありません。取引明細などの大きなトランザクションのテーブルと、顧客やカレンダーなどの小さなマスタテーブルを結合することは、むしろ一般的なパターンと言えるでしょう。こうした小さなテーブル同士のクロス結合をむやみに恐れる必要はありませんが、問題は、比較的大きなテーブル同士の結合でクロス結合が選択される場合です。これは、単純にテーブルのサイズが大きい場合だけでなく、検索条件によってヒットするレコード数が変わる場合にも起きます。いったんレコード数がかなり絞られる入力値によって、オプティマイザが「クロス結合でいける」と判断したあと、レコード数を絞ることのできない入力値が入ってきたときも、そのまま同じ実行計画が選択されてしまうことがあるからです。

■ 意図せぬクロス結合を回避するには

こうした意図せず生じるクロス結合を回避する手段としては、結合条件の存在しないテーブル間にも（結果を変えないように）結合条件を追加するという方法があります（**図6.24**）。このサンプルで言えば、Table_BとTable_

Cの間に結合条件を設定するのです。

図6.24 冗長な結合条件を追加することでクロス結合を回避する

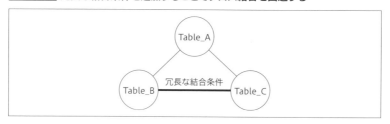

　これは、Table_BとTable_Cの間に結合条件を設定することが可能で、か
つ、追加しても結果に影響を与えない場合にしか有効な方法ではありませ
んが、パフォーマンス面ではオプティマイザに選択肢を増やしてやるとい
う積極的意味があります。たとえば**リスト6.10**のように結合条件を指定す
ると、クロス結合が回避できます(**図6.25**)。

リスト6.10 冗長な結合条件を追加

```
SELECT A.col_a, B.col_b, C.col_c
  FROM Table_A A
       INNER JOIN Table_B B
          ON A.col_a = B.col_b
       INNER JOIN Table_C C
          ON A.col_a = C.col_c
         AND C.col_c = B.col_b;   --Table_BとTable_Cの結合条件
```

図6.25 冗長な結合条件によってクロス結合が回避された(Oracle)

```
| Id | Operation          | Name    | Rows | Bytes | Cost (%CPU)| Time     |

|  0 | SELECT STATEMENT   |         |    1 |     9 |     7  (15)| 00:00:01 |
|* 1 |  HASH JOIN         |         |    1 |     9 |     7  (15)| 00:00:01 |
|* 2 |   HASH JOIN        |         |    1 |     6 |     5  (20)| 00:00:01 |
|  3 |    TABLE ACCESS FULL| TABLE_A |    1 |     3 |     2   (0)| 00:00:01 |
|  4 |    TABLE ACCESS FULL| TABLE_B |    1 |     3 |     2   (0)| 00:00:01 |
|  5 |   TABLE ACCESS FULL | TABLE_C |    1 |     3 |     2   (0)| 00:00:01 |
```

6.3
結合が遅いなと感じたら

ケース別の最適な結合アルゴリズム

Nested Loops、Hash、Sort Mergeの3つのアルゴリズムの利点と欠点を大まかに表にまとめると、**表6.1**のようになります。

表6.1 3つのアルゴリズムの利点／欠点

名前	利点	欠点
Nested Loops	・「小さな駆動表」＋「内部表のインデックス」の条件下で高速 ・メモリやディスクの消費が少なくOLTPに適している ・非等値結合でも使用できる	・大規模テーブル同士の結合に不向き ・内部表のインデックスが使えなかったり、内部表の選択率が高いと低速
Hash	・大規模テーブル同士の結合に適している	・メモリ消費量が多くOLTPに不向き ・メモリ不足の場合はTEMP落ちが発生する ・等値結合のみで使用可能
Sort Merge	・大規模テーブル同士の結合に適している ・非等値結合でも使用できる	・メモリ消費量が多くOLTPに不向き ・メモリ不足の場合はTEMP落ちが発生する ・データがソート済みでなければあまり効率的ではない

オプティマイザは、表6.1のような利点と欠点を考えながらアルゴリズムの選択を行っています。しかし、オプティマイザも完全ではありませんし、統計情報が古いなどの理由によって、結合アルゴリズムが最適化されず遅延が発生することがあります。最適な結合アルゴリズムを結合対象行数の観点でまとめてみると、大まかな方針は次のようになります[注19]。

❶小 - 小
そもそも結合対象のテーブルが小さい場合は、どんなアルゴリズムでも性能は大差ない

❷小 - 大
「小」テーブルを駆動表とするNested Loops。「大」テーブルの結合キーにインデ

注19 テーブルそのものの規模ではなく、あくまで結合対象データの規模であることに注意してください。

第6章　結合　結合を制する者はSQLを制す

ックスを作成するのを忘れずに。ただし、内部表の対象行が多い場合は、駆動表をひっくり返すかHashを検討する

❸**大 - 大**
まずはHash。結合キーがソート済みという条件下でSort Merge

　使えるメモリ量や結合キーのカーディナリティなど、実際はこれまで説明してきたような細かい条件によっても最適解は変わるのですが、まずは大方針として「1にNested Loops、2にHash」という順番で覚えておくとよいと思います。

そもそも実行計画の制御は可能なのか？

　しかしです。ここまでの説明を聞いて、そもそもの疑問を持った方もいるでしょう。「そもそもSQLの実行計画をユーザが制御できるのか？」と。そう、RDBの原則として、実行計画は統計情報からオプティマイザが自動的に組み立てることになっています。その実行計画をユーザが操作できるのでしょうか？内部表の結合キーにインデックスを作ればそれをうまくNested Loopsで使ってくれるという程度の最適化ならば、最近のオプティマイザならばどんなDBMSでもやってくれます。しかしそれ以上の細かい制御が可能でしょうか。

■── DBMSごとの実行計画制御の状況
　この質問に対する答えは実装依存です。

- **Oracle**
  ヒント句によって結合アルゴリズムの制御が可能(USE_NL、USE_HASH、USE_MERGE)。駆動表の指定も可能(LEADING)
- **Microsoft SQL Server**
  ヒント句によって結合アルゴリズムの制御が可能(LOOP、HASH、MERGE)
- **DB2**
  ヒント句を持たず、原則ユーザは実行計画を制御できない
- **PostgreSQL**
  pg_hint_plan機能を使うことでヒント句による結合アルゴリズムの制御が可能。また、サーバパラメータによってデータベース全体に対する制御も可能(enable_nestloop、enable_hashjoin、enable_mergejoin)

- **MySQL**

  結合アルゴリズムがNested Loops系しかないので、そもそも選択の余地がない

　このように、ほとんど無制限にユーザが制御できるOracleから、何もできないDB2まで千差万別です。したがって、実装によっては「人間が見ればこの結合アルゴリズムが最適とわかっているのに、それをオプティマイザに指示できない」というもどかしい思いをすることもあります。もちろん、データベースの開発者はそうしたもどかしさを軽減するために日夜オプティマイザの改良に取り組んでいるわけですが、現状オプティマイザが完璧ではないのも事実です。

■──実行計画をユーザが制御することによるリスク

　ヒント句やパラメータを使って実行計画をユーザが制御することにはリスクも伴います。データ量やカーディナリティは運用を続けていくなかで変化していくため、ある時点において最適な実行計画が、別の時点においてはそうではなくなる危険があります。もともと、そうした変動に対処するために導入されたのがコストベースによる動的な実行計画の制御でした。人間が実行計画を判断して固定するというのは、あえてDBMSの進化に逆行するアナクロな行為でもあります。

　したがって、ユーザが実行計画を制御するときは、そうしたリスクを十分に検討したうえで、予期されるシステムライフサイクルの終了時点にもなお適切な実行計画を選択し、その時点のデータ特性を疑似的に表現したデータによって性能試験を実施するという実行コストの高いチューニングが必要とされるのです。

揺れるよ揺れる、実行計画は揺れるよ

　前節で述べたような、ユーザが明示的に実行計画を制御した場合に、実行計画が最適なものにならないという「ユーザの失敗」は、わかりやすいものです。一方で、実行計画をオプティマイザ任せにした場合にもやはり実行計画が最適なものにならないこともしばしばです。

　この「オプティマイザの失敗」の典型例は、長期的な運用の中で実行計画が悪い方向に変動するというものです。これは、データ量の増加などによって

統計情報が変化し、ある一定の閾値(いきち)を超えたところでオプティマイザが実行計画を変化させることによって起きるものです(図6.26)。事前に発生予測が難しく、突発的なスローダウンを引き起こすやっかいな問題です[注20]。

図6.26 実行計画変動による突発的スローダウン

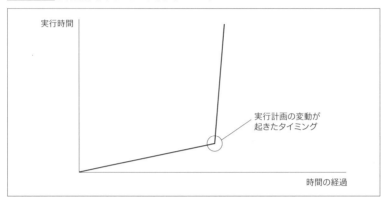

そして、この実行計画変動を最も引き起こしやすい演算が、結合なのです。考えてみればこれは当たり前のことで、結合の際には複数のアルゴリズムが選択できるため、アルゴリズムが変動するタイミングで性能も変動するのは当然です。それが良い方向に倒れればみなハッピーですが、世の中そう簡単にはいきません。

したがって、SQLの性能変動リスクを抑えるためには、「なるべく結合を避ける」という方針が重要になります。こう書くと「非正規化のことか?」と思うかもしれませんが(それも選択肢の一つですが)、同じ結果を得るためのSQLであっても、結合を使用せずに代替手段で実施できるのです。すでに前章でも見たように、ウィンドウ関数で相関サブクエリを置き換えるという方法はその代表例です。こうした代替手段による結合の回避は、本書後半の大きなテーマです。その点を意識しながら、次章以降を読み進めてください。

注20 余談ですが、こうしたオプティマイザの失敗に対する解決策としては、アプリケーションチューニング以外に、もう一つの選択肢があります。それはハードウェアリソースの増強です。特にデータベースの場合、スロークエリの大半はストレージのI/Oコストが原因であるため、(メモリも含む)ストレージをリッチにするという物量作戦は、はっきり言って有効です。これもソリューションとしては馬鹿にしたものではなく、費用対効果が見合うならば真剣な検討の対象とすべきものです。ただ、その場合は前提として、きちんとボトルネックになっているリソースがどこかを見極めておく必要があります。

結合が遅いなと感じたら　　　　　　　　　6.3

第6章のまとめ

• 結合はSQLの性能問題の火薬庫

• 基本はNested Loops。バッチやBI/DWH限定でHash。Hashを使うときはTEMP落ちに注意

• Nested Loopsが効率的に動くには「小さな駆動表」と「内部表のインデックス」が必要

• 結合はアルゴリズムが複数あるために実行計画変動も起きやすい。これを防止するには「結合を回避する」ことが重要な戦略になる

演習問題6

　EXISTS述語またはNOT EXISTS述語を使った場合も、実行計画には結合が現れます。しかし、そのとき使われるのは通常のNested LoopsやHashではなく、その変形版です。**リスト6.11**、**リスト6.12**の2つのサンプルの実行計画を確認し、どのような結合アルゴリズムが使われているか調べてください。なお、テーブルは図6.1（167ページ）のものを使用します。

リスト6.11 EXISTS述語のサンプル

```
SELECT dept_id, dept_name
  FROM Departments D
 WHERE EXISTS (SELECT *
                 FROM Employees E
                WHERE E.dept_id = D.dept_id);
```

リスト6.12 NOT EXISTS述語のサンプル

```
SELECT dept_id, dept_name
  FROM Departments D
 WHERE NOT EXISTS (SELECT *
                     FROM Employees E
                    WHERE E.dept_id = D.dept_id);
```

第6章 結合 結合を制する者はSQLを制す

なお、SQLを実行する前に必ず統計情報は収集しておいてください（**リスト6.13**）。

リスト6.13 統計情報の収集

```
PostgreSQL
Aanlyze Departments;
Aanlyze Employees;

Oracle
exec DBMS_STATS.GATHER_TABLE_STATS(OWNNAME =>'TEST', TABNAME =>'Departments');
exec DBMS_STATS.GATHER_TABLE_STATS(OWNNAME =>'TEST', TABNAME =>'Employees');
```

※OWNNAMEは環境に応じて変えてください。

➡解答は340ページ

第7章

サブクエリ
困難は分割するべきか

第7章 サブクエリ 困難は分割するべきか

Keep It Simple, Stupid（シンプルにしておけ，この馬鹿）

———KISSの原則

　サブクエリとは、第2章でも説明したとおり、SQLの中で作成される一時的なテーブルです（これを永続化したのがビュー）。テーブルとサブクエリは、機能的な観点からは一切違いがありません。SQLにおいて、両者はどちらもまったく同じように振る舞います。これは、RDBとSQLがそのように設計されているからです。したがって、データベースのユーザは、自分の扱っている対象データがテーブルなのかビューなのか、あるいはサブクエリなのかを意識することなく操作可能です。

　それぞれの違いは、次のようにまとめられます。

- **テーブル：永続的かつデータを保持する**
- **ビュー：永続的だがデータは保持しないため、アクセスのたびにSELECT文が実行される**
- **サブクエリ：非永続的なので生存期間（スコープ）がSQL文の実行中に限られる**

　機能的な柔軟さから、サブクエリはSQLコーディングにおいても頻繁に利用されており、なくてはならない道具の一つとなっています。

　しかし、テーブルとサブクエリの間に違いがないのは、あくまで機能的観点から見た場合に限られます。非機能、特にパフォーマンスの観点から見ると、テーブルとサブクエリには大きな違いが存在します。一言で言うと、サブクエリ（またはビュー）は、同じデータを保持する場合であっても、テーブルに比べるとパフォーマンスが悪い傾向があるのです。本章では、サブクエリを使う際に引き起こされる性能問題のパターンを確認し、どのような点に気をつけてコーディングを行うべきかを見ていきます。

200

7.1
サブクエリが引き起こす弊害

サブクエリの問題点

　サブクエリの性能的な問題は、結局のところ、サブクエリが実体的なデータを保持していないことに起因します。それによって、大きく次の3つの問題が生じます。

■──サブクエリの計算コストが上乗せされる

　実体的なデータを保持していないということは、サブクエリにアクセスするたびに中身のSELECT文を実行してデータを作る必要があるということです。これによって、まず純粋にSELECT文実行にかかるコストが上乗せされます。サブクエリの中身が複雑であればあるほどこの実行コストは増大します。

■──データのI/Oコストがかかる

　計算した結果は、どこかに保持するために書き込む必要があります。うまくメモリ上に収まればこのオーバーヘッドは小さいのですが、データ量が大きい場合などに、DBMSがファイルに書き出すことを選択する場合もあります[注1]。「TEMP落ち」現象の一種と言え、こうなるとストレージの性能に引っ張られてアクセス速度が急激に劣化します。

■──最適化を受けられない

　サブクエリによって作られるデータは構造的にはテーブルと変わらないのですが、明示的に制約やインデックスが作成されているテーブルと違って、サブクエリにはそのようなメタ情報が一切存在しません。したがって、オプティマイザがクエリを解析するために必要な情報が、サブクエリの結果からは得られないのです[注2]。

注1　たとえば、Microsoft SQL Serverではサブクエリの結果はtempdbのファイルに、Oracleでは一時表領域のファイルに書き出されることがあります。

注2　対策の一つとして、最近ではクエリのパースにおいて、素直にサブクエリ単体を実行するよりもサブクエリ内部のロジックと外部のロジックを直接結びつけて（＝マージして）一つのまとまりとした実行計画を立てることも増えています。このような最適化の手法をビューマージと呼びます。ビューマージについては章末の演習問題で取り上げます。

第7章　サブクエリ　困難は分割するべきか

　こうした問題点から、サブクエリ——特に内部で複雑な計算を行っていたり、結果のサイズが大きくなる場合——を使うときは、その性能リスクを考慮しなければなりません。サブクエリはその柔軟性からコーディング時には便利ですが、それが本当にサブクエリを使わなければ実現できないのか常に考える必要があります。

　このあと、まず本当はサブクエリを使わないほうが性能的に望ましいケースを見ます。次に、サブクエリが性能的に積極的な意味を持つケースを見ることで、どのような場合にサブクエリが危険で、どのような場合であればサブクエリを使うことが許される（あるいは望ましい）のかを明らかにします。

サブクエリ・パラノイア

　顧客の購入明細を記録するテーブル（Receipts）があるとします。連番（seq）列は、顧客の古い購入ほど小さな値が振られています。ここから、顧客ごとに最小の連番（seq）の金額を求めることを考えます。これはつまり、ある顧客の一番古い購入履歴を見つけるということと同義です。**リスト7.1**のようにSQLを実行し、**図7.1**のように値を挿入してください。

リスト7.1　購入明細テーブルの定義

```
CREATE TABLE Receipts
(cust_id   CHAR(1) NOT NULL,
 seq   INTEGER NOT NULL,
 price   INTEGER NOT NULL,
     PRIMARY KEY (cust_id, seq));

INSERT INTO Receipts VALUES ('A',   1  ,500   );
INSERT INTO Receipts VALUES ('A',   2  ,1000  );
INSERT INTO Receipts VALUES ('A',   3  ,700   );
INSERT INTO Receipts VALUES ('B',   5  ,100   );
INSERT INTO Receipts VALUES ('B',   6  ,5000  );
INSERT INTO Receipts VALUES ('B',   7  ,300   );
INSERT INTO Receipts VALUES ('B',   9  ,200   );
INSERT INTO Receipts VALUES ('B',   12 ,1000  );
INSERT INTO Receipts VALUES ('C',   10 ,600   );
INSERT INTO Receipts VALUES ('C',   20 ,100   );
INSERT INTO Receipts VALUES ('C',   45 ,200   );
INSERT INTO Receipts VALUES ('C',   70 ,50    );
INSERT INTO Receipts VALUES ('D',   3  ,2000  );
```

図7.1 購入明細テーブル

Receipts（購入明細）

cust_id（顧客ID）	seq（連番）	price（購入額）
A	1	500
A	2	1000
A	3	700
B	5	100
B	6	5000
B	7	300
B	9	200
B	12	1000
C	10	600
C	20	100
C	45	200
C	70	50
D	3	2000

求める答えは**図7.2**のようになります。

図7.2 欲しい結果

```
cust_id | seq | price
--------+-----+-------
A       | 1 | 500
B       | 5 | 100
C       | 10 | 600
D       | 3 | 2000
```

　この問題で難しいのは、連番の最小値が不確定で顧客によってバラバラ
なことです。たとえば、必ず最小値が1であるというビジネスルールが存
在すれば、単純にWHERE句で「seq = 1」と指定するだけでよいのですが、
今はそのようなルールがないため、最小値を動的に求めざるを得ません。
これは、連番の代わりに購入日時で管理するケースを考えてみると、より
自然な要件でしょう[注3]。

■——**サブクエリを使った場合**

　素直に考えるならば、**リスト7.2**のように顧客ごとに最小の連番の値を
保持するサブクエリ（R2）を作り、それと本体のReceiptsテーブルを結合す

注3　このサンプルではモデルを単純化するため、日付ではなく整数の連番を使っています。

る方法になるのではないでしょうか。

リスト7.2 サブクエリを使った解

```
SELECT R1.cust_id, R1.seq, R1.price
  FROM Receipts R1
       INNER JOIN
         (SELECT cust_id, MIN(seq) AS min_seq
            FROM Receipts
           GROUP BY cust_id) R2
    ON R1.cust_id = R2.cust_id
   AND R1.seq     = R2.min_seq;
```

このクエリの動作イメージは、図7.3のようにR1とR2の共通部分を選択するというものです。

図7.3 R1とR2の共通部分を選択する

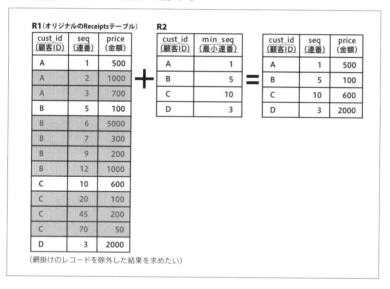

この考え方はシンプルですが、2つの欠点を持っています。1つは、コードが複雑で読みにくいことです。特にサブクエリを使うとコードを複数の階層にまたがって追う必要があるため、可読性が下がります。もう1つは、パフォーマンスです。パフォーマンスが悪い理由は4つあります。

サブクエリが引き起こす弊害 　7.1

❶サブクエリは多くの場合、（メモリにせよディスクにせよ）一時的な領域に確保されるため、オーバーヘッドが生じる

❷サブクエリはインデックスや制約の情報を持っていないので、最適化が受けられない[注4]

❸このクエリは結合を必要とするためコストが高く、かつ実行計画変動のリスクが発生する

❹Receiptsテーブルへのスキャンが2回必要となる

これらの欠点は、実行計画からも見て取れます（図7.4、図7.5）。

図7.4　　サブクエリの実行計画（PostgreSQL）

```
Hash Join  (cost=1.34..2.57 rows=1 width=10)
  Hash Cond: ((r1.cust_id = receipts.cust_id) AND (r1.seq = (min(receipts.seq))))
  -> Seq Scan on receipts r1  (cost=0.00..1.13 rows=13 width=10)
  -> Hash  (cost=1.27..1.27 rows=4 width=6)
     -> HashAggregate  (cost=1.19..1.23 rows=4 width=6)
        -> Seq Scan on receipts  (cost=0.00..1.13 rows=13 width=6)
```

図7.5　　サブクエリの実行計画（Oracle）

Id	Operation	Name	Rows	Bytes	Cost(%CPU)	Time
0	SELECT STATEMENT			4	96	8 (25)	00:00:01
* 1	HASH JOIN			4	96	8 (25)	00:00:01
2	VIEW			4	64	4 (25)	00:00:01
3	HASH GROUP BY			4	20	4 (25)	00:00:01
4	TABLE ACCESS FULL	RECEIPTS	13	65	3 (0)	00:00:01
5	TABLE ACCESS FULL	RECEIPTS	13	104	3 (0)	00:00:01

　PostgreSQL、Oracleどちらの実行計画からも、R1とR2のそれぞれにスキャンが行われていることと、結合（Hash Join）が行われていることが確認できます。環境によっては、結合のアルゴリズムとしてHashの代わりにNested Loopsが使われることもあるかもしれませんが、Receiptsに2回アクセスが必要になる点は同じです。では、よりパフォーマンスが良く、か

注4　R2が（cust_id, seq）で一意になることは人間の目には明らかですが、そのような一意制約やインデックスが明示的に付与されているわけではないので、R1との結合においてその情報を利用した最適化が行われる可能性は低いでしょう。

205

第7章　サブクエリ　困難は分割するべきか

つよりシンプルで読みやすいコードは、どのように書くのでしょうか。

■―― 相関サブクエリは解にならない

　一足飛びに正答に飛びつく前に、ここで一つ、ありがちな間違いの（というと言い過ぎかもしれませんが、少なくとも解決にはならない）コードに寄り道します。それは、相関サブクエリを使った同値変換です（**リスト7.3**）。

リスト7.3　相関サブクエリの解

```sql
SELECT cust_id, seq, price
  FROM Receipts R1
 WHERE seq = (SELECT MIN(seq)
                FROM Receipts R2
               WHERE R1.cust_id = R2.cust_id);
```

　実行計画（**図7.6**、**図7.7**）から、たとえ相関サブクエリを使ったとしても、Receiptsテーブルへのアクセスが2度発生していることがわかります。

図7.6　相関サブクエリの実行計画（PostgreSQL）

```
Seq Scan on receipts r1  (cost=0.00..16.50 rows=1 width=10)
  Filter: (seq = (SubPlan 1))
  SubPlan 1
    -> Aggregate  (cost=1.17..1.18 rows=1 width=4)
        -> Seq Scan on receipts r2  (cost=0.00..1.16 rows=3 width=4)
              Filter: (r1.cust_id = cust_id)
```

図7.7　相関サブクエリの実行計画（Oracle）

Id	Operation	Name	Rows	Bytes	Cost(%CPU)	Time
0	SELECT STATEMENT		4	96	8 (25)	00:00:01
* 1	HASH JOIN		4	96	8 (25)	00:00:01
2	VIEW	VW_SQ_1	4	64	4 (25)	00:00:01
3	HASH GROUP BY		4	20	4 (25)	00:00:01
4	TABLE ACCESS FULL	RECEIPTS	13	65	3 (0)	00:00:01
5	TABLE ACCESS FULL	RECEIPTS	13	104	3 (0)	00:00:01

　R2のアクセスに主キーのインデックスオンリースキャンを使うことも可能ですが、それでもReceiptsテーブルへのアクセス1回と、主キーのイン

206

デックスへのアクセス1回が必要になります[注5]。これではパフォーマンス上のメリットはありません。

■──ウィンドウ関数で結合をなくせ!

まず大きな改善ポイントは、Receiptsテーブルへのアクセスを1回に減らすことです。SQLチューニングの要諦は、1にI/O、2にI/O、3、4がなくて5にI/Oです。いい加減くどいと思うかもしれませんが、大事なことなので何度でも繰り返します。

そのためには、ウィンドウ関数のROW_NUMBERを使います（**リスト7.4**）。

リスト7.4 ウィンドウ関数による解

```
SELECT cust_id, seq, price
  FROM (SELECT cust_id, seq, price,
               ROW_NUMBER()
                 OVER (PARTITION BY cust_id
                           ORDER BY seq) AS row_seq
          FROM Receipts ) WORK
 WHERE WORK.row_seq = 1;
```

ROW_NUMBERで行に通番を振り、常に最小値を1にすることで、seq列の最小値が不確定という問題に対処しました（**図7.8**）。

クエリもシンプルになり、可読性が上がります。ROW_NUMBERによってReceiptsテーブルにrow_seqという1から始まる通番を追加したのがWORKテーブルです。これで顧客ごとの最小の連番を持つ行を限定することが容易になります。

実行計画も見てみましょう（**図7.9**、**図7.10**）。Receiptsテーブルに対するアクセスが1回に減っていることがわかります。ウィンドウ関数はソートを行いますが、今までもMIN関数の計算が行われていたので、大きなコストの差はありません。

注5　インデックスオンリースキャンについては、第10章で取り上げます。

第7章　サブクエリ　困難は分割するべきか

図7.8 row_seqを追加

WORK

cust_id (顧客ID)	seq (連番)	price (金額)	row_seq
A	1	500	1
A	2	1000	2
A	3	700	3
B	5	100	1
B	6	5000	2
B	7	300	3
B	9	200	4
B	12	1000	5
C	10	600	1
C	20	100	2
C	45	200	3
C	70	50	4
D	3	2000	1

ROW_NUMBERで
追加した列

図7.9 ウィンドウ関数の実行計画（PostgreSQL）

```
Subquery Scan work  (cost=1.37..1.79 rows=1 width=16)
  Filter: (work.row_seq = 1)
  -> WindowAgg  (cost=1.37..1.63 rows=13 width=10)
      -> Sort  (cost=1.37..1.40 rows=13 width=10)
          Sort Key: receipts.cust_id, receipts.seq
          -> Seq Scan on receipts  (cost=0.00..1.13 rows=13 width=10)
```

図7.10 ウィンドウ関数の実行計画（Oracle）

```
| Id | Operation                | Name     | Rows | Bytes | Cost(%CPU)|Time     |

|  0 | SELECT STATEMENT         |          |  13  |  546  |  4 (25)| 00:00:01 |
|* 1 |  VIEW                    |          |  13  |  546  |  4 (25)| 00:00:01 |
|* 2 |   WINDOW SORT PUSHED RANK |          |  13  |  104  |  4 (25)| 00:00:01 |
|  3 |    TABLE ACCESS FULL      | RECEIPTS |  13  |  104  |  3 (0)| 00:00:01 |
```

長期的な視野でのリスクマネジメント

最初のクエリや相関サブクエリの解に比べて、ウィンドウ関数を使った

解がどの程度パフォーマンス向上するかは、使用するDBMSやデータベースサーバの性能、パラメータやインデックスといった環境要因によって大きく左右されるため、一概には言えません。しかし、ストレージのI/O量を減らすことが、SQLチューニングにおける基本原則であることは先述のとおりです。

また、結合を消去することには、単純なパフォーマンス向上だけでなくもう一つの利点が存在します。それは、性能の安定性を確保できることです。

結合を使うクエリには、2つの不安定要因があります。

- **結合アルゴリズムの変動リスク**
- **環境起因の遅延リスク（インデックス、メモリ、パラメータなど）**

相関サブクエリも、実行計画としては結合とほぼ同じものになるため、上記リスクが同様に該当すると考えてかまいません[注6]。

■――アルゴリズムの変動リスク

第6章でも見たように、結合アルゴリズムには、大きく Nested Loops、Sort Merge、Hashの3種類があります。これら3つのどれが選ばれるかは、テーブルのサイズなどを考慮してオプティマイザが自動的に決めます。大雑把に言うと、レコード数の少ないテーブルが含まれる場合には Nested Loops が選ばれやすく、大きなテーブル同士の結合になると Sort Merge や Hash が選ばれやすくなります。

すると、当初テーブルの件数が少なかったときは Nested Loops が選択されていたのに、システムの運用中にレコード件数が増えて、ある閾値を境に実行計画が変動することがあります。このとき性能が大きく変化することになります。良いほうに倒れることもあれば、悪いほうに倒れることもあります[注7]。結合を使うということは、この変動リスクを抱え込むことを意味します。

また、同じ実行計画が選択され続けていたとしても、データ量の増大に

注6　図7.7のOracleの実行計画を見れば顕著ですが、相関サブクエリにおいてもハッシュ結合が使用されています。

注7　ときどき、こういう実行計画の変動リスクを嫌って、「絶対に悪い方向には倒れないことを保証したい」と言う人がいるのですが、無理な相談です。実行計画の安定性を確保したいならば、ヒント句を使う、統計情報を凍結するといった手段をとる必要があります。

よってSort MergeやHashに必要な作業メモリが不足するようになると、一時的にストレージが使用され、やはり大きく性能劣化します。いわゆる「TEMP落ち」です[注8]。

■── 環境起因の遅延リスク

こちらはもう少し簡単な話です。前章でも触れたように、Nested Loopsの内部表の結合キーにインデックスが存在すると、性能が大きく改善します。また、Sort MergeやHashが選択されていて「TEMP落ち」が発生している場合は、その作業メモリを増やすことでも性能改善が可能です。しかし、常に結合キーにインデックスが存在しているわけではありませんし、メモリチューニングは限られたリソース内でのトレードオフを発生させます。

すなわち、結合を使うということは、長期的に見て、考慮すべき性能リスクを増やしてしまうことになるのです(図7.11)。

図7.11 結合クエリは性能が非線形で劣化するリスクを負う

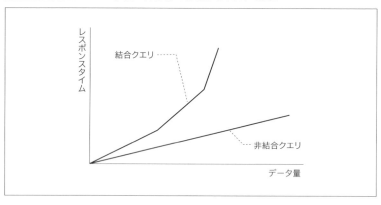

したがって私たちは、オプティマイザが理解しやすいよう、クエリを努めてシンプルに保つ必要があるのです。「動けばいいや」「正しい結果さえ返ればいいや」という姿勢を貫けるほど、まだ現在のDBMSは優秀ではありません。

注8　厳密に見れば、この「TEMP落ち」問題は、ウィンドウ関数を使った解でも発生しえます。ウィンドウ関数もソートを必要とする点は同じだからです。しかし、ウィンドウ関数は通常、最後のステップ(SELECT句)で実行されるため、かなり操作対象の行数は絞り込まれており、ソートに必要なメモリも小さくなっていることが期待できます。

次のことを、ぜひ覚えておいてください。

- シンプルな実行計画ほど性能が安定する
- エンジニアには機能だけでなく非機能を担保する責任もある

サブクエリ・パラノイア——応用版

Receiptsテーブルを使って、応用問題を考えてみましょう。先ほどは顧客ごとの連番の最小値を持つ行を求めました。今度は、最大値を持つ行も求めて、両者のprice列の差分を求めたいとします。昔に比べて最近はどのぐらいお金を使うようになったか、あるいは節約するようになったかを知りたいのです。技術的には一種の行間比較だと思ってもらえればよいでしょう。求める結果は**図7.12**のようになります。

図7.12 求める実行結果

```
cust_id | diff
--------+-------
A       |  -200
B       |  -900
C       |   550
D       |     0
```

顧客IDが「D」の明細については1つしかレコードが存在しないため、最小値と最大値が一致するので、price列の値によらず差分はゼロになります。

──サブクエリ・パラノイア再び

サブクエリを使って求めるならばどうなるでしょうか。最小値の集合が求められたのだから、対称的な方法で最大値の集合も求められます。そうしたら、あとは顧客IDをキーに結合するだけです（**リスト7.5**）。

リスト7.5 サブクエリ・パラノイア　患者2号

```
SELECT TMP_MIN.cust_id,
       TMP_MIN.price - TMP_MAX.price AS diff
  FROM (SELECT R1.cust_id, R1.seq, R1.price
          FROM Receipts R1
```

第7章　サブクエリ　困難は分割するべきか

```
            INNER JOIN
              (SELECT cust_id, MIN(seq) AS min_seq
                 FROM Receipts
                GROUP BY cust_id) R2
        ON R1.cust_id = R2.cust_id
       AND R1.seq     = R2.min_seq) TMP_MIN
    INNER JOIN
     (SELECT R3.cust_id, R3.seq, R3.price
        FROM Receipts R3
              INNER JOIN
                (SELECT cust_id, MAX(seq) AS min_seq
                   FROM Receipts
                  GROUP BY cust_id) R4
        ON R3.cust_id = R4.cust_id
       AND R3.seq     = R4.min_seq) TMP_MAX
  ON TMP_MIN.cust_id = TMP_MAX.cust_id;
```

　TMP_MINが最小値の集合、TMP_MAXが最大値の集合です。考え方は
リスト7.2で見たクエリの延長ですが、ご覧のとおり、クエリは長大にな
り、可読性は一層悪化しました。サブクエリの階層が深くて、追うだけで
も一苦労です。さっきのクエリを2倍に膨らませたようなものですから、
Receiptsテーブルへのアクセスも倍増の4回となり、当然ながらパフォー
マンスも悪くなります（**図7.13**）。

図7.13　**サブクエリ・パラノイアの実行計画（PostgreSQL）**

```
Nested Loop  (cost=2.67..5.16 rows=1 width=10)
  Join Filter: (r1.cust_id = r3.cust_id)
  -> Hash Join  (cost=1.34..2.57 rows=1 width=8)
       Hash Cond: ((r1.cust_id = public.receipts.cust_id)
              AND (r1.seq = (min(public.receipts.seq))))
       -> Seq Scan on receipts r1  (cost=0.00..1.13 rows=13 width=10)
       -> Hash  (cost=1.27..1.27 rows=4 width=6)
            -> HashAggregate  (cost=1.19..1.23 rows=4 width=6)
                 -> Seq Scan on receipts  (cost=0.00..1.13 rows=13 width=6)
  -> Hash Join  (cost=1.34..2.57 rows=1 width=8)
       Hash Cond: ((r3.cust_id = public.receipts.cust_id)
              AND (r3.seq = (max(public.receipts.seq))))
       -> Seq Scan on receipts r3  (cost=0.00..1.13 rows=13 width=10)
       -> Hash  (cost=1.27..1.27 rows=4 width=6)
            -> HashAggregate  (cost=1.19..1.23 rows=4 width=6)
                 -> Seq Scan on receipts  (cost=0.00..1.13 rows=13 width=6)
```

環境によっては、主キーのインデックスを利用したアクセスが選択される場合もありますが、アクセス回数が増えることに変わりはありません。

■——行間比較でも結合は必要ない

このクエリに対する改善ポイントは「ウィンドウ関数で結合をなくせ！」（207ページ）と同じで、どれだけ無駄なテーブルアクセスと結合を減らせるか、です。今度はウィンドウ関数に加えてCASE式も使います（**リスト7.6**）。

リスト7.6 ウィンドウ関数とCASE式

```
SELECT cust_id,
       SUM(CASE WHEN min_seq = 1 THEN price ELSE 0 END)
         - SUM(CASE WHEN max_seq = 1 THEN price ELSE 0 END) AS diff
  FROM (SELECT cust_id, price,
               ROW_NUMBER() OVER (PARTITION BY cust_id
                                      ORDER BY seq) AS min_seq,
               ROW_NUMBER() OVER (PARTITION BY cust_id
                                      ORDER BY seq DESC) AS max_seq
          FROM Receipts ) WORK
 WHERE WORK.min_seq = 1
    OR WORK.max_seq = 1
 GROUP BY cust_id;
```

これならば、サブクエリはWORKの1つだけで、結合も一切発生しません。最小値と最大値の行を識別するため、ROW_NUMBER関数を使っています。一工夫加えているのは、最大値を出すために降順（ORDER BY seq DESC）でソートしていることです。こうすると、降順連番max_seqが1のレコードがseqの最大値を持っていることが保証されます。あとは、min_seqまたはmax_seqが1の行だけ抽出すれば、「真ん中」の行を除外できるわけです（**図7.14**）。

こうして得られた最小値と最大値を使って両者の差分を求めていますが、ここでも1つトリックがあります。それがSUM関数の中のCASE式です。今WORKビューの時点では、最小値と最大値は、（当たり前ですが）異なる行として存在しています。異なる行同士の引き算はできません。そこで、これを1行にまとめるためにGROUP BY cust_idによって顧客単位に集約しています。その際、最小値と最大値を**別々の列**に振り分けているのが、CASE式なのです。

では、実行計画も見てみましょう（**図7.15**）。

第7章 サブクエリ 困難は分割するべきか

図7.14 「両端」のレコードにしか興味はない

cust_id (顧客ID)	seq (連番)	price (金額)	min_seq (昇順連番)	max_seq (降順連番)
A	1	500	1	3
A	2	1000	2	2
A	3	700	3	1
B	5	100	1	5
B	6	5000	2	4
B	7	300	3	3
B	9	200	4	2
B	12	1000	5	1
C	10	600	1	4
C	20	100	2	3
C	45	200	3	2
C	70	50	4	1
D	3	2000	1	1

どちらかが1になる
レコードが欲しい

図7.15 ウィンドウ関数とCASE式による実行計画（PostgreSQL）

```
GroupAggregate  (cost=1.87..2.38 rows=2 width=22)
  -> Subquery Scan on work  (cost=1.87..2.33 rows=2 width=22)
       Filter: ((work.min_seq = 1) OR (work.max_seq = 1))
       -> WindowAgg  (cost=1.87..2.13 rows=13 width=10)
            -> Sort  (cost=1.87..1.90 rows=13 width=10)
                 Sort Key: receipts.cust_id, receipts.seq
                 -> WindowAgg  (cost=1.37..1.63 rows=13 width=10)
                      -> Sort  (cost=1.37..1.40 rows=13 width=10)
                           Sort Key: receipts.cust_id, receipts.seq
                           -> Seq Scan on receipts  (cost=0.00..1.13 rows=13 width=10)
```

　Receiptsテーブルへのスキャンは1回だけに減りました。Receiptsテーブルのサイズが大きくなればなるほど、このスキャン回数の少なさが効いてきます。ウィンドウ関数のソートは2回発生していますが、これはORDER BY seqとORDER BY seq DESCというように、昇順と降順のソートを実施しているからです。その点では若干コストが高いのですが、結合を繰り返すよりは安上がりで、実行計画の安定性も確保できて、十分採算が取れる取引です。

困難は分割するな

　ここまで、サブクエリの弊害を主に見てきました。一つ誤解のないように明記しておきたいのですが、サブクエリそのものは絶対悪ではありません。常に使ってはならないという画一的な禁止をみなさんに課すつもりはありませんし、サブクエリなしでは解の見つからない局面も多くあります。

　また、最終的にはサブクエリを消去したほうがよいケースにおいても、最初の突破口としてサブクエリを使った解を組み立ててみる、というのはコーディング時には有効な方法です。サブクエリを使うことで、問題を分割して考えることが容易になるため、**思考の補助線**としては有用です。サブクエリはある意味、集合を細かいパーツに分ける技術ですから、個々のパーツを組み合わせることで最終的に求めていた集合にたどり着くというボトムアップ型の思考と相性が良いという側面を持っています。

　ただ非手続き型であるSQLの本質として、そのようなボトムアップ型というか、モジュール型の思考とは相性が悪い部分があるのも事実です。最初に頭の中で考えるときは問題を細かくモジュール分割して考えてもよいのですが、コードレベルでは、最後に包括的に統合しなければ、本当に効率的なコードにはならないからです。

7.2
サブクエリの積極的意味

　さて次に、サブクエリが持つ性能面での積極的な意味、つまりサブクエリを使ったほうがパフォーマンスが良くなるケースを見てみます。サブクエリの使用を考慮することが性能面で重要になってくるのは、必ずと言ってよいほど結合が関係するクエリです。結合においてはなるべく対象の行数を小さく絞ることが重要ですが、これをオプティマイザがうまく判断できない場合に、人間がうまく演算順序を明示するようなコーディングをしてやることで、良好なパフォーマンスを実現できます。

第7章　サブクエリ　困難は分割するべきか

結合と集約の順序

　それでは、典型的なケースを見ていきましょう。サンプルデータとして、
図7.16、図7.17のような会社と事業所を管理するテーブルを考えます。**リ
スト7.7、リスト7.8**のようにしてテーブルを作成してください。

図7.16　会社テーブル

Companies（会社）

co_cd（会社コード）	district（地域）
001	A
002	B
003	C
004	D

図7.17　事業所テーブル

Shops（事業所）

co_cd（会社コード）	shop_id（事業所ID）	emp_nbr（従業員数）	main_flg（主要事業所フラグ）
001	1	300	Y
001	2	400	N
001	3	250	Y
002	1	100	Y
002	2	20	N
003	1	400	Y
003	2	500	Y
003	3	300	N
003	4	200	Y
004	1	999	Y

リスト7.7　会社テーブルの定義

```
CREATE TABLE Companies
(co_cd      CHAR(3) NOT NULL,
 district   CHAR(1) NOT NULL,
     CONSTRAINT pk_Companies PRIMARY KEY (co_cd));

INSERT INTO Companies VALUES('001', 'A');
INSERT INTO Companies VALUES('002', 'B');
INSERT INTO Companies VALUES('003', 'C');
INSERT INTO Companies VALUES('004', 'D');
```

リスト7.8 事業所テーブルの定義

```
CREATE TABLE Shops
(co_cd      CHAR(3) NOT NULL,
 shop_id    CHAR(3) NOT NULL,
 emp_nbr    INTEGER NOT NULL,
 main_flg   CHAR(1) NOT NULL,
    CONSTRAINT pk_Shops PRIMARY KEY (co_cd, shop_id));

INSERT INTO Shops VALUES('001', '1',  300,  'Y');
INSERT INTO Shops VALUES('001', '2',  400,  'N');
INSERT INTO Shops VALUES('001', '3',  250,  'Y');
INSERT INTO Shops VALUES('002', '1',  100,  'Y');
INSERT INTO Shops VALUES('002', '2',   20,  'N');
INSERT INTO Shops VALUES('003', '1',  400,  'Y');
INSERT INTO Shops VALUES('003', '2',  500,  'Y');
INSERT INTO Shops VALUES('003', '3',  300,  'N');
INSERT INTO Shops VALUES('003', '4',  200,  'Y');
INSERT INTO Shops VALUES('004', '1',  999,  'Y');
```

この2つのテーブルは、1:Nのオーソドックスな親子関係（複数の事業所が1つの会社に属する）を表しています。今、この2つのテーブルから、会社ごとの主要事業所の従業員数を含む**図7.18**のような結果を得たいとします。

図7.18 取得したい結果

```
co_cd | district | sum_emp
------+----------+--------
001   | A        | 550
002   | B        | 100
003   | C        | 1100
004   | D        | 999
```

これだけ聞くと、「従業員数を求めるだけなら事業所テーブルだけを使えばよいのでは？」と思うかもしれません。そのとおりです。が、結果に会社の地域も含めたいため、この情報を持つ会社テーブルとの結合が必要になります[注9]。

注9　「だったら事業所テーブルにも『地域』列を持っておくか、会社テーブルに『主要事業所の人数』列を持っておけば結合が不要になるのでは」と思ったあなたは鋭いです。そうしたモデル変更によって問題を解決するアプローチについては第9章で取り上げます。とりあえず、ここではテーブル定義は所与のもので変更不可と考えてください。

第7章　サブクエリ　困難は分割するべきか

■——2つの解

　求める結果を得るコードは2通り考えられます。まず1つが、結合を先に行ってから集約を行うやり方です（**リスト7.9**、**図7.19**）。もう1つが集約を先に行ってから結合するやり方です（**リスト7.10**、**図7.20**）[注10]。

リスト7.9 解1：結合を先に行う

```
SELECT C.co_cd, C.district,
       SUM(emp_nbr) AS sum_emp
  FROM Companies C
          INNER JOIN
            Shops S
    ON C.co_cd = S.co_cd
 WHERE main_flg = 'Y'
 GROUP BY C.co_cd;
```

図7.19 解1の実行計画（PostgreSQL）

```
HashAggregate  (cost=53.46..53.52 rows=6 width=28)
  -> Nested Loop  (cost=0.00..53.43 rows=6 width=28)
      -> Seq Scan on shops s  (cost=0.00..23.75 rows=6 width=20)
          Filter: (main_flg = 'Y'::bpchar)
      -> Index Scan using companies_pkey on companies c  (cost=0.00..4.93 rows=1 width=24)
          Index Cond: (co_cd = s.co_cd)
```

リスト7.10 解2：集約を先に行う

```
SELECT C.co_cd, C.district, sum_emp
  FROM Companies C
          INNER JOIN
            (SELECT co_cd,
                    SUM(emp_nbr) AS sum_emp
               FROM Shops
              WHERE main_flg = 'Y'
              GROUP BY co_cd) CSUM
    ON C.co_cd = CSUM.co_cd;
```

注10　今は単純化のため、事業所テーブルと会社テーブルに存在する会社は1対1対応すると仮定して、外部結合の必要性はないとします。

218

| | 図7.20 | 解2の実行計画（PostgreSQL） |

```
Nested Loop  (cost=23.78..40.38 rows=2 width=32)
  -> HashAggregate  (cost=23.78..23.80 rows=2 width=20)
       -> Seq Scan on shops  (cost=0.00..23.75 rows=6 width=20)
            Filter: (main_flg = 'Y'::bpchar)
  -> Index Scan using companies_pkey on companies c  (cost=0.00..8.27 rows=1 width=24)
       Index Cond: (co_cd = shops.co_cd)
```

　解1のコードは、会社テーブルと事業所テーブルを結合してから、その結果に対してGROUP BYによる集約を行っています。それに対して解2は、先に事業所テーブルを集約して従業員の人数を求めてから、会社テーブルと結合を行っています[注11]。実行計画を見ても、結合（Nested Loops）と集約（HashAggregate）の操作の順序が、解1と解2で入れ替わっていることがわかります。

　この2つの解は、結果としては同値なので、機能的な観点からはどちらを採用してもよいということになります。可読性の点でも、それほど両者の複雑さに違いはありません。ではこの両者に違いはないのでしょうか？実は、性能的にはそうとは言い切れないケースがあるのです。

■──結合の対象行数

　この2つの解は、パフォーマンス的には大きな違いを生む場合があります。その判断ポイントは結合の対象行数です。解1の場合、結合の対象行数は次のようになります。

- 会社テーブル：4行
- 事業所テーブル：10行

これに対して解2の場合、結合の対象行数は次のようになります。

- 会社テーブル：4行
- 事業所テーブル（CSUM）：4行

　重要な点は、CSUMビューが、会社コードで集約されて4行になっていることです。これは、解1の10行よりも小さいため、結合コストを低く抑

注11　必然的に、この結合は1対1になっています。

第7章 サブクエリ 困難は分割するべきか

えられる可能性が高いということです。もちろん、数行のサンプルでは実行速度に目に見える差は出ませんが、これがたとえば次のようなデータ量だったらどうでしょう。

- 会社テーブル：1,000行
- 事業所テーブル(main_flg = 'Y')：500万行
- 事業所テーブル(CSUM)：1,000行

このように、会社テーブルの規模に比して事業所テーブルの行数が極めて大きい場合、先に集約して結合対象の行数を1,000行に絞ってやることで、結合で必要となるI/Oコストを削減できます。その代わり解2では集約コストが解1より高くなる可能性がありますが、これは「TEMP落ち」さえ発生しなければ、十分に元が取れる取引です。

解1と解2のどちらが速いかは、かなりの程度環境にも依存します。「環境」という言葉には、テーブルの行数だけではなく、ハードウェアやミドルウェア、選択される結合アルゴリズムといった要素も包含します。実際の開発においては、こうした諸要因を考慮したうえで、性能試験を実施して最終的な判断を行う必要があります。しかし、チューニングの選択肢として事前に結合の行数を絞るためにサブクエリを利用する方法もあることは、覚えておいて損はありません。

第7章のまとめ

- サブクエリは困難を分割できる便利な道具だが、結合を増やしパフォーマンスを悪化させることもある

- SQLのパフォーマンスを決定する要因は、1にI/O、2にI/O、3、4がなくて5にI/O

- サブクエリと結合をウィンドウ関数で代替することでパフォーマンスを改善できる可能性がある

- サブクエリを使う場合は、結合対象のレコード数を事前に絞り込むことでパフォーマンスを改善できる可能性がある

演習問題7

「結合と集約の順序」（216ページ）の解1と解2は、集約と結合のどちらを先に行うかが性能的な違いを生むことを示すサンプルでした。しかし、実はオプティマイザは、解2（集約優先）のコードに対しても解1（結合優先）の実行計画を適用することがあります。たとえばOracleでは、解2のコードに対して**図7.21**のように結合が先に行われる実行計画が選択されることがあります。

図7.21 集約優先のコードでも結合優先の実行計画が立てられる

```
---------------------------------------------------------------------------
| Id | Operation                    | Name         | Rows | Bytes | Cost (%CPU)| Time     |
---------------------------------------------------------------------------
|  0 | SELECT STATEMENT             |              |    5 |    80 |    5  (20)| 00:00:01 |
|  1 |  HASH GROUP BY               |              |    5 |    80 |    5  (20)| 00:00:01 |
|  2 |   NESTED LOOPS               |              |    5 |    80 |    4   (0)| 00:00:01 |
|* 3 |    TABLE ACCESS FULL         | SHOPS        |    5 |    50 |    3   (0)| 00:00:01 |
|  4 |    TABLE ACCESS BY INDEX ROWID| COMPANIES   |    1 |     6 |    1   (0)| 00:00:01 |
|* 5 |     INDEX UNIQUE SCAN        | PK_COMPANIES |    1 |       |    0   (0)| 00:00:01 |
---------------------------------------------------------------------------
```

第7章　　サブクエリ　困難は分割するべきか

　この動作を、ビューを展開して内部と外部を同じレベルで評価することから、「ビューマージ」と呼びます。オプティマイザがあえてこちらの実行計画を効率的と判断する理由として、どのようなものがあるか考えてください。

➡解答は342ページ

第8章

SQLにおける順序
甦る手続き型

第8章　SQLにおける順序　甦る手続き型

　プログラミングにおいては、何らかの形で順序を持った数を扱うことがよくあります。典型的なのは連番、つまり1(または0)から始まって2、3、……と1つずつ値がカウントアップされていく自然数列です。データを識別するユニークキーとして利用したり、処理の順序性を保証するためにループの中でインクリメントしたり、今月の売り上げランキングを算出したり、およそ連番を使わないシステムはないでしょう。

　しかしSQLは、伝統的に順序を持った数を扱うための機能を持っていませんでした。その理由は、主に関係モデルの理論上の要請によるものでした。つまり、業務的に意味を持たない連番はエンティティの属性とはみなされなかったことと、テーブルの行が順序を持たないと定義されていたことです。これはSQLがループを排除した理由とも関係しています。なぜなら、ループはレコードに順序が存在することを前提している操作だからです。

　しかし実務においては、適当な行集合に対して連番を振ることが必要になるケースが多くあります。最近ではそうした実務的な要求に応えるべく、SQLにも順序と連番を扱うための機能が(半ばいやいや)追加されています[注1]。具体的には、シーケンスオブジェクトやID列のようなまさに連番を払い出す機能のほか、これまでの章でもたびたび利用してきたウィンドウ関数も含まれます。本章では、こうした比較的新しい機能を利用することで、どのようなコーディングテクニックが可能になるかを見ていきます。そしてそれを通して私たちは、RDBが遠い昔に決別したはずの手続き型のパラダイムが、SQLの中で大々的に復活を遂げたことを確認することになります。いつの間にかSQLは、伝統的な集合指向に手続き型の考えをミックスしたハイブリッドな言語に変化していたのです。このメリットはまだ多くの人には十分に理解されていませんが、極めて重要な意味を持っています。

注1　たとえば、SQL:2003では連番を生成するROW_NUMBER関数やシーケンスオブジェクトが標準化されました。

8.1
行に対するナンバリング

　まずは順序操作の基礎である、行に連番を割り振る方法を見てみましょう。主キーが1列の場合、主キーが複数列から構成される場合、テーブルを複数のグループに分割してグループ内の行にナンバリングする場合のそれぞれの方法を順番に紹介します。

主キーが1列の場合

　例として、**図8.1**のような学生の体重を保持する簡単なテーブルを使います。テーブル定義は**リスト8.1**です。

図8.1 体重テーブル

Weights（体重）

student_id（学生ID）	weight（体重kg）
A100	50
A101	55
A124	55
B343	60
B346	72
C563	72
C345	72

リスト8.1 体重テーブルの定義

```
CREATE TABLE Weights
(student_id CHAR(4) PRIMARY KEY,
 weight     INTEGER);

INSERT INTO Weights VALUES('A100',  50);
INSERT INTO Weights VALUES('A101',  55);
INSERT INTO Weights VALUES('A124',  55);
INSERT INTO Weights VALUES('B343',  60);
INSERT INTO Weights VALUES('B346',  72);
INSERT INTO Weights VALUES('C563',  72);
INSERT INTO Weights VALUES('C345',  72);
```

225

第8章　SQLにおける順序　甦る手続き型

■── ウィンドウ関数を利用する

今、学生IDの昇順にレコードに連番を振りたいとしましょう。これは、ROW_NUMBER関数が使える環境なら**リスト8.2**のように簡単に記述できます。

リスト8.2　主キーが1列の場合（ROW_NUMBER）

```
SELECT student_id,
       ROW_NUMBER() OVER (ORDER BY student_id) AS seq
    FROM Weights;
```

実行結果

```
student_id | seq
-----------+----
A100       |  1
A101       |  2
A124       |  3
B343       |  4
B346       |  5
C345       |  6
C563       |  7
```

■── 相関サブクエリを利用する

MySQLのようなROW_NUMBER関数が使えない実装なら、相関サブクエリで置き換える必要があります（**リスト8.3**）。

リスト8.3　主キーが1列の場合（相関サブクエリ）

```
SELECT student_id,
       (SELECT COUNT(*)
          FROM Weights W2
         WHERE W2.student_id <= W1.student_id)  AS seq
  FROM Weights W1;
```

実行結果はリスト8.2と同じ

このサブクエリは再帰集合を作り、その要素数をCOUNT関数で数えています。主キーであるstudent_idを比較キーに使用しているため、再帰集合は要素が1つずつ増えていくことが保証されます。それを連番の生成に利用したトリックです。

この2つの方法はいずれも機能的には同じですが、パフォーマンスの観

226

点では、第7章でも述べたようにウィンドウ関数に軍配が上がります。ウィンドウ関数ではスキャン回数が1回で、しかもインデックスオンリースキャンによりテーブルへのアクセスが回避されているのに対し（**図8.2**）、相関サブクエリでは2回（w1とw2）のスキャンが実行されています（**図8.3**）。

図8.2 ウィンドウ関数（リスト8.2）の実行計画（PostgreSQL）

```
WindowAgg  (cost=0.15..89.45 rows=1510 width=20)
  -> Index Only Scan using weights_pkey on weights  (cost=0.15..66.80 rows=150 width=20)
```

図8.3 相関サブクエリ（リスト8.3）の実行計画（PostgreSQL）

```
Seq Scan on weights w1  (cost=0.00..8.79 rows=7 width=5)
  SubPlan 1
    -> Aggregate  (cost=1.09..1.10 rows=1 width=0)
        -> Seq Scan on weights w2  (cost=0.00..1.09 rows=2 width=0)
            Filter: (student_id <= w1.student_id)
```

主キーが複数列から構成される場合

さて、それではちょっとテーブルを改変して、主キーを2列の複合キーにしてみましょう。**リスト8.4**のようなSQLを実行して**図8.4**のような値の入ったテーブルを作成してください。今度は「クラス、学生ID」で一意になります。こういうケースでも連番を割り振れるよう、コードを一般化しましょう。

リスト8.4 体重テーブル2の定義

```
CREATE TABLE Weights2
(class      INTEGER NOT NULL,
 student_id CHAR(4) NOT NULL,
 weight     INTEGER NOT NULL,
     PRIMARY KEY(class, student_id));

INSERT INTO Weights2 VALUES(1, '100', 50);
INSERT INTO Weights2 VALUES(1, '101', 55);
INSERT INTO Weights2 VALUES(1, '102', 56);
INSERT INTO Weights2 VALUES(2, '100', 60);
INSERT INTO Weights2 VALUES(2, '101', 72);
```

```
INSERT INTO Weights2 VALUES(2, '102', 73);
INSERT INTO Weights2 VALUES(2, '103', 73);
```

図8.4 体重テーブル2

Weights2（体重2）

class（クラス）	student_id（学生ID）	weight（体重kg）
1	100	50
1	101	55
1	102	56
2	100	60
2	101	72
2	102	73
2	103	73

■──ウィンドウ関数を利用する

ROW_NUMBERを使う場合は、特に悩む必要はありません。ORDER
BYのキーに列を追加すればOKです（**リスト8.5**）。

リスト8.5 主キーが複数列の場合（ROW_NUMBER）

```
SELECT class, student_id,
       ROW_NUMBER() OVER (ORDER BY class, student_id) AS seq
  FROM Weights2;
```

実行結果

```
class | student_id | seq
------+------------+-----
    1 | 100        |   1
    1 | 101        |   2
    1 | 102        |   3
    2 | 100        |   4
    2 | 101        |   5
    2 | 102        |   6
    2 | 103        |   7
```

■──相関サブクエリを利用する

一方、相関サブクエリの場合はどうでしょう。いくつか方法があるので
すが、最もシンプルな方法は**行式**の機能を使うことです（**リスト8.6**）。こ
れは、複合的な列を一つの値に連結して行全体として比較する機能です。

行に対するナンバリング　8.1

リスト8.6　主キーが複数列の場合（相関サブクエリ：行式）

```
SELECT class, student_id,
       (SELECT COUNT(*)
          FROM Weights2 W2
         WHERE (W2.class, W2.student_id)
                  <= (W1.class, W1.student_id) ) AS seq
  FROM Weights2 W1;
```

実行結果はリスト8.5と同じ

　この方法の利点は、列のデータ型の組み合わせが任意なことです。数値型と文字列型でも、文字列型と日付型でもOKです。暗黙の型変換も発生しないので、主キーのインデックスも利用できます。また、列が3つ以上になった場合でも簡単に拡張可能です。

グループごとに連番を振る場合

　今度は考え方をちょっと変えて、クラスごとに連番を割り振りたいとします。つまりテーブルをグループに分割して、その中の行にナンバリングしたいのです。

■——ウィンドウ関数を利用する

　ウィンドウ関数でこれを行うには、**リスト8.7**のようにclass列でパーティションカットすればOKです。

リスト8.7　クラスごとに連番を振る（ROW_NUMBER）

```
SELECT class, student_id,
       ROW_NUMBER() OVER (PARTITION BY class ORDER BY student_id) AS seq
  FROM Weights2;
```

実行結果

```
class | student_id |  seq
------+------------+-------
    1 | 100        |    1
    1 | 101        |    2
    1 | 102        |    3
```
クラスが変わると連番の開始が1にリセットされる
```
    2 | 100        |    1
```

229

```
2 | 101        |    2
2 | 102        |    3
2 | 103        |    4
```

■——相関サブクエリを利用する

相関サブクエリで行う際も考え方は同様です（**リスト8.8**）。

リスト8.8 クラスごとに連番を振る（相関サブクエリ）

```
SELECT class, student_id,
       (SELECT COUNT(*)
          FROM Weights2 W2
        WHERE W2.class = W1.class
          AND W2.student_id <=  W1.student_id) AS seq
  FROM Weights2 W1;
```

実行結果はリスト8.7と同じ

ナンバリングによる更新

　それでは最後に、検索ではなく更新におけるナンバリングの方法を見ましょう。Weights2テーブルを改変して、テーブルに連番列は用意されているが、データはまだ入力されていないケースを考えます（**図8.5**）。テーブル定義は**リスト8.9**です。この列に連番を更新するUPDATE文を考えます。

図8.5 体重テーブル3（連番列を埋めたい）

Weights3（体重3）

class（クラス）	student_id（学生ID）	weight（体重kg）	seq（連番）
1	100	50	
1	101	55	
1	102	56	
2	100	60	
2	101	72	
2	102	73	
2	103	73	

リスト8.9 体重テーブル3の定義

```
CREATE TABLE Weights3
(class      INTEGER NOT NULL,
 student_id CHAR(4) NOT NULL,
 weight     INTEGER NOT NULL,
 seq        INTEGER NULL,
     PRIMARY KEY(class, student_id));

INSERT INTO Weights3 VALUES(1, '100', 50, NULL);
INSERT INTO Weights3 VALUES(1, '101', 55, NULL);
INSERT INTO Weights3 VALUES(1, '102', 56, NULL);
INSERT INTO Weights3 VALUES(2, '100', 60, NULL);
INSERT INTO Weights3 VALUES(2, '101', 72, NULL);
INSERT INTO Weights3 VALUES(2, '102', 73, NULL);
INSERT INTO Weights3 VALUES(2, '103', 73, NULL);
```

■——ウィンドウ関数を利用する

　基本的には先ほどの連番を割り振るクエリをSET句に埋め込む、という素直な発想で良いのですが、ROW_NUMBERを使う場合は、サブクエリをかませるという迂回をする必要があります(**リスト8.10**)。

リスト8.10 連番の更新(ROW_NUMBER)

```
UPDATE Weights3
  SET seq = (SELECT seq
                FROM (SELECT class, student_id,
                             ROW_NUMBER()
                               OVER (PARTITION BY class
                                         ORDER BY student_id) AS seq
                      FROM Weights3) SeqTbl
                      -- SeqTblというサブクエリを作る必要がある
               WHERE Weights3.class = SeqTbl.class
                 AND Weights3.student_id = SeqTbl.student_id);
```

実行結果

```
class | student_id | weight | seq
------+------------+--------+-----
    1 | 100        |     50 | 1
    1 | 101        |     55 | 2
    1 | 102        |     56 | 3
    2 | 100        |     60 | 1
    2 | 101        |     72 | 2
    2 | 102        |     73 | 3
    2 | 103        |     73 | 4
```

第8章　SQLにおける順序　甦る手続き型

■──相関サブクエリを利用する

　相関サブクエリの場合は、特にこうしたことを意識せず記述できます(リスト8.11)[注2]。

リスト8.11　連番の更新(相関サブクエリ)

```
UPDATE Weights3
   SET seq = (SELECT COUNT(*)
                FROM Weights3 W2
               WHERE W2.class = Weights3.class
                 AND W2.student_id <=  Weights3.student_id);
```

実行結果はリスト8.10と同じ

　これで、SQLにおけるナンバリングのパターンについて一通り網羅できました。次からは、連番を使ってより実務的な問題を解いていきましょう。

8.2
行に対するナンバリングの応用

　テーブルの行をナンバリングできると、SQLで自然数の性質を利用したさまざまなテクニックが使えるようになります。まずは自然数の性質のうち、「連続性」と「一意性」を利用してみましょう。連続性とは「5の次が9」のような飛び石にならないということであり、一意性とは「数列の中に一つの数字は一度しか現れない」ということです。どちらも自然数列(連番)としてはごく当然の性質だと思うかもしれませんが、どちらも非常に便利です。

中央値を求める

　例題として、統計指標の一つである中央値(メジアン)を求めるという問題を考えます。中央値とは、数値をソートして両端から数えた場合にちょ

注2　MySQLは更新SQL内のサブクエリでテーブルの自己参照ができないため、リスト8.11はエラーになります。

232

行に対するナンバリングの応用　　8.2

うど真ん中に来る値です。単純平均と違って、外れ値[注3]に影響を受けにくいという利点があります。

　再び、生徒の体重を表すテーブルをサンプルに使います。メジアンの算出方法はデータ数が奇数と偶数の場合で分かれるので、サンプルデータも2パターン用意します（**図8.6**、**図8.7**）。奇数の場合は素直に中央の値を使えばよいのですが、偶数の場合は中央の2数の平均をとります。奇数の場合は生徒B343の60kg、偶数の場合はB343とB346の中間の66kgが求める答えです。

図8.6　　体重テーブル（奇数：メジアン＝60）

Weights（体重）

student_id（学生ID）	Weight（体重kg）
A100	50
A101	55
A124	55
B343	60
B346	72
C563	72
C345	72

図8.7　　体重テーブル（偶数：メジアン＝66）

Weights（体重）

student_id（学生ID）	Weight（体重kg）
A100	50
A101	55
A124	55
B343	60
B346	72
C563	72
C345	72
C478	90

■──集合指向的な解

　伝統的な集合指向の解法でメジアンを求めるには、テーブルを上位集合

注3　「外れ値」（*outlier*）とは、数値の集合の中で、中央から極端に逸脱するために平均値をゆがめる例外的な値のことです。たとえば(1,0,1,2,1,3,9999)という値の集合では、「9999」が外れ値になります。

第8章 SQLにおける順序 甦る手続き型

と下位集合に分割してその共通部を取るという方法を利用します（**リスト 8.12**）。

リスト8.12 メジアンを求める（集合指向型）：母集合を上位と下位に分割する

```
SELECT AVG(weight)
  FROM (SELECT W1.weight
          FROM Weights W1, Weights W2
         GROUP BY W1.weight
             --S1（下位集合）の条件
        HAVING SUM(CASE WHEN W2.weight >= W1.weight THEN 1 ELSE 0 END)
                 >= COUNT(*) / 2
             --S2（上位集合）の条件
           AND SUM(CASE WHEN W2.weight <= W1.weight THEN 1 ELSE 0 END)
                 >= COUNT(*) / 2 ) TMP;
```

この解法のポイントはHAVING句です。CASE式で表現された2つの特性関数[注4]によって、母集合Weightsを上位集合と下位集合に分割しています（**図8.8**）。外側のAVG関数は、テーブルの行数が偶数の場合に中間の値を算出するために使われています。これは集合指向の発想に基づく、極めて「SQLらしい」解答ではあります。

図8.8 集合指向的な解法のイメージ図

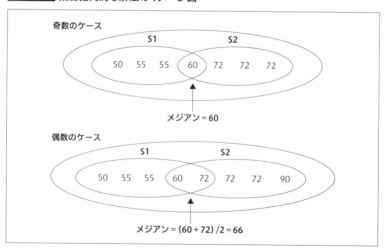

注4　ある値が特定の集合の要素となるかどうかを判定する関数です。含まれるなら1、含まれなければ0を返します。

行に対するナンバリングの応用　8.2

この解法には欠点が2つあります。1つ目は、コードが複雑で何をやっているのか一目では理解できないこと。2つ目は、パフォーマンスが悪いことです。実行計画を見ておきましょう（**図8.9**）。

図8.9 実行計画（PostgreSQL）

```
Aggregate  (cost=3.76..3.77 rows=1 width=4)
 -> HashAggregate  (cost=3.63..3.71 rows=4 width=8)
     Filter: ((sum(CASE WHEN (w2.weight >= w1.weight)
                   THEN 1 ELSE 0 END) >= (count(*) / 2))
           AND (sum(CASE WHEN (w2.weight <= w1.weight)
                   THEN 1 ELSE 0 END) >= (count(*) / 2)))
      -> Nested Loop  (cost=0.00..2.77 rows=49 width=8)
         -> Seq Scan on weights w1  (cost=0.00..1.07 rows=7 width=4)
         -> Materialize  (cost=0.00..1.11 rows=7 width=4)
            -> Seq Scan on weights w2  (cost=0.00..1.07 rows=7 width=4)
```

実行計画にNested Loopsが現れていることからもわかるように、W1およびW2に対する結合を行っています。この2つのテーブルは同じWeightsなので、要するに自己結合を行っているのです。結合が、コストが高く実行計画も不安定になるリスクを抱えた演算であることは、第6章で説明したとおりです。

この欠点を解消するにはどうすればよいでしょうか？ ここで登場するのがウィンドウ関数です。

■──**手続き型の解❶──世界の中心を目指せ**

自然数の特性をSQLで利用すると、まさに「端から数える」という行為をSQLで行えるようになります（**リスト8.13**）。

リスト8.13 メジアンを求める（手続き型）：
両端から1行ずつ数えてぶつかった地点が「世界の中心」

```
SELECT AVG(weight) AS median
  FROM (SELECT weight,
               ROW_NUMBER() OVER (ORDER BY weight ASC,  student_id ASC)  AS hi,
               ROW_NUMBER() OVER (ORDER BY weight DESC, student_id DESC) AS lo
          FROM Weights) TMP
 WHERE hi IN (lo, lo +1 , lo -1);
```

235

このクエリがやっていることをイメージするには、世界の両端に立つ2人の旅人を想像するのがよいでしょう。この2人が向かい合って同じ速さ（時速1行）で歩いたとき、ちょうどぶつかった地点が「世界の中心」というわけです（図8.10）。

図8.10 手続き型の解法のイメージ図

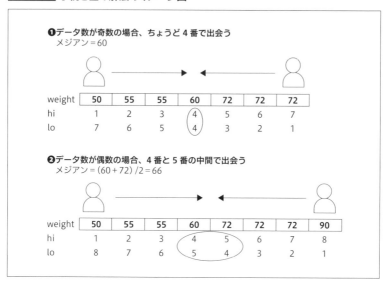

奇数の場合は、「hi = lo」となる中心点が必ず1行だけ存在します。一方偶数の場合は、「hi = lo + 1」と「hi = lo − 1」となる2行が存在します。奇数と偶数の場合の条件分岐をIN述語でまとめてしまえる点が、この解のエレガントなところです。

この解にはちょっとした注意点が2つあります。1つは、ナンバリングの関数には必ずROW_NUMBERを使う必要があることです。同じウィンドウ関数であっても、RANKやDENSE_RANKだと「7の次が9に飛ぶ」とか「11が2つ現れる」という事態が生じてしまい、旅人の歩く速度が一定しません。行集合に自然数の集合を割り当てることで、連続性と一意性が保証されるのです[注5]。

注5 イメージ的に言えば、2人の歩く速度を常に同一かつ一定に保つということを意味します。2人の旅人は、1マスずつしか動けないボードゲームの駒だと想像するとわかりやすいでしょう。

もう1つは、ORDER BYのソートキーに、weight列だけでなく主キーである student_id も含める必要があることです。一見すると体重についてのメジアンを求めているのだから、ORDER BYのキーはweight列だけで十分なような気がします。しかし、student_idを含めないと結果がNULLになることがあるのです。なぜこのクエリでORDER BYのキーに student_id がなぜ必要かは章末の演習問題としていますので、考えてみてください。

それでは、実行計画を確認しましょう（**図8.11**）。

図8.11 実行計画（PostgreSQL）

```
Aggregate  (cost=1.71..1.72 rows=1 width=4)
  -> Subquery Scan on tmp  (cost=1.41..1.70 rows=1 width=4)
       Filter: ((tmp.hi = tmp.lo)
              OR (tmp.hi = (tmp.lo + 1))
              OR (tmp.hi = (tmp.lo - 1)))
       -> WindowAgg  (cost=1.41..1.55 rows=7 width=9)
           -> Sort  (cost=1.41..1.42 rows=7 width=9)
                Sort Key: weights.weight, weights.student_id
                -> WindowAgg  (cost=1.17..1.31 rows=7 width=9)
                    -> Sort  (cost=1.17..1.19 rows=7 width=9)
                         Sort Key: weights.weight, weights.student_id
                         -> Seq Scan on weights  (cost=0.00..1.07 rows=7 width=9)
```

Weightsテーブルへのアクセスが1回に減って、結合がなくなっていることが見て取れます。その代わり、ソートが2回に増えています。これは、2つのROW_NUMBERのソート順が昇順と降順で異なるからです。リスト8.12の集合指向的なコードと比較すると、結合を消去できた代わりにソートが1回増えたわけです。Weightsテーブルが十分に大きければ、これはもとの取れる取引です。

■——手続き型の解❷——2マイナス1は1

ROW_NUMBERを使った解法はエレガントですが、パフォーマンス上はこれが最適解というわけではありません。改良版として、**リスト8.14**のようなコードが考えられるからです。

237

第8章　SQLにおける順序　甦る手続き型

リスト8.14 メジアンを求める（手続き型その2）：折り返し地点を見つける

```
SELECT AVG(weight)
  FROM (SELECT weight,
               2 * ROW_NUMBER() OVER(ORDER BY weight)
                   - COUNT(*) OVER() AS diff
          FROM Weights) TMP
 WHERE diff BETWEEN 0 AND 2;
```

　これは一目見ただけだと何をやっているのかわかりにくいと思いますが、イメージとしては、テーブルの行数を2倍に増やして、それからもとのテーブルの行数を引くことによって真ん中を見つける、というものです。ROW_NUMBER関数で得た連番を2倍することで、テーブルの行数を2倍に増やしているようなイメージです。そこからCOUNT(*)を引き算することで、2倍したテーブルからもとのテーブルを差し引いているのです。**集合の要素数が2倍に増えても中央値は変動しない**という数学的性質を利用した解です。

　この解の優れた点は、ソートを1回で済ませられるパフォーマンスの良さです。なぜなら、COUNT関数のOVER句にORDER BYによる指定がないため、オプティマイザは単純にROW_NUMBERと同じweight列の昇順でソートすることが可能になるからです。確認のため実行計画を見てみましょう（**図8.12**）。

図8.12 実行計画（PostgreSQL）

```
Aggregate  (cost=1.52..1.53 rows=1 width=4)
  -> Subquery Scan on tmp  (cost=1.17..1.52 rows=1 width=4)
       Filter: ((tmp.y >= 0) AND (tmp.y <= 2))
       -> WindowAgg  (cost=1.17..1.41 rows=7 width=4)
            -> WindowAgg  (cost=1.17..1.29 rows=7 width=4)
                 -> Sort  (cost=1.17..1.19 rows=7 width=4)
                      Sort Key: weights.weight
                      -> Seq Scan on weights  (cost=0.00..1.07 rows=7 width=4)
```

　ご覧のとおり、ソートが1回に減っています。ベンダーの独自拡張のメジアンを求める関数を除けば、これがおそらくSQLで中央値を求める最速のクエリでしょう。

行に対するナンバリングの応用　　8.2

ナンバリングによりテーブルを分割する

次に、テーブルをいくつかのグループに分割するという問題を考えます。データをある軸でグループ化するというのは、日々の業務においても頻繁に見られる要件です。

■──断絶区間を求める

まずは単純なサンプルから始めましょう。**図8.13**は1から始まる連番テーブルですが、諸事情により途中に歯抜けが生じて、いささか汚い状態となっています。イメージとしては、レストランや劇場の座席番号を管理するテーブルを思い浮かべてください。このような場合、欠番はすでに予約済みの席を意味します。テーブル定義は**リスト8.15**です。

図8.13　連番テーブル

Numbers（連番）

num（番号）
1
3
4
7
8
9
12

リスト8.15　連番テーブルの定義

```
CREATE TABLE Numbers( num INTEGER PRIMARY KEY);

INSERT INTO Numbers VALUES(1);
INSERT INTO Numbers VALUES(3);
INSERT INTO Numbers VALUES(4);
INSERT INTO Numbers VALUES(7);
INSERT INTO Numbers VALUES(8);
INSERT INTO Numbers VALUES(9);
INSERT INTO Numbers VALUES(12);
```

考えてほしいのは、一連の欠番のシーケンスを**図8.14**のように表示するクエリです。

239

| 第8章 | SQLにおける順序 甦る手続き型 |

図8.14 欠番のシーケンス

```
gap_start  ～  gap_end
---------- ---- -------
         2  ～        2
         5  ～        6
        10  ～       11
```

　座席番号2番のように、欠番が1つだけの場合も、独立した(長さが1の)
シーケンスとして考えることにします。

■───集合指向的な解───集合の境界線

　手続き型言語であれば、1行ずつテーブルから読み出し、当該の行と次
の行の数値の差分が1でなければその間には欠番がある、という行レベル
の判定処理を記述することになるでしょう。一方、伝統的なSQLでは当該
の行を起点に考えるのは同じですが、処理の単位が「集合」になります。古
典的な解は**リスト8.16**のようになります[注6]。

リスト8.16 欠番のカタマリを表示する

```sql
SELECT (N1.num + 1) AS gap_start,
       '～',
       (MIN(N2.num) - 1) AS gap_end
  FROM Numbers  N1 INNER JOIN Numbers  N2
    ON N2.num > N1.num
 GROUP BY N1.num
HAVING (N1.num + 1) < MIN(N2.num);
```

　N2.numは「ある行のN1.numの数値より大きな数値の集合」として条件
づけされています(ON N2.num > N1.num)。この集合群を一覧表示すると、
表8.1のようになります。

注6　この解のアイデアは『SQLパズル 第2版』の「パズル9　席空いてますか？」で紹介されているもので
す。

240

表8.1		ある行を起点としてそれより大きな数値の集合を求める	
	N1.num	**N2.num**	
S1	1	3	×断絶あり（1 + 1 ≠ 3）
	1	4	
	1	7	
	1	8	
	1	9	
	1	12	
S2	3	4	○断絶なし（3 + 1 = 4）
	3	7	
	3	8	
	3	9	
	3	12	
S3	4	7	×断絶あり（4 + 1 ≠ 7）
	4	8	
	4	9	
	4	12	
S4	7	8	○断絶なし（7 + 1 = 8）
	7	9	
	7	12	
S5	8	9	○断絶なし（8 + 1 = 9）
	8	12	
S6	9	12	×断絶あり（9 + 1 ≠ 12）

このS1～S6のうち、MIN(N2.num)がN1.num+1にならないS1、S3、S6の3つの集合に注目してください。当該の数値（N1.num）のすぐ後ろの数がMIN(N.2num)と一致しないという事実はそこに**断絶がある**ことを示します。これがHAVING句の(N1.num + 1) < MIN(N2.num)という条件の意味です。

あとは、N1.numの1つ後ろの数が欠番の開始値、N2.numの1つ前の数が終了値になる、というしかけです。コードもすっきりシンプルで、集合指向的な名答です。惜しむらくは、集合指向の解ではどうしても自己結合が必要なことです。実行計画は**図8.15**のとおりです。

図8.15 集合指向の実行計画（PostgreSQL）

```
HashAggregate  (cost=3.01..3.15 rows=7 width=8)
  Filter: ((n1.num + 1) < min(n2.num))
```

```
 -> Nested Loop  (cost=0.00..2.89 rows=16 width=8)
      Join Filter: (n2.num > n1.num)
      -> Seq Scan on numbers n1  (cost=0.00..1.07 rows=7 width=4)
      -> Materialize  (cost=0.00..1.11 rows=7 width=4)
          -> Seq Scan on numbers n2  (cost=0.00..1.07 rows=7 width=4)
```

　N1とN2に対してNested Loopsによる結合が行われていることが確認できます。結合を必要とするクエリはコストが高くなるとともに、実行計画変動のリスクを抱えることになります。

■──手続き型の解──「1行あと」との比較

　この問題を手続き型の考えで解こうとするなら、みなさんはどのように考えるでしょうか。おそらくほとんどの人が「カレント行の値と1行後ろの値を比較して、その差分が1でなければ両者の間には欠番がある」という考え方をするはずです。これは、まさに行の順序を意識して1行ずつループする、手続き型の王道とも言えるアプローチです。これをそっくりそのままSQLに翻訳したのが**リスト8.17**の解です。

リスト8.17 「1行あと」との比較

```
SELECT num + 1 AS gap_start,
       '～',
       (num + diff - 1) AS gap_end
  FROM (SELECT num,
               MAX(num)
                 OVER(ORDER BY num
                        ROWS BETWEEN 1 FOLLOWING
                                 AND 1 FOLLOWING) - num
          FROM Numbers) TMP(num, diff)
 WHERE diff <> 1;
```

　結果は先ほどの集合指向の解とまったく同じになります。このクエリのポイントは、ウィンドウ関数によって「カレント行の1行あと」の値を求めて、その差分をdiff列で計算していることです。まだイメージが湧かない人は、ウィンドウ関数単独の実行結果を見てみるとよいでしょう（**リスト8.18**）。

リスト8.18 サブクエリの中身

```
SELECT num,
       MAX(num)
         OVER(ORDER BY num
                  ROWS BETWEEN 1 FOLLOWING AND 1 FOLLOWING) AS next_num
  FROM Numbers;
```

実行結果

```
num | next_num
-----+---------
   1 |        3
   3 |        4
   4 |        7
   7 |        8
   8 |        9
   9 |       12
  12 |
```

num列はカレントの座席番号、next_num列はその次の空席番号です。その差分が1でなければ、間に欠番が存在するということです（外側のWHERE句の diff <> 1 はこの条件です）。まさに「ザ・手続き型」の考え方です。

この解の実行計画は、結合を必要としないため極めて単純になります（**図8.16**）。

図8.16 手続き型の実行計画（PostgreSQL）

```
............................................................
WindowAgg  (cost=1.17..1.29 rows=7 width=4)
  -> Sort  (cost=1.17..1.19 rows=7 width=4)
       Sort Key: num
       -> Seq Scan on numbers  (cost=0.00..1.07 rows=7 width=4)
```

Numbersテーブルに1度だけアクセスし、ウィンドウ関数のソートを行っています。結合が不要になるためパフォーマンスが安定します[注7]。SQLレベルで見ると、集合指向の解の場合データベース内部ではループが使われ

注7　なお、このサンプルではデータ件数が少ないため「テーブルのフルスキャン＋ソート」という実行計画が選択されていますが、データサイズが大きくなると、「Index Scan using numbers_pkey on numbers」または「Index Only Scan using numbers_pkey on numbers」のように、「主キーのインデックスを利用したスキャン＋ウィンドウ関数のソートをスキップ」という計画が選択されることもあります。この場合はさらに集合指向の実行計画よりも効率的なアクセスが実現されることになるでしょう。後者の「Index Only Scan」については、第10章で詳しく取り上げます。

243

第8章　　SQLにおける順序　甦る手続き型

ていて、手続き型の解の場合ループが使われないというのも、何だか不思議なものです。

テーブルに存在するシーケンスを求める

ここまでは、テーブルに「存在しない」シーケンスを見つけました。今度は反対に、テーブルに存在している数列をグループ化する方法を考えましょう。つまり、空席のカタマリを求めるのです。友人や家族数人でまとまった席を予約したい場合は、このようなカタマリを一覧したいと思うでしょう。サンプルデータは先ほどと同じ図8.13のNumbersテーブルを使います。

■──集合指向的な解──再び、集合の境界線

集合指向的な解法においては、テーブルに存在するシーケンスを求めるのは、存在しないシーケンスを求めるのに比べるとかなり直接的で簡単です。というのも、MAX/MIN関数を使うことで、シーケンスの境界線をダイレクトに求められるからです。答えは**リスト8.19**のようになります[注8]。

リスト8.19 シーケンスを求める（集合指向的）

```
SELECT MIN(num) AS low,
       '～',
       MAX(num) AS high
  FROM (SELECT N1.num,
               COUNT(N2.num) - N1.num
          FROM Numbers N1 INNER JOIN Numbers N2
            ON N2.num <= N1.num
         GROUP BY N1.num) N(num, gp)
 GROUP BY gp;
```

実行結果

```
low | ～ | high
----+----+------
  1 | ～ |    1
  3 | ～ |    4
  7 | ～ |    9
 12 | ～ |   12
```

注8　この解は、『プログラマのためのSQL 第4版──すべてを知り尽くしたいあなたに』(Joe Celko著／ミック監訳、翔泳社、2013年)の第32章で紹介されているものです。

244

行に対するナンバリングの応用　8.2

自己結合でnum列の組み合わせを作り、最大値と最小値で集合の境界を求めるという考え方は先ほどと同様なので、そろそろ慣れてきたでしょう。実行計画がどうなるかも、SQLを見ただけで想像がつくようになってきたのではないでしょうか、一応確認しておくと、**図8.17**のようになります。

図8.17 集合指向の実行計画（PostgreSQL）

```
HashAggregate  (cost=3.18..3.25 rows=7 width=12)
  -> HashAggregate  (cost=2.97..3.06 rows=7 width=8)
       -> Nested Loop  (cost=0.00..2.89 rows=16 width=8)
            Join Filter: (n2.num <= n1.num)
            -> Seq Scan on numbers n1  (cost=0.00..1.07 rows=7 width=4)
            -> Materialize  (cost=0.00..1.11 rows=7 width=4)
                 -> Seq Scan on numbers n2  (cost=0.00..1.07 rows=7 width=4)
```

N1とN2に対する自己結合のあとに極値関数（MINおよびMAX）を使った集約を行っています（2つのHashAggregate）。この場合、ソートの代わりにハッシュ（HashAggregate）が使われていることにも注意してください。第4章でも説明したように、最近のDBMSでは集約関数や極値関数をソートではなくハッシュで計算するアルゴリズムが採用されつつあります[注9]。

なお環境によっては、リスト8.19についてもNumbersテーブルに対するアクセス手段として、シーケンシャルスキャンの代わりに主キーのインデックスを使ったインデックススキャン（Index ScanまたはIndex Only Scan）が現れることがあるかもしれません。

■――**手続き型の解――再び、「1行あと」との比較**

手続き型の解法においても考え方そのものは単純なのですが、少しコードが長くなります（**リスト8.20**）。

リスト8.20 シーケンスを求める（手続き型）

```
SELECT low, high
  FROM (SELECT low,
               CASE WHEN high IS NULL
                    THEN MIN(high)
                         OVER (ORDER BY seq
                                   ROWS BETWEEN CURRENT ROW
```

注9　Oracleでも、集約関数の実行計画において「HASH GROUP BY」が現れることはよくあります。

第8章　SQLにおける順序　甦る手続き型

```
                                          AND UNBOUNDED FOLLOWING)
                ELSE high END AS high
    FROM (SELECT CASE WHEN COALESCE(prev_diff, 0) <> 1
                      THEN num ELSE NULL END AS low,
                 CASE WHEN COALESCE(next_diff, 0) <> 1
                      THEN num ELSE NULL END AS high,
                 seq
          FROM (SELECT num,
                       MAX(num)
                         OVER(ORDER BY num
                              ROWS BETWEEN 1 FOLLOWING
                                       AND 1 FOLLOWING) - num AS next_diff,
                       num - MAX(num)
                         OVER(ORDER BY num
                              ROWS BETWEEN 1 PRECEDING
                                       AND 1 PRECEDING) AS prev_diff,
                       ROW_NUMBER() OVER (ORDER BY num) AS seq
                FROM Numbers) TMP1 ) TMP2) TMP3
WHERE low IS NOT NULL;
```

　このコードでやっていることは、テーブルに存在しないシーケンスを求めたときと同じように、カレント行とその前後の行との比較です。内側のサブクエリの結果を見ていけば、その結果は簡単に理解できます。

　まず一番内側のTMP1で、カレント行と前後の行のnum列の差分を求めます（**図8.18**）。

図8.18　カレント行と前後の差分（TMP1）

```
num | next_diff | prev_diff | seq
----+-----------+-----------+-----
  1 |         2 |           |   1
  3 |         1 |         2 |   2
  4 |         3 |         1 |   3
  7 |         1 |         3 |   4
  8 |         1 |         1 |   5
  9 |         3 |         1 |   6
 12 |           |         3 |   7
```

246

next_diffは1行あとのnumからカレント行のnumを引いた値、prev_diffはカレント行のnumから1行前のnumを引いた値です。したがって、next_diffが1より大きければ、カレント行と次の行の間に欠番が存在することがわかります。同様に、prev_diffが1より大きければ、1行前とカレント行の間に欠番が存在することがわかります。

この性質を利用することで、シーケンスの区切りとなる両端のnumを求めることができます。TMP2のSELECT句におけるCASE式で、next_diffとprev_diffが1かどうかで境界値であるか否かを判断しています（**図8.19**）。low列とhigh列は、各シーケンスの両端となる値を示しています。

図8.19　カレント行と前後の差分（TMP2）

low	high	seq
1	1	1
3		2
	4	3
7		4
		5
	9	6
12	12	7

この時点で、答え自体はすでに求められています。ただ、「3〜4」や「7〜9」の期間のように同一の行に始点と終点が収まっていないシーケンスが存在するので、これを整形するためにTMP3を作ります（**図8.20**）。

図8.20　シーケンスの整理（TMP3）

low	high
1	1
3	4
	4
7	9
	9
	9
12	12

最後に、一番外側のWHERE low IS NOT NULLの条件で不要な行を削除すれば、最終結果が得られます（**図8.21**）。

第8章　SQLにおける順序　甦る手続き型

図8.21 low列がNULLの行を削除する

```
low | high
----+------
  1 |    1
  3 |    4
  7 |    9
 12 |   12
```

　考え方は同じなのに、テーブルに存在しないシーケンスを求めるクエリ
に比べてコードが長大になったことに違和感を持った人もいるかもしれま
せん。実は、やろうと思えばこのコードはサブクエリを減らすこともでき
ます。CASE式で作ったlow列とhigh列を、直接外側のSELECT句のウィ
ンドウ関数内に記述してしまえば、TMP2が不要になるからです。ただ、
そうするとかなり読みにくいコードになるため、ここでは1つずつサブク
エリを段階的に作っていくコードを示しました。

　実行計画は**図8.22**のようになります。

図8.22 手続き型の実行計画（PostgreSQL）

```
Subquery Scan on tmp3  (cost=1.70..1.97 rows=7 width=8)
  Filter: (tmp3.low IS NOT NULL)
  -> WindowAgg  (cost=1.70..1.90 rows=7 width=20)
      -> Sort  (cost=1.70..1.72 rows=7 width=20)
          Sort Key: tmp1.seq
          -> Subquery Scan on tmp1  (cost=1.17..1.61 rows=7 width=20)
              -> WindowAgg  (cost=1.17..1.54 rows=7 width=4)
                  -> WindowAgg  (cost=1.17..1.40 rows=7 width=4)
                      -> WindowAgg  (cost=1.17..1.29 rows=7 width=4)
                          -> Sort  (cost=1.17..1.19 rows=7 width=4)
                              Sort Key: numbers.num
                              -> Seq Scan on numbers  (cost=0.00..1.07 rows=7 width=4)
```

　TMP1とTMP3でウィンドウ関数を使っているため、ソートも2回発生
しています[注10]。PostgreSQLの実行計画は入れ子が冗長で若干見にくいので、
参考にOracleの実行計画も示します（**図8.23**）。内容的には同じで、やはり
ウィンドウ関数のために2回のソートが発生することがわかります。

注10　TMP1の中には3つのウィンドウ関数が存在しますが、ソートキーはいずれもnum列の昇順なので、
　　　ソートは1回で済んでいます。

248

行に対するナンバリングの応用　　8.2

図8.23　手続き型の実行計画（Oracle）

```
--------------------------------------------------------------------
| Id | Operation          | Name    | Rows | Bytes | Cost (%CPU)| Time     |
--------------------------------------------------------------------
|  0 | SELECT STATEMENT   |         |    7 |   182 |    4  (50)| 00:00:01 |
|* 1 |  VIEW              |         |    7 |   182 |    4  (50)| 00:00:01 |
|  2 |   WINDOW SORT      |         |    7 |   364 |    4  (50)| 00:00:01 |
|  3 |    VIEW            |         |    7 |   364 |    3  (34)| 00:00:01 |
|  4 |     WINDOW SORT    |         |    7 |    21 |    3  (34)| 00:00:01 |
|  5 |      TABLE ACCESS FULL| NUMBERS |  7 |    21 |    2   (0)| 00:00:01 |
--------------------------------------------------------------------
```

　また、PostgreSQLの実行計画ではSubquery Scan on tmp1のように、サブクエリに対するスキャンがTMP1とTMP3に対して発生しています。これは、サブクエリの結果を一時テーブルとして展開する動作をしていることを意味します。これは一時表のサイズが大きい場合はコストが高くなる可能性があります[注11]。OracleでもVIEWという部分がサブクエリを意味します。Oracleは、極力こうした中間結果をメモリ上に保持しようとしますが、結果が大きい場合はやはり一時テーブルとしてストレージ上に格納されます。

　したがって、このクエリが性能面で集合指向のクエリに勝てるかどうかは、サブクエリのサイズにも依存するため、断言はできません[注12]。

　なおリスト8.20についても、環境によってはNumbersテーブルに対するアクセス手段として、シーケンシャルスキャンの代わりに主キーのインデックスを使ったインデックススキャン（Index Scan または Index Only Scan）が現れることがあるかもしれません。

注11　一時表はストレージに保持されるうえ、このような一時表にはインデックスや制約が存在しないため、フルスキャンが採用されることが多いためです。

注12　テーブルサイズが大きくなるほど集合指向の自己結合のコストのほうが大きくなっていくとは思いますが。

249

第8章 SQLにおける順序 甦る手続き型

8.3
シーケンスオブジェクト・IDENTITY列・採番テーブル

標準SQLには、連番を扱うための機能としてシーケンスオブジェクトとIDENTITY列が存在します。比較的新しい機能ですが、現在ではほとんどの実装で使用できます[注13]。これら2つの機能に対する本書のスタンスは簡潔です。

どちらの機能も極力使わないこと

これに尽きます。どうしても使わなければならない場合は、本当に必要な個所だけの利用にとどめてください。そして、IDENTITY列よりはシーケンスオブジェクトを使うようにしてください。

シーケンスオブジェクト

シーケンスオブジェクトは後ろに「オブジェクト」という言葉が付くことからもわかるように、テーブルやビューと同様、スキーマ内に存在するオブジェクトの一つです。したがってテーブルやビューと同じくCREATE文を使って定義します（**リスト8.21**）。

リスト8.21 シーケンスオブジェクトの定義の例

```
CREATE SEQUENCE testseq
START WITH 1
INCREMENT BY 1
MAXVALUE 100000
MINVALUE 1
CYCLE;
```

主な指定オプションは実装によっても違いますが、「開始値」「増分」「最大値」「最小値」「最大値に達したときの循環の有無」（循環の場合は最小値に戻る）といったあたりの設定は多くの実装でサポートされています。こうし

注13 IDENTITY列はOracleがサポートしていません。また、シーケンスオブジェクトはMySQLがサポートしていません。

250

て作成されたシーケンスオブジェクトは、SQL文の中でアクセスすることによって、指定した増分で増えていく数列を生成できます。

この機能が最もよく使われる場所はINSERT文の中です（**リスト8.22**）。

リスト8.22 **シーケンスオブジェクトを使った行のINSERT例**

```
INSERT INTO HogeTbl VALUES(NEXT VALUE FOR nextval, 'a', 'b', ...);
```

シーケンスオブジェクトによって払い出した連番を主キーに使って、行をINSERTしていくわけです[注14]。

■──シーケンスオブジェクトの問題点

シーケンスオブジェクトの問題点は、大きく3つ挙げられます。

❶標準化が遅かったため、構文が実装依存で移植性がない。使えない実装もある
❷システムで自動的に払い出す値のため、現実のエンティティの属性ではない
❸パフォーマンス問題を引き起こす

❶の問題はSQLにおいてはある意味つきもので、また実装間の移植性を気にしなくてよいケースでは欠点にはなりません。❷の問題は、RDBの理論家の間では最も重大視されているものですが、現場においてはしばしば無視されがちです。しかし、❸の問題はたとえ実務家であっても無視できないものです。この点を主に取り上げます。

シーケンスオブジェクトが引き起こす性能問題は、大きく次の2つに分類できます。

■──シーケンスオブジェクトそのものに起因する性能問題

まずは、シーケンスオブジェクトのロジックに依存する問題です。シーケンスオブジェクトが払い出す連番は、デフォルトでは次の3つの特性を持っています。

注14　シーケンスオブジェクトへアクセスする構文は、実装によって異なります。標準SQLに準じているのは、DB2とMicrosoft SQL Serverです。Oracleではシーケンス名.nextval／シーケンス名.currval、PostgreSQLではnextval('シーケンス名')／currval('シーケンス名')になります。

- 一意性
- 連続性
- 順序性

　一意性と連続性については「行に対するナンバリングの応用」（232ページ）でも解説しましたが、ここで簡単に復習しておきます。

　一意性は、重複する値が払い出されることはないということです。たとえば、「1,2,2,3,4,5,5,5」という数列では、2と5が重複しているため、一意性を満たしていません。重複値が発生しては主キーとして使うことなど不可能ですから、これはシーケンスオブジェクトとして最低限満たすべき性質です。

　連続性は、払い出す値に欠番が発生しないということです。たとえば「1,2,4,5,6,8」という数列では3と7の値が欠けているため、連続性を満たしていません。これは、一意性さえ担保できていればよい場合は、必ずしも満たす必要のない性質です。

　順序性は、連番の大小関係が逆転することがない、ということです。たとえば「1,2,5,4,6,8,7」という数列では、4と5、7と8の大小関係が逆転しており、順序性を満たしていません。これも、一意性さえ担保できればよい場合には、必ずしも満たす必要のない性質です。

　シーケンスオブジェクトは、デフォルト設定ではこの3つの性質を満たした連番を払い出そうとします。そのため、同時実行制御のためにかなり厳格なロックメカニズムが必要になります。1人のユーザがシーケンスオブジェクトを利用する際には、シーケンスオブジェクトをロックしてほかのユーザからのアクセスをブロックする排他制御を行うためです。ユーザAがシーケンスオブジェクトからNEXT VALUEを取得するときの処理イメージは次のようになります。

❶シーケンスオブジェクトを排他ロックする
❷NEXT VALUEを取得する
❸CURRENT VALUEがインクリメントされる
❹シーケンスオブジェクトの排他ロックを解除する

❶〜❹のステップの間、他ユーザはシーケンスオブジェクトにアクセス

できません注15。したがって、同時に複数ユーザがシーケンスオブジェクトへのアクセスを行った場合、ロック競合による性能劣化が発生することになりますし、シングルユーザが連続的にシーケンスオブジェクトへアクセスする場合にも、この❶～❹のステップを繰り返すわけですから、ある程度のオーバーヘッドが発生します。もっとも、オーバーヘッドの評価は定量的な問題なので、発生することが常に悪いというわけではもちろんありません。

■──シーケンスオブジェクトそのものに起因する性能問題への対策

こうしたシーケンスオブジェクトのロジックに起因する問題を緩和する方法としては、CACHE と NOORDER オプションがあります。

CACHE は、新しい値が必要になるたびに、メモリに読み込む必要がある値の数を設定するオプションです。実装によってデフォルト値は異なりますが、この値を大きくすることでアクセスコストを減らすことが可能になります。ただし、CACHE オプションを有効にする副作用として、システム障害時に連続性の担保が不可能になります。つまり、障害時には欠番を許すことになります。

もう一つの NOORDER オプションは、順序性を担保しないことによってやはりオーバーヘッドを減らす効果があります。この場合、あとからアクセスしたほうに小さな連番が振られることが起こり得るため、時系列のデータなど順序性を担保したい場合には利用できません。

このように、機能的な充足性と照らし合わせて判断して、CACHE と NOORDER を採用できる場合はシーケンスオブジェクトの性能を改善できる可能性があります。逆に言うと、シーケンスオブジェクトのチューニング方法はこの程度しかないということです。

■──連番をキーに使うことに起因する性能問題

シーケンスオブジェクトが引き起こす性能問題の2つ目のケースが、ホットスポットに関連するものです。これは、連番や時刻のような連続したデータを扱う場合には、シーケンスオブジェクトを利用していなくても起

注15　たとえば、もし❷と❸の間にユーザBがシーケンスオブジェクトにアクセスしてしまうと、複数の
　　　ユーザに同じNEXT VALUEの値を払い出す事態が発生しかねません。

こる可能性があり、必ずしもシーケンスオブジェクト特有の問題というわけではありません。しかし、シーケンスオブジェクトを使った場合に顕著に見られます。

この問題は、DBMSの物理層の構造によって発生するものです。連番のように値の近いデータを連続してINSERTすると、物理的に同じ領域に格納されることになります。するとストレージの特定の物理的ブロックだけI/O負荷が高くなって、性能劣化が発生するのです。このようなI/O負荷の集中する場所を「ホットスポット」とか「ホットブロック」と呼びます（図8.24）[注16]。

図8.24　ホットスポットのイメージ

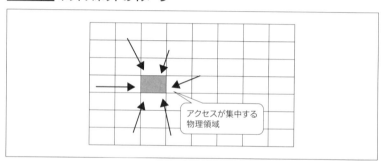

このタイプの性能劣化の典型例が、シーケンスオブジェクトを使ったINSERT文がループで大量発行される場合で、特定のブロックに処理が集中して性能劣化が起きます。「ぐるぐる系」がここでも再び顔を出してきます。この問題に対処するのは、なかなか難しいことです。RDBは物理層をユーザから隠蔽することを意図しているので、物理層のアクセスパターンをユーザが明示的に変えることは、基本的にできません。

注16　ホットスポットは、テーブルでもインデックスでも発生しえます。またその発生理由は、単純に特定のストレージ領域のリソース負荷が上がるという物理的な要因と、ロック競合という論理的な要因があります。ホットスポットの発生ロジックについては、たとえば次のドキュメントを参照してください。
・Oracle SQLチューニング講座(9)：索引の使い分けでパフォーマンスを向上できるケース - @IT
　http://www.atmarkit.co.jp/fdb/rensai/orasql09/orasql09_3.html
・Monotonically increasing clustered index keys can cause LATCH contention - MSDN Blogs
　http://blogs.msdn.com/b/sqlserverfaq/archive/2010/05/27/monotonically-increasing-clustered-index-keys-can-cause-latch-contention.aspx

■───連番をキーに使うことに起因する性能問題への対策

この問題を緩和する方法は2つ知られています。1つ目は、Oracleの逆キーインデックスのように、連続した値を挿入する場合であってもDBMS内部で変換をかけてうまく分散できるようなしくみ(一種のハッシュ)を利用することです。2つ目は、インデックスにあえて冗長な列を追加することでデータの分散度を高めることです。つまり、(seq)だけで一意にはなるとしても、そこにあえて(empid, seq)のように本来不要な列を追加してインデックスを作るということです。

しかしこれらの方法にもトレードオフがあります。逆キーインデックスのようなしくみを使えば、たしかにINSERT文は速くなりますが、逆に範囲検索などでI/O量が増えてしまい、SELECT文の性能が悪くなるリスクがあります。かつ、実装依存の方法なので普遍性がありません。インデックスに冗長な列を追加する方法も、論理レベルで不要な列をキーに追加するというのは、お世辞にも真っ当なモデル設計とは言えません。あとから設計書を見たエンジニアは、しばらく頭上にクエスチョンマークを浮かべることになるでしょう。

以上のように、シーケンスオブジェクトを使ったときの性能問題は(物理層まで届くという点で)根深いものです。シーケンスオブジェクトは極力使うべきではないし、使うならばリスクを知ったうえで控えめに、というのが本書の結論です。

IDENTITY列

IDENTITY列は「オートナンバー列」とも呼ばれます。テーブルの列として定義して、データがINSERTされるたびにインクリメントされた数値が追加されます。

このIDENTITY列は、機能的にも性能的にもシーケンスオブジェクトの劣化版というのが本書の評価です。機能的には、シーケンスオブジェクトがテーブルとは独立に任意のテーブルへ登録するデータに利用できるのに対し、IDENTITY列は特定のテーブルに結びついています。性能的にはシーケンスオブジェクトで可能なCACHEやNOORDERの指定ができなかったりなど制限されています。そのため、シーケンスオブジェクトが使える実装において、IDENTITY列を利用するメリットはないと言ってよいでし

第8章　SQLにおける順序　甦る手続き型

 よう。

採番テーブル

　最近は見かけなくなりましたが、むかしむかしに作られたアプリケーションでは、採番テーブルという連番を払い出すため専用のテーブルを使うことは珍しくありませんでした。実装がシーケンスオブジェクトもIDENTITY列もサポートしていなかったころは、アプリケーション側で独自に採番を行わなければならなかったのです。これはテーブルで擬似的にシーケンスオブジェクトを実装したものなので、シーケンスオブジェクトのロックメカニズムをそのままテーブルで表現することになります。

　もちろんパフォーマンスも出ませんし、シーケンスオブジェクトのようにCACHEやNOORDERのような改善手段もありません。今から設計するシステムでこのようなテーブルを使うメリットはないでしょう。もし採番テーブルを使っている古いシステムの保守をすることになったら……そこがボトルネックにならないことを祈ってください。ボトルネックになったとしても、使われているSQL文は極めて単純なので、チューニング余地はまずないからです[注17]。

注17　こうした連番の払い出しを、データベースではなくアプリケーション側で行うというアイデアはどうでしょうか。これは連続性と順序性を担保する必要があるかとか、プログラミング言語に何を使うかとか、サーバスペックがどのくらいかとかの条件に依存するところもあるのですが、データベースで行うよりも速い可能性はあります。ただし、何らかの排他制御が必要になった時点で、その採番モジュールがボトルネックになるというのは、データベース側の場合と同じです。というのも、この部分は並列化が困難で、処理がシーケンシャルになる単一ボトルネックポイントだからです。

シーケンスオブジェクト・IDENTITY列・採番テーブル　8.3

第8章のまとめ

- 一度はSQLが追放した手続き型が、ウィンドウ関数という形で大々的に復活を遂げた

- ウィンドウ関数は、コードを簡潔に記述することで可読性を上げる

- ウィンドウ関数は、結合やテーブルへのアクセスを減らすことでパフォーマンス向上にも貢献する

- シーケンスオブジェクトやIDENTITY列は性能問題を引き起こす要因となるので利用時には注意が必要

演習問題8

リスト8.13（235ページ）の手続き的なクエリでは、ソートキーに体重（weight）列のほかに主キーの学生ID（student_id）を含んでいます。このキーを**リスト8.23**のように除外すると、このクエリは正しく動作しません。いったいなぜでしょう？　その理由を考えてください。

リスト8.23 student_idを除外するとうまく動作しない

```
SELECT AVG(weight) AS median
  FROM (SELECT weight,
               ROW_NUMBER() OVER (ORDER BY weight ASC)  AS hi,
               ROW_NUMBER() OVER (ORDER BY weight DESC) AS lo
          FROM Weights) TMP
 WHERE hi IN (lo, lo +1 , lo -1);
```

サンプルデータとしては**リスト8.24**を使います。この場合、メジアンは70kgと60kgの平均である65kgとなります。

257

第8章 SQLにおける順序 甦る手続き型

リスト8.24 サンプルデータ

```
DELETE FROM Weights;
INSERT INTO Weights VALUES('B346',  80);
INSERT INTO Weights VALUES('C563',  70);
INSERT INTO Weights VALUES('A100',  70);
INSERT INTO Weights VALUES('A124',  60);
INSERT INTO Weights VALUES('B343',  60);
INSERT INTO Weights VALUES('C345',  60);
```

➡解答は343ページ

第9章
更新とデータモデル
盲目のスーパーソルジャー

第9章　更新とデータモデル　盲目のスーパーソルジャー

金槌しか道具を持たない人にはすべての問題が釘に見えてくる。

──Abraham Harold Maslow

9.1
更新は効率的に

　SQLの「Q」が「Query」(問い合わせ)の略であることからもわかるように、SQLという言語は誕生の時点から、データベースから情報を引き出すことを主な用途として考えていました。実際、私たちが業務で使用するSQLの大半はSELECT文であると言ってよいでしょう。反面、UPDATEやDELETEといった更新のための機能について、詳細に取り上げられる機会はあまりありません。近年は標準SQLにMERGE文が追加されるなど活発な拡張が行われている分野ですが、意外にユーザからは盲点となっており、その強力さが十分に理解されていないのが現状です。

　その結果、更新を伴うSQL文は、検索のSQL文以上に非効率でパフォーマンスも悪いコーディングが氾濫しています。その典型が、第5章で取り上げた「ぐるぐる系」です。1回につき1行を更新する単純なSQL文をループで回す──これがパフォーマンス観点で褒められたものではないことはすでに見ましたが、第5章では主に検索のSQLを取り上げました。本章では、更新を効率的に行うSQLコーディングをケーススタディを通して学びます。そしてそれとともに、データベースにおいて更新にまつわる問題が発生する根源──モデリングの問題についても考えてみましょう。

NULLの埋め立てを行う

　図9.1のようなサンプルテーブルを考えます。リスト9.1のようなSQLを実行してください。keycol (キー) + seq (連番)で一意な、何の変哲もないテーブルです。注目してほしいのは、valがNULLの行です。これは、本当は値はあるのだけれど、前のレコード (同じkeycolで連番が1つ前) と同じ値のため省略されているのです。紙媒体のデータを入力して電子データを作る場合など、タイプ回数を減らすためにこういう省略措置がよく行わ

更新は効率的に　　9.1

れます。

図9.1　OmitTbl：埋め立て前

```
keycol| seq|  val
------+----+-------
A     |  1|   50
A     |  2|
A     |  3|
A     |  4|   70
A     |  5|
A     |  6|  900
B     |  1|   10
B     |  2|   20
B     |  3|
B     |  4|    3
B     |  5|
B     |  6|
```

※keycol：キー、seq：連番、val：値

リスト9.1　OmitTblテーブルの定義

```
CREATE TABLE OmitTbl
(keycol CHAR(8) NOT NULL,
 seq    INTEGER NOT NULL,
 val    INTEGER ,
  CONSTRAINT pk_OmitTbl PRIMARY KEY (keycol, seq));

INSERT INTO OmitTbl VALUES ('A', 1, 50);
INSERT INTO OmitTbl VALUES ('A', 2, NULL);
INSERT INTO OmitTbl VALUES ('A', 3, NULL);
INSERT INTO OmitTbl VALUES ('A', 4, 70);
INSERT INTO OmitTbl VALUES ('A', 5, NULL);
INSERT INTO OmitTbl VALUES ('A', 6, 900);
INSERT INTO OmitTbl VALUES ('B', 1, 10);
INSERT INTO OmitTbl VALUES ('B', 2, 20);
INSERT INTO OmitTbl VALUES ('B', 3, NULL);
INSERT INTO OmitTbl VALUES ('B', 4, 3);
INSERT INTO OmitTbl VALUES ('B', 5, NULL);
INSERT INTO OmitTbl VALUES ('B', 6, NULL);
```

　人間ならそういうルールだと知っていればすぐわかりますが、データベースにこういうデータを投入してvalの値を集計したい場合は、このままのテーブルでは使い物になりません。律儀に全行について値を埋めてやる必要があります。そこで、**図9.2**のようにNULLの行を「埋めた」テーブルを作ることにしましょう。

261

第9章　更新とデータモデル　盲目のスーパーソルジャー

図9.2　　OmitTbl：埋め立て後

```
keycol| seq|    val
------+----+-------
A     |  1|    50
A     |  2|    50  ←埋めた
A     |  3|    50  ←埋めた
A     |  4|    70
A     |  5|    70  ←埋めた
A     |  6|   900
B     |  1|    10
B     |  2|    20
B     |  3|    20  ←埋めた
B     |  4|     3
B     |  5|     3  ←埋めた
B     |  6|     3  ←埋めた
```

　まず、更新対象はval列がNULLの行に限られることは明らかですから、UPDATE文のWHERE句の条件がval IS NULLであることはすぐにわかります。問題は、更新対象となる各行について、val列の値をどう計算するかです。ともすると、カーソルやホスト言語で1行ずつループさせるぐるぐる系アプローチをとりたくなるかもしれませんが、私たちはすでにこれがうまくない方法であることを知っています。

　この計算がカレント行の1行で完結するものではなく、行間比較が必要なことも確かです。こういうとき、SQLの古典的な考え方では、相関サブクエリを使うアプローチを試します。つまり、

❶同じkeycolを持つ

❷自分（カレント行）より小さいseqの値を持つ

❸valがNULLではない

という3つの条件を満たす行集合に絞ったうえで、その中で最大のseqを持つ行を探し出す、という考え方です。特に❷がポイントで、この条件によって、カレント行よりも順番が前の（すなわちseqの小さな）レコードへと遡りながらスキャンしていく動作を実現します。

　これを相関サブクエリで記述すると、答えは**リスト9.2**のようになります。先ほどの3つの条件すべてが、この一つのUPDATE文の中に盛り込まれていることがわかります。

更新は効率的に　　9.1

リスト9.2　OmitTblのUPDATE文

```
UPDATE OmitTbl
   SET val = (SELECT val
                FROM OmitTbl OT1
               WHERE OT1.keycol = OmitTbl.keycol  ❶同じkeycolを持つ
                 AND OT1.seq = (SELECT MAX(seq)
                                  FROM OmitTbl OT2  ❷自分より小さいseqを持つ
                                 WHERE OT2.keycol = OmitTbl.keycol
                                   AND OT2.seq < OmitTbl.seq
                                   AND OT2.val IS NOT NULL))
 WHERE val IS NULL;
                                            ❸valがNULLではない
```

　実行計画は**図9.3**のようになります。OT2に対するテーブルスキャンの結果をMAX関数で集約し、それでOT1テーブルの行を特定しています。

図9.3　相関サブクエリによるUPDATE文の実行計画（PostgreSQL）

```
Update on omittbl  (cost=0.00..3.50 rows=1 width=19)
  -> Seq Scan on omittbl  (cost=0.00..3.50 rows=1 width=19)
        Filter: (val IS NULL)
        SubPlan 2
          -> Seq Scan on omittbl ot1  (cost=1.19..2.38 rows=1 width=4)
               Filter: ((keycol = omittbl.keycol) AND (seq = $2))
               InitPlan 1 (returns $2)
                 -> Aggregate  (cost=1.18..1.19 rows=1 width=4)
                      -> Seq Scan on omittbl ot2  (cost=0.00..1.18 rows=2 width=4)
                           Filter: ((val IS NOT NULL) AND (seq < omittbl.seq) AND (keycol = omittbl.keycol))
```

　今はテーブルのデータ量が少ないのでテーブルに対するシーケンシャルスキャンが行われていますが、仮に件数が増えた場合でも（keycol, seq）の主キーのインデックスが利用できる可能性が高く、パフォーマンスはぐるぐる系に勝る可能性が高いでしょう。実際、Oracleの実行計画では、IS NULLしかWHERE句に条件がない一番外側のOmitTblに対するアクセスこそフルスキャンせざるを得ないものの、内側の2つのサブクエリにおけるアクセスでは主キーのインデックスが利用可能なことを示しています（**図9.4**）。PostgreSQLでも、データ量が増えたときにはこのようにインデックスを使う実行計画になる可能性が高いでしょう。

263

第9章　更新とデータモデル　盲目のスーパーソルジャー

図9.4 相関サブクエリによるUPDATE文の実行計画（Oracle）

```
-------------------------------------------------------------------------------
| Id | Operation                     | Name      | Rows | Bytes | Cost (%CPU)| Time     |
-------------------------------------------------------------------------------
|  0 | UPDATE STATEMENT              |           |    1 |    36 |    5  (20)| 00:00:01 |
|  1 |  UPDATE                       | OMITTBL   |      |       |           |          |
|* 2 |   TABLE ACCESS FULL           | OMITTBL   |    1 |    36 |    2   (0)| 00:00:01 |
|  3 |   TABLE ACCESS BY INDEX ROWID | OMITTBL   |    1 |    36 |    1   (0)| 00:00:01 |
|* 4 |    INDEX UNIQUE SCAN          | PK_OMITTBL|    1 |       |    1   (0)| 00:00:01 |
|  5 |    SORT AGGREGATE             |           |    1 |    36 |           |          |
|* 6 |     TABLE ACCESS BY INDEX ROWID| OMITTBL  |    1 |    36 |    1   (0)| 00:00:01 |
|* 7 |      INDEX RANGE SCAN         | PK_OMITTBL|    1 |       |    2   (0)| 00:00:01 |
-------------------------------------------------------------------------------
```

逆にNULLを作成する

　ちなみに、埋め立て後のOmitTbl（図9.2）を出発点にして、埋め立て前の「省略バージョン」のテーブル（図9.1）に変換することも、ほとんど同じ考え方で可能です。**リスト9.3**がそのUPDATE文です。

リスト9.3 埋め立ての逆演算SQL（UPDATE文）

```
UPDATE OmitTbl
   SET val = CASE WHEN val
              = (SELECT val
                   FROM OmitTbl O1  スカラサブクエリ全体をCASE式の引数としている
                  WHERE O1.keycol = OmitTbl.keycol
                    AND O1.seq
                        = (SELECT MAX(seq)
                             FROM OmitTbl O2
                            WHERE O2.keycol = OmitTbl.keycol
                              AND O2.seq < OmitTbl.seq))
             THEN NULL
             ELSE val END;
```

　先ほどの❶～❸の条件に合致する行に関してはNULLを、そうでない行に関しては当該行のval値を選択するような分岐をCASE式で表現しているのがこの方法のポイントです。式の中にサブクエリ全体を丸ごと組み込むことのできるCASE式の柔軟性が際立ちます。これが可能なのは、このサブクエリが値を1つだけ返すスカラサブクエリだからです。

　実行計画は図9.3、図9.4とほとんど同じなので省略します。

264

9.2
行から列への更新

　今度は、2つのテーブルを使って、片方の情報をもう一方のテーブルへ
編集を加えつつコピーするUPDATE文を考えます。学生のテストの得点を
行持ちと列持ちで保持するテーブルをサンプルとします（**図9.5**、**図9.6**）。
リスト9.4、**リスト9.5**のようにして作成してください。

図9.5 　行持ちの点数テーブル

ScoreRows

student_id (学生ID)	subject (教科)	score (点数)
A001	英語	100
A001	国語	58
A001	数学	90
B002	英語	77
B002	国語	60
C001	英語	52
C003	国語	49
C003	社会	100

図9.6 　列持ちの点数テーブル

ScoreCols

student_id (学生ID)	score_en (英語の点数)	score_nl (国語の点数)	score_mt(数学の点数)
A001			
B002			
C003			
D004			

リスト9.4 　行持ちの点数テーブルの定義

```
CREATE TABLE ScoreRows
(student_id CHAR(4)    NOT NULL,
 subject    VARCHAR(8) NOT NULL,
 score      INTEGER ,
  CONSTRAINT pk_ScoreRows PRIMARY KEY(student_id, subject));

INSERT INTO ScoreRows VALUES ('A001',  '英語',   100);
INSERT INTO ScoreRows VALUES ('A001',  '国語',   58);
INSERT INTO ScoreRows VALUES ('A001',  '数学',   90);
```

265

第9章　更新とデータモデル　盲目のスーパーソルジャー

```
INSERT INTO ScoreRows VALUES ('B002',   '英語',   77);
INSERT INTO ScoreRows VALUES ('B002',   '国語',   60);
INSERT INTO ScoreRows VALUES ('C003',   '英語',   52);
INSERT INTO ScoreRows VALUES ('C003',   '国語',   49);
INSERT INTO ScoreRows VALUES ('C003',   '社会',   100);
```

リスト9.5　列持ちの点数テーブルの定義

```
CREATE TABLE ScoreCols
(student_id CHAR(4)    NOT NULL,
 score_en       INTEGER ,
 score_nl       INTEGER ,
 score_mt       INTEGER ,
 CONSTRAINT pk_ScoreCols PRIMARY KEY (student_id));

INSERT INTO ScoreCols VALUES ('A001', NULL, NULL, NULL);
INSERT INTO ScoreCols VALUES ('B002', NULL, NULL, NULL);
INSERT INTO ScoreCols VALUES ('C003', NULL, NULL, NULL);
INSERT INTO ScoreCols VALUES ('D004', NULL, NULL, NULL);
```

　ここでの問題は、行持ちのテーブルから列持ちのテーブルへ、科目ごとの点数を移すことです。更新後の列持ちテーブルは**図9.7**のようなデータ内容となります。

図9.7　図9.6のScoreCols更新後

ScoreCols

student_id (学生ID)	score_en (英語の点数)	score_nl (国語の点数)	score_mt (数学の点数)
A001	100	58	90
B002	77	60	
C003	52	49	
D004			

　生徒B002とC003の数学の点数は、データソースであるScoreRowsテーブルからはわからないのでNULLのままです。また、そもそもD004という生徒は存在しないので、この生徒については更新対象外とされます。

　基本的には先ほどと同様、SET句で相関サブクエリを利用します。同じ生徒同士の情報を更新するわけですから、結合キーはstudent_idになることは見当がつきます。

266

行から列への更新　9.2

1列ずつ更新する

まず考えつくのは、**リスト9.6**のように1教科ずつ更新する「素直な」SQLでしょう。このクエリは、やっていることは単純明快ですが、3つの相関サブクエリを実行しなければならない点でパフォーマンスに難があります。

リスト9.6 行→列の更新SQL：素直だけど非効率

```
UPDATE ScoreCols
    SET score_en = (SELECT score
                      FROM ScoreRows SR
                     WHERE SR.student_id = ScoreCols.student_id
                      AND subject = '英語'),
        score_nl = (SELECT score
                      FROM ScoreRows SR
                     WHERE SR.student_id = ScoreCols.student_id
                      AND subject = '国語'),
        score_mt = (SELECT score
                      FROM ScoreRows SR
                     WHERE SR.student_id = ScoreCols.student_id
                      AND subject = '数学');
```

実行計画でも、サブクエリが3つ実行されていることが確認できます（**図9.8**、**図9.9**）。

図9.8 1列ずつ更新の実行計画（PostgreSQL）

```
Update on scorecols  (cost=0.00..32524.51 rows=1310 width=26)
  -> Seq Scan on scorecols  (cost=0.00..32524.51 rows=1310 width=26)
      SubPlan 1
        -> Index Scan using pk_scorerows on scorerows sr  (cost=0.00..8.27 rows=1 width=4)
              Index Cond: ((student_id = scorecols.student_id) AND ((subject)::text = '英語'::text))
      SubPlan 2
        -> Index Scan using pk_scorerows on scorerows sr  (cost=0.00..8.27 rows=1 width=4)
              Index Cond: ((student_id = scorecols.student_id) AND ((subject)::text = '国語'::text))
      SubPlan 3
        -> Index Scan using pk_scorerows on scorerows sr  (cost=0.00..8.27 rows=1 width=4)
              Index Cond: ((student_id = scorecols.student_id) AND ((subject)::text = '数学'::text))
```

267

第9章　更新とデータモデル　盲目のスーパーソルジャー

図9.9 1列ずつ更新の実行計画（Oracle）

```
-------------------------------------------------------------------------------
| Id  | Operation                      | Name         | Rows | Bytes | Cost (%CPU)| Time     |
-------------------------------------------------------------------------------
|   0 | UPDATE STATEMENT               |              |    4 |   180 |    3   (0)| 00:00:01 |
|   1 |  UPDATE                        | SCORECOLS    |      |       |           |          |
|   2 |   TABLE ACCESS FULL            | SCORECOLS    |    4 |   180 |    3   (0)| 00:00:01 |
|   3 |   TABLE ACCESS BY INDEX ROWID  | SCOREROWS    |    1 |    25 |    1   (0)| 00:00:01 |
|*  4 |    INDEX UNIQUE SCAN           | PK_SCOREROWS |    1 |       |    1   (0)| 00:00:01 |
|   5 |   TABLE ACCESS BY INDEX ROWID  | SCOREROWS    |    1 |    25 |    1   (0)| 00:00:01 |
|*  6 |    INDEX UNIQUE SCAN           | PK_SCOREROWS |    1 |       |    1   (0)| 00:00:01 |
|   7 |   TABLE ACCESS BY INDEX ROWID  | SCOREROWS    |    1 |    25 |    1   (0)| 00:00:01 |
|*  8 |    INDEX UNIQUE SCAN           | PK_SCOREROWS |    1 |       |    1   (0)| 00:00:01 |
-------------------------------------------------------------------------------
```

　更新したい教科がもっと増えたらその分だけサブクエリの数も増え、パフォーマンスは悪化の一途をたどります[注1]。このクエリの性能を改善する方法はないものでしょうか。

行式で複数列更新する

　ここで強力な武器になるのが行式という機能です。**リスト9.7**のように複数列をリスト化して一度に更新するという方法です。

リスト9.7 より効率的なSQL：リスト機能の利用

```
UPDATE ScoreCols
   SET (score_en, score_nl, score_mt)    --複数列をリスト化して一度で更新
       = (SELECT MAX(CASE WHEN subject = '英語'
                          THEN score
                          ELSE NULL END) AS score_en,
                 MAX(CASE WHEN subject = '国語'
                          THEN score
                          ELSE NULL END) AS score_nl,
                 MAX(CASE WHEN subject = '数学'
                          THEN score
                          ELSE NULL END) AS score_mt
            FROM ScoreRows SR
            WHERE SR.student_id = ScoreCols.student_id);
```

※2014年現在、Oracle、DB2でのみ利用可能です。詳しくは後述します。

注1　それでも、検索条件で主キーのインデックスpk_ScoreRowsを使えている点が救いですが。

こうするとサブクエリをひとまとめにできるためパフォーマンスも向上し、コードも簡潔になります。しかも、今後更新列が増えることがあっても、サブクエリの数は増えないので性能劣化の心配がいりません。

実行計画からも、**図9.10**のようにScoreRowsテーブルへのアクセスが1回に減っていることが確認できます。Oracleの実行計画で確認しましょう。

図9.10　1列ずつ更新の実行計画（Oracle）

```
| Id  | Operation                    | Name        | Rows | Bytes | Cost (%CPU)| Time     |

|   0 | UPDATE STATEMENT             |             |    4 |   180 |    3   (0)| 00:00:01 |
|   1 |  UPDATE                      | SCORECOLS   |      |       |           |          |
|   2 |   TABLE ACCESS FULL          | SCORECOLS   |    4 |   180 |    3   (0)| 00:00:01 |
|   3 |   SORT AGGREGATE             |             |    1 |    25 |           |          |
|   4 |    TABLE ACCESS BY INDEX ROWID| SCOREROWS  |    1 |    25 |    2   (0)| 00:00:01 |
|*  5 |     INDEX RANGE SCAN         | PK_SCOREROWS|    1 |       |    2   (0)| 00:00:01 |
```

パフォーマンスの観点で見ると、相関サブクエリを一つにまとめられた代わりに、ScoreRowsテーブルへのアクセスは一意検索（INDEX UNIQUE SCAN）ではなく範囲検索（INDEX RANGE SCAN）になっていることと、MAX関数のソートが追加されたこととのトレードオフになります。しかし、1人の生徒の教科数はそれほど多くないと期待できるので、サブクエリを減らす効果が勝るでしょう。

このUPDATE文には、重要な技術が2つ登場しています。

- **行式**
  SET句の左辺を見るとわかるように、英語・国語・数学の3つの列を (score_en, score_nl, score_mt) とリスト形式にしている。これによって、リスト全体を一つの操作単位にできる。これは SQL-92 で導入された行式という機能だが、SQLServer、PostgreSQL、MySQLでは、SET句でのリストがまだサポートされておらず[注2]、2014年現在、Oracle、DB2でのみ利用可能。ただ、行式は標準SQLの機能なので、いずれほかの実装でもサポートされていくと思われる

- **スカラサブクエリ**
  サブクエリ内の CASE 式によって教科ごとの点数を取得しているが、重要なのはそれぞれの点数に MAX 関数を適用していること。このような措置をとっているの

注2　正確には、PostgreSQLの場合、SET (score_en, score_nl, score_mt) = (1,1,1) のように単純なスカラ値を右辺に使うことは可能ですが、サブクエリを右辺で使用できません。

第9章　更新とデータモデル　盲目のスーパーソルジャー

は、ScoreRowsテーブルにおいて、ある生徒についての行は複数存在しているので、集約なしではサブクエリが複数行を返すエラーが発生するため。たとえば生徒「A001」のScoreColsテーブルにおけるscore_en列の場合、MAX関数なしの状態では (100, NULL, NULL) という3行が返される[注3]。このままではSET句の右辺として使えないが、MAX関数を適用することでNULLが除外され、「100」という単一の値に変換できる

NOT NULL制約がついている場合

図9.6ではScoreColsテーブルの英国数の3列はNULLを許可しています。そのため、ScoreRowsテーブルに存在しない生徒「D004」の全列や、「B002」「C003」の数学列はNULLで更新されることになります。では、もしScoreColsテーブルの全列にNOT NULL制約がついていたらどうでしょう。初期状態は**図9.11**のように「0」とします。**リスト9.8**のようにして作成してください。

図9.11　列持ち（NOT NULL制約つき）の点数テーブル

ScoreColsNN

student_id（学生ID）	score_en（英語の点数）	score_nl（国語の点数）	score_mt（数学の点数）
A001	0	0	0
B002	0	0	0
C003	0	0	0
D004	0	0	0

リスト9.8　ScoreColsNNテーブルの定義

```
CREATE TABLE ScoreColsNN
(student_id    CHAR(4) NOT NULL,
 score_en      INTEGER NOT NULL,
 score_nl      INTEGER NOT NULL,
 score_mt      INTEGER NOT NULL,
  CONSTRAINT pk_ScoreColsNN PRIMARY KEY (student_id));

INSERT INTO ScoreColsNN VALUES ('A001', 0, 0, 0);
INSERT INTO ScoreColsNN VALUES ('B002', 0, 0, 0);
INSERT INTO ScoreColsNN VALUES ('C003', 0, 0, 0);
INSERT INTO ScoreColsNN VALUES ('D004', 0, 0, 0);
```

注3　2つのNULLは、国語と数学の行についてELSE句でNULLに変換された結果です。

UPDATE文を利用する

　この場合、先ほどの2つのUPDATE文（リスト9.6、リスト9.7）を実行すると、どちらもエラーになります。その理由は、結合条件でヒットしなかった教科について、NULLに更新できないからです。これを防ぐには、**リスト9.9**、**リスト9.10**のようにSQLを修正する必要があります。

リスト9.9 リスト9.6（1列ずつ更新）のNOT NULL制約対応

```
UPDATE ScoreColsNN
   SET score_en = COALESCE((SELECT score  【生徒は存在するが教科が存在しなかった場合のNULL対応】
                              FROM ScoreRows
                              WHERE student_id = ScoreColsNN.student_id
                              AND subject = '英語'), 0),
       score_nl = COALESCE((SELECT score
                              FROM ScoreRows
                              WHERE student_id = ScoreColsNN.student_id
                              AND subject = '国語'), 0),
       score_mt = COALESCE((SELECT score
                              FROM ScoreRows
                              WHERE student_id = ScoreColsNN.student_id
                              AND subject = '数学'), 0)
 WHERE EXISTS (SELECT *  【そもそも生徒が存在しなかった場合のNULL対応】
                 FROM ScoreRows
                 WHERE student_id = ScoreColsNN.student_id);
```

リスト9.10 リスト9.7（行式の利用）のNOT NULL制約対応

```
UPDATE ScoreColsNN                    【生徒は存在するが教科が存在しなかった場合のNULL対応】
   SET (score_en, score_nl, score_mt)
     = (SELECT COALESCE(MAX(CASE WHEN subject = '英語'
                               THEN score
                               ELSE NULL END), 0) AS score_en,
               COALESCE(MAX(CASE WHEN subject = '国語'
                               THEN score
                               ELSE NULL END), 0) AS score_nl,
               COALESCE(MAX(CASE WHEN subject = '数学'
                               THEN score
                               ELSE NULL END), 0) AS score_mt
          FROM ScoreRows SR
          WHERE SR.student_id = ScoreColsNN.student_id)
 WHERE EXISTS (SELECT *  【そもそも生徒が存在しなかった場合のNULL対応】
                 FROM ScoreRows
                 WHERE student_id = ScoreColsNN.student_id);
```

※2014年現在、Oracle、DB2でのみ利用可能です。

第9章　更新とデータモデル　盲目のスーパーソルジャー

これらのコードは、2つのレベルでNULLに対応しています。

まず一つのレベルは、「そもそもテーブル間で一致しない行が存在した場合」です。生徒「D004」が相当します。こういう行はそもそも更新対象から除外する必要があるので、外側のWHERE句のEXISTS述語で「2つのテーブル間で学生IDが一致する行に限る」という条件を追加しています。

もう一つのレベルは、「生徒は存在するけれど教科が欠けている場合」です。いわば「行はあるけど列はない」状態です。学生「B002」と「C003」の数学がこれに相当します。これは、COALESCE関数でNULLを0に変換することで対応できます。

実行計画は、1列ずつ更新の場合も、行式でまとめて更新の場合も、ScoreColsNNテーブルとScoreRowsテーブルのEXISTS述語の結合が追加されるだけなので省略します。

■── MERGE文を利用する

このNOT NULLのケースに対応するには、実はもう一つ方法があります。それは**リスト9.11**のようにMERGE文を利用することです。

リスト9.11 MERGE文を利用して複数列を更新

```
MERGE INTO ScoreColsNN
   USING (SELECT student_id,
                 COALESCE(MAX(CASE WHEN subject = '英語'
                                   THEN score
                                   ELSE NULL END), 0) AS score_en,
                 COALESCE(MAX(CASE WHEN subject = '国語'
                                   THEN score
                                   ELSE NULL END), 0) AS score_nl,
                 COALESCE(MAX(CASE WHEN subject = '数学'
                                   THEN score
                                   ELSE NULL END), 0) AS score_mt
            FROM ScoreRows
          GROUP BY student_id) SR
     ON (ScoreColsNN.student_id = SR.student_id)  結合条件を1ヵ所にまとめられる
  WHEN MATCHED THEN
       UPDATE SET ScoreColsNN.score_en = SR.score_en,
                  ScoreColsNN.score_nl = SR.score_nl,
                  ScoreColsNN.score_mt = SR.score_mt;
```

※2014年現在、Oracle、DB2でのみ利用可能です。

この方法の利点は、UPDATEのときは2ヵ所に分散していた結合条件を

272

ON句にまとめてしまえることです。こうすることで、コードを簡潔に保ち将来の変更時に修正ミスをなくせます[注4]。

　もともとMERGE文は、UPDATEとINSERTを一度に行うために考案された技術ですが、別にUPDATEだけやINSERTだけ行っても構文上は問題ないという点を利用したトリックです。

　パフォーマンスに関しては、MERGE文の場合、ScoreRowsテーブルに対するフルスキャン1回＋ソート1回が必要となります（**図9.12**）。更新列が増えてもこれは変わらないので、相関サブクエリを複数並べたときとは異なりパフォーマンスが悪化する危険はありません。また、ScoreColsNNテーブルとScoreRowsテーブルの結合も1回で済むので、EXISTS述語を使って結合回数を増やすよりも有利な可能性があります。

図9.12　MERGE文の実行計画（Oracle）

```
--------------------------------------------------------------------------------------
| Id | Operation                      | Name          | Rows | Bytes | Cost (%CPU)| Time     |
--------------------------------------------------------------------------------------
|  0 | MERGE STATEMENT                |               |    8 |   384 |    5  (20)| 00:00:01 |
|  1 |  MERGE                         | SCORECOLSNN   |      |       |           |          |
|  2 |   VIEW                         |               |      |       |           |          |
|  3 |    NESTED LOOPS                |               |    8 |   456 |    5  (20)| 00:00:01 |
|  4 |     VIEW                       |               |    8 |   360 |    4  (25)| 00:00:01 |
|  5 |      SORT GROUP BY             |               |    8 |   200 |    4  (25)| 00:00:01 |
|  6 |       TABLE ACCESS FULL        | SCOREROWS     |    8 |   200 |    3   (0)| 00:00:01 |
|  7 |     TABLE ACCESS BY INDEX ROWID| SCORECOLSNN   |    1 |    12 |    1   (0)| 00:00:01 |
|* 8 |      INDEX UNIQUE SCAN         | PK_SCORECOLSNN|    1 |       |    0   (0)| 00:00:01 |
--------------------------------------------------------------------------------------
```

　あとは、テーブルサイズやインデックスの利用可否などの環境によってどちらに軍配が上がるかは変わってきますが、OracleやDB2などMERGE文をサポートしている実装ならば、一つの選択肢として考慮する価値があります。

注4　2ヵ所に分散していると、片方は直しても、もう一方は忘れるというイージーミスを招きやすくなります。

第9章 更新とデータモデル 盲目のスーパーソルジャー

9.3
列から行への更新

今度は先ほどの逆パターンを考えます。つまり、**図9.13**のように列持ち
のテーブルの情報を**図9.14**のような行持ちのテーブルへ更新するのです。
それぞれ**リスト9.12**、**リスト9.13**のようにして作成してください。

図9.13 列持ちの点数テーブル

ScoreCols

student_id (学生ID)	score_en (英語の点数)	score_nl (国語の点数)	score_mt (数学の点数)
A001	100	58	90
B002	77	60	
C003	52	49	
D004	10	70	100

図9.14 行持ちの点数テーブル

ScoreRows

student_id (学生ID)	subject (教科)	score (点数)
A001	英語	
A001	国語	
A001	数学	
B002	英語	
B002	国語	
C003	英語	
C003	国語	
C003	社会	

リスト9.12 ScoreColsテーブルの定義

```
DELETE FROM ScoreCols;
INSERT INTO ScoreCols VALUES ('A001',   100,  58, 90);
INSERT INTO ScoreCols VALUES ('B002',    77,  60, NULL);
INSERT INTO ScoreCols VALUES ('C003',    52,  49, NULL);
INSERT INTO ScoreCols VALUES ('D004',    10,  70, 100);
```

リスト9.13 ScoreRowsテーブルの定義

```
DELETE FROM ScoreRows;
INSERT INTO ScoreRows VALUES ('A001',   '英語',   NULL);
INSERT INTO ScoreRows VALUES ('A001',   '国語',   NULL);
```

274

```
INSERT INTO ScoreRows VALUES ('A001',    '数学',    NULL);
INSERT INTO ScoreRows VALUES ('B002',    '英語',    NULL);
INSERT INTO ScoreRows VALUES ('B002',    '国語',    NULL);
INSERT INTO ScoreRows VALUES ('C003',    '英語',    NULL);
INSERT INTO ScoreRows VALUES ('C003',    '国語',    NULL);
INSERT INTO ScoreRows VALUES ('C003',    '社会',    NULL);
```

　更新後のScoreRowsテーブルは**図9.15**のようになります。「C003」の社会の情報はScoreColsテーブルにありませんのでNULLのままです。また「D004」は更新先のScoreRowsテーブルにいないので、更新しても現れません。

図9.15 図9.14のScoreRows更新後の点数テーブル

ScoreRows

student_id (学生ID)	subject (教科)	score (点数)
A001	英語	100
A001	国語	58
A001	数学	90
B002	英語	77
B002	国語	60
C003	英語	52
C003	国語	49
C003	社会	

　今度は、各生徒について更新対象となる行を、subjectの値によって分岐させることになります。したがって、SET句のサブクエリ内で**リスト9.14**のようにCASE式を使った分岐を行えばOKです。score_en、score_nl、score_mtという3つの列を1つの列にたたみこむようなイメージを持ってもらえばわかりやすいでしょう。

リスト9.14 列→行の更新SQL

```
UPDATE ScoreRows
   SET score = (SELECT CASE ScoreRows.subject
                           WHEN '英語' THEN score_en
                           WHEN '国語' THEN score_nl
                           WHEN '数学' THEN score_mt
                           ELSE NULL
                        END
                 FROM ScoreCols
                 WHERE student_id = ScoreRows.student_id);
```

第9章 更新とデータモデル 盲目のスーパーソルジャー

実行計画も単純です。Oracleも PostgreSQLも同じ実行計画になります
（**図9.16**、**図9.17**）。

図9.16 列→行の更新SQLの実行計画（PostgreSQL）

```
Update on scorerows  (cost=0.00..7632.27 rows=920 width=60)
  -> Seq Scan on scorerows  (cost=0.00..7632.27 rows=920 width=60)
       SubPlan 1
        -> Index Scan using pk_scorecols on scorecols  (cost=0.00..8.28 rows=1 width=12)
              Index Cond: (student_id = scorerows.student_id)
```

図9.17 列→行の更新SQLの実行計画（Oracle）

Id	Operation	Name	Rows	Bytes	Cost (%CPU)	Time
0	UPDATE STATEMENT		8	120	18 (45)	00:00:01
1	UPDATE	SCOREROWS				
2	TABLE ACCESS FULL	SCOREROWS	8	120	2 (0)	00:00:01
3	TABLE ACCESS BY INDEX ROWID	SCORECOLS	1	5	1 (0)	00:00:01
* 4	INDEX UNIQUE SCAN	PK_SCORECOLS	1		0 (0)	00:00:01

テーブルへのアクセスは1回だけで、しかも主キーのインデックスが使
えて、ソートもハッシュもなし。パフォーマンス面ではこれ以上改善の余
地がないほど良好な実行計画です。

9.4
同じテーブルの異なる行からの更新

次は、同じテーブル内の異なる行の情報をもとに計算した結果を更新す
るケースを考えます。サンプルテーブルStocksは株価の取引情報を記録し
ており、銘柄ごとに取引を行った日の株価が記録されています（**図9.18**）。
ここから各銘柄について trend 列を計算して、空っぽのテーブル Stocks2（**図
9.19**）にデータをINSERTするという問題です。更新元、更新先の株価テー
ブルを**リスト9.15**、**リスト9.16**のように作成してください。

同じテーブルの異なる行からの更新　　9.4

図9.18 更新元の株価テーブル（trend列を計算してINSERT）

Stocks（株価テーブル）

brand（銘柄）	sale_date（取引日）	price（終値）
A鉄鋼	2008-07-01	1000
A鉄鋼	2008-07-04	1200
A鉄鋼	2008-08-12	800
B商社	2008-06-04	3000
B商社	2008-09-11	3000
C電気	2008-07-01	9000
D産業	2008-06-04	5000
D産業	2008-06-05	5000
D産業	2008-06-06	4800
D産業	2008-12-01	5100

図9.19 更新先の株価テーブル（からっぽ）

Stocks2（株価テーブル2）

brand（銘柄）	sale_date（取引日）	price（終値）	trend（トレンド）

リスト9.15 更新元の株価テーブルの定義

```
CREATE TABLE Stocks
(brand      VARCHAR(8) NOT NULL,
 sale_date  DATE       NOT NULL,
 price      INTEGER    NOT NULL,
    CONSTRAINT pk_Stocks PRIMARY KEY (brand, sale_date));

INSERT INTO Stocks VALUES ('A鉄鋼',   '2008-07-01',   1000);
INSERT INTO Stocks VALUES ('A鉄鋼',   '2008-07-04',   1200);
INSERT INTO Stocks VALUES ('A鉄鋼',   '2008-08-12',    800);
INSERT INTO Stocks VALUES ('B商社',   '2008-06-04',   3000);
INSERT INTO Stocks VALUES ('B商社',   '2008-09-11',   3000);
INSERT INTO Stocks VALUES ('C電気',   '2008-07-01',   9000);
INSERT INTO Stocks VALUES ('D産業',   '2008-06-04',   5000);
INSERT INTO Stocks VALUES ('D産業',   '2008-06-05',   5000);
INSERT INTO Stocks VALUES ('D産業',   '2008-06-06',   4800);
INSERT INTO Stocks VALUES ('D産業',   '2008-12-01',   5100);
```

リスト9.16 更新先の株価テーブルの定義

```
CREATE TABLE Stocks2
(brand      VARCHAR(8) NOT NULL,
 sale_date  DATE       NOT NULL,
 price      INTEGER    NOT NULL,
 trend      CHAR(3)    ,
    CONSTRAINT pk_Stocks2 PRIMARY KEY (brand, sale_date));
```

277

第9章　更新とデータモデル　盲目のスーパーソルジャー

trendは前回の終値と今回の終値を比較して、上昇したなら「↑」、下降したなら「↓」、横ばいなら「→」という3つの値をとります（**図9.20**）。当然、それぞれの銘柄の最初の取引日の行については計算できないので、NULLのままになります。

図9.20 更新後の株価テーブル

Stocks2（株価テーブル2）

brand（銘柄）	sale_date（取引日）	price（終値）	trend（トレンド）
A鉄鋼	2008-07-01	1000	
A鉄鋼	2008-07-04	1200	↑
A鉄鋼	2008-08-12	800	↓
B商社	2008-06-04	3000	
B商社	2008-09-11	3000	→
C電気	2008-07-01	9000	
D産業	2008-06-04	5000	
D産業	2008-06-05	5000	→
D産業	2008-06-06	4800	↓
D産業	2008-12-01	5100	↑

相関サブクエリを利用する

今度は既存の行に対する更新ではなく、新規に行を追加するので、INSERT SELECT構文を使うことはすぐにわかります[注5]。あとはtrend列の計算方法です。行間比較とくれば、使う道具は相関サブクエリです（**リスト9.17**）。

リスト9.17 trend列を計算してINSERTする（相関サブクエリ）

```
INSERT INTO  Stocks2
SELECT brand, sale_date, price,
       CASE SIGN(price -
                  (SELECT price
                     FROM Stocks S1
                    WHERE brand = Stocks.brand
                      AND sale_date =
                           (SELECT MAX(sale_date)
                              FROM Stocks S2
                             WHERE brand = Stocks.brand
                               AND sale_date < Stocks.sale_date)))
            WHEN -1 THEN '↓'
```

注5　1行INSERTを回すぐるぐる系は、もちろん我々は使いません。

278

```
        WHEN 0  THEN '→'
        WHEN 1  THEN '↑'
        ELSE NULL
    END
FROM Stocks;
```

SIGN関数は引数の値の正、負、ゼロに対して1、-1、0を返すことで符号を調べる関数で、すべてのデータベースで使用できます。これによって、「今日の終値 - 直前の取引日の終値」の符号を調べて、株価が上がったか下がったかを判断しているわけです。

実行計画は**図9.21**のようになります。OracleとPostgreSQLはどちらも似た計画になるため、Oracleのみ掲載します。

図9.21 相関サブクエリの実行計画（Oracle）

```
| Id  | Operation                     | Name     | Rows | Bytes | Cost (%CPU)| Time     |

|   0 | INSERT STATEMENT              |          |   10 |   190 |    2   (0)| 00:00:01 |
|   1 |  LOAD TABLE CONVENTIONAL      | STOCKS2  |      |       |           |          |
|   2 |   TABLE ACCESS BY INDEX ROWID | STOCKS   |    1 |    19 |    1   (0)| 00:00:01 |
|*  3 |    INDEX UNIQUE SCAN          | PK_STOCKS|    1 |       |    0   (0)| 00:00:01 |
|   4 |   SORT AGGREGATE              |          |    1 |    16 |           |          |
|   5 |    FIRST ROW                  |          |    1 |    16 |    1   (0)| 00:00:01 |
|*  6 |     INDEX RANGE SCAN (MIN/MAX)| PK_STOCKS|    1 |    16 |    1   (0)| 00:00:01 |
|   7 |  TABLE ACCESS FULL            | STOCKS   |   10 |   190 |    2   (0)| 00:00:01 |
```

この実行計画に目新しいポイントはありませんが、相関サブクエリの宿命として、Stocksテーブルに複数回のアクセスが発生しています。Id=6は主キーのインデックスに対するインデックスオンリースキャンですが、Id=2では主キーのインデックスを使ったテーブルアクセス、Id=7ではテーブルフルアクセスが行われています。これらのアクセス回数を削減できればパフォーマンス改善が見込めます。

ウィンドウ関数を利用する

そこで、ウィンドウ関数で相関サブクエリを置き換えましょう（**リスト9.18**）。

第9章　　更新とデータモデル　盲目のスーパーソルジャー

リスト9.18 trend列を計算してINSERTする（ウィンドウ関数）

```
INSERT INTO Stocks2
SELECT brand, sale_date, price,
       CASE SIGN(price -
                   MAX(price) OVER (PARTITION BY brand
                                      ORDER BY sale_date
                                    ROWS BETWEEN 1 PRECEDING
                                             AND 1 PRECEDING))
            WHEN -1 THEN '↓'
            WHEN 0  THEN '→'
            WHEN 1  THEN '↑'
            ELSE NULL
       END
  FROM Stocks S2;
```

　図9.21の実行計画と比較してみると、これで実行計画もすっきりシンプルになり、Stocksテーブルへのアクセスはフルスキャン1回だけに減りました（**図9.22**）。めでたしめでたし。

図9.22　　相関サブクエリの実行計画（Oracle）

Id	Operation	Name	Rows	Bytes	Cost (%CPU)	Time
0	INSERT STATEMENT		10	190	3 (34)	00:00:01
1	LOAD TABLE CONVENTIONAL	STOCKS2				
2	WINDOW SORT		10	190	3 (34)	00:00:01
3	TABLE ACCESS FULL	STOCKS	10	190	2 (0)	00:00:01

INSERTとUPDATEはどちらが良いのか

　これとまったく同じ要領で、Stocksテーブルそのものにtrend列を用意してUPDATEを行うことも可能です。INSERT SELECTとUPDATEを比較すると、どのような違いがあるでしょうか。

　まず、INSERT SELECTには2つのメリットがあります。1つ目は、一般的にUPDATEに比べてINSERT SELECTのほうがパフォーマンスが良く、高速な処理が期待できること。2つ目は、MySQLのように更新SQLでの自己参照を許していないデータベースでもINSERT SELECTならば利用可能なことです（参照元と更新先が別テーブルなのがミソです）。

280

反対に、INSERTを使用する方法のデメリットは、同じサイズのデータを保持するほとんど同じ構造のテーブルを2つ用意しなければならない分、ストレージ容量をほぼ2倍消費することです。ただ、昨今のストレージ価格の下落を考えれば、これはそれほど大きなデメリットにはならないでしょう。

この問題を見たとき、Stocks2テーブルをビューにするという方法を考えた方もいるかもしれません。たしかに、そうすることでストレージ容量も節約できますし、ビューの情報は常にアクセスした時点の最新情報(つまり同期の取れた情報)を取得できるという鮮度性のメリットがあります。これは、INSERTにせよUPDATEにせよ、実テーブルを更新するやり方では得られないメリットです[注6]。ただしデメリットとして、Stocks2ビューにアクセスが発生するたびに複雑な再計算が行われるため、Stocks2へアクセスするクエリのパフォーマンスは最も悪くなります。このパフォーマンスと同期性のトレードオフについて、次節でもう少し深く掘り下げて考えます。

9.5
更新のもたらすトレードオフ

具体的なサンプルから見ましょう。**図9.23**のような2つのテーブルOrders（注文）とOrderReceipts（注文明細）があるとします。

この2つのテーブルは、お中元やお歳暮といったギフトの受注と配送を管理するために使います。Ordersテーブルの1行が注文1件に対応し、OrderReceiptsテーブルはその注文内の商品単位で1行になります。したがって、OrdersとOrderReceiptsは一対多の関係にあります。このタイプの親子関係のテーブルは、多くのシステムで頻繁に見かける構成です。

今、注文ごとに受付日（order_date）と商品の配送予定日（delivery_date）の差を求めて、それが3日以上ある場合は注文者に遅くなる旨の連絡を送りたいとします。このとき、どの注文番号が該当するかを求めるという問

注6 リアルタイム更新という方法もないではありませんが、更新オーバーヘッドがとても高くなるのであまり現実的ではありません。

281

図9.23 OrdersテーブルとOrderReceiptsテーブル

Orders（注文）

order_id （注文番号）	order_shop （受付店舗）	order_name （注文者名義）	order_date （受付日）
10000	東京	後藤信二	2011/8/22
10001	埼玉	佐原商店	2011/9/1
10002	千葉	水原陽子	2011/9/20
10003	山形	加地健太郎	2011/8/5
10004	青森	相原酒店	2011/8/22
10005	長野	宮元雄介	2011/8/29

OrderReceipts（注文明細）

order_id （注文番号）	order_receipt_id （注文明細番号）	item_group （品目）	delivery_date （配送予定日）
10000	1	食器	2011/8/24
10000	2	菓子詰め合わせ	2011/8/25
10000	3	牛肉	2011/8/26
10001	1	魚介類	2011/9/4
10002	1	菓子詰め合わせ	2011/9/22
10002	2	調味料セット	2011/9/22
10003	1	米	2011/8/6
10003	2	牛肉	2011/8/10
10003	3	食器	2011/8/10
10004	1	野菜	2011/8/23
10005	1	飲料水	2011/8/30
10005	2	菓子詰め合わせ	2011/8/30

題です。

　それぞれのテーブルを**リスト9.19**、**リスト9.20**のようにして作成してください。

リスト9.19 Ordersテーブルの定義

```
CREATE TABLE Orders
( order_id   INTEGER     NOT NULL,
  order_shop VARCHAR(32) NOT NULL,
  order_name VARCHAR(32) NOT NULL,
  order_date DATE,
  PRIMARY KEY (order_id));
```

```
INSERT INTO Orders VALUES (10000,  '東京',  '後藤信二',   '2011/8/22');
INSERT INTO Orders VALUES (10001,  '埼玉',  '佐原商店',   '2011/9/1');
INSERT INTO Orders VALUES (10002,  '千葉',  '水原陽子',   '2011/9/20');
INSERT INTO Orders VALUES (10003,  '山形',  '加地健太郎', '2011/8/5');
INSERT INTO Orders VALUES (10004,  '青森',  '相原酒店',   '2011/8/22');
INSERT INTO Orders VALUES (10005,  '長野',  '宮元雄介',   '2011/8/29');
```

リスト9.20 **OrderReceiptsテーブルの定義**

```
CREATE TABLE OrderReceipts
( order_id         INTEGER     NOT NULL,
  order_receipt_id INTEGER     NOT NULL,
  item_group       VARCHAR(32) NOT NULL,
  delivery_date    DATE        NOT NULL,
  PRIMARY KEY (order_id, order_receipt_id));

INSERT INTO OrderReceipts VALUES (10000,  1,  '食器',           '2011/8/24');
INSERT INTO OrderReceipts VALUES (10000,  2,  '菓子詰め合わせ',  '2011/8/25');
INSERT INTO OrderReceipts VALUES (10000,  3,  '牛肉',           '2011/8/26');
INSERT INTO OrderReceipts VALUES (10001,  1,  '魚介類',         '2011/9/4');
INSERT INTO OrderReceipts VALUES (10002,  1,  '菓子詰め合わせ',  '2011/9/22');
INSERT INTO OrderReceipts VALUES (10002,  2,  '調味料セット',    '2011/9/22');
INSERT INTO OrderReceipts VALUES (10003,  1,  '米',            '2011/8/6');
INSERT INTO OrderReceipts VALUES (10003,  2,  '牛肉',          '2011/8/10');
INSERT INTO OrderReceipts VALUES (10003,  3,  '食器',          '2011/8/10');
INSERT INTO OrderReceipts VALUES (10004,  1,  '野菜',          '2011/8/23');
INSERT INTO OrderReceipts VALUES (10005,  1,  '飲料水',         '2011/8/30');
INSERT INTO OrderReceipts VALUES (10005,  2,  '菓子詰め合わせ',  '2011/8/30');
```

　この問題を解くアプローチは、大きく2つに分かれます。それぞれ解説していきますが、その前に、みなさんも自分ならどうやって解くか、少し時間をとって考えてみてください。

SQLで解く方法

　この問題の要点を一言で要約すると、受付日（order_date）と配送予定日（delivery_date）の関係を知りたいということです。しかし、それぞれの列が別テーブルに存在するため、これを知るには結合を使う必要があります。これ自体は特に難しい話ではなく、**リスト9.21**のようなクエリによって、diff_days列で日付の差分を求められます。

第9章　更新とデータモデル　盲目のスーパーソルジャー

リスト9.21 受付日と配送予定日の差分

```
SELECT O.order_id,
       O.order_name,
       ORC.delivery_date - O.order_date AS diff_days
  FROM Orders O
       INNER JOIN OrderReceipts ORC
          ON O.order_id = ORC.order_id
 WHERE ORC.delivery_date - O.order_date >= 3;
```

実行結果

```
order_id | order_name | diff_days
---------+------------+-----------
   10000 | 後藤信二    |         3
   10000 | 後藤信二    |         4
   10001 | 佐原商店    |         3
   10003 | 加地健太郎  |         5
   10003 | 加地健太郎  |         5
```

　もし注文番号ごとの最大の遅延日数を知りたければ、さらに注文番号ごとに集約すればOKです。もし注文番号と注文者名義が1対1に対応しているならば、**リスト9.22**のように注文者名義にも極値関数を使うことで、結果に含めることができます。

リスト9.22 注文単位の集約

```
SELECT O.order_id,
       MAX(O.order_name),
       MAX(ORC.delivery_date - O.order_date) AS max_diff_days
  FROM Orders O
       INNER JOIN OrderReceipts ORC
          ON O.order_id = ORC.order_id
 WHERE ORC.delivery_date - O.order_date >= 3
 GROUP BY O.order_id;
```

実行結果

```
order_id |   max    | max_diff_days
---------+----------+---------------
   10000 | 後藤信二  |            4
   10001 | 佐原商店  |            3
   10003 | 加地健太郎 |            5
```

　O.order_name と ORC.delivery_date - O.order_date に MAX関数を使っていますが、両者の目的は異なります。ORC.delivery_date - O.order_date に対する MAX関数は、本当に日付の差分の最大値を求めていますが、

284

O.order_name に対する MAX 関数は、別に最大値が欲しいわけではなく[注7]、SELECT 句に order_name 列を裸で記述できないからです。order_name 列は定数ではありませんし、GROUP BY 句でも使われていません。そのため、そのままこれを SELECT 句に書いてしまうとエラーになります。それを防ぐために集約関数の形で書いているだけです。したがって、MAX の代わりに MIN を使っても別にかまいません。MAX/MIN はあらゆるデータ型に適用できるため、こういうときに重宝します。

なお、order_id と order_name が1対1に対応するという前提が成り立つなら、GROUP BY 句に order_name 列を含めて GROUP BY order_id,order_name とする解決策もあります。こうすれば、order_name は GROUP BY 句のキーとなるため、MAX 関数なしで裸で SELECT 句に書くことができます。

SQLに頼らずに解く方法

上で考えた SQL 文は、機能的には要件を満たしているので、この問題に対する解の一つではあります。しかし、これがこの問題に対する最適解かどうかには、疑問の余地があります。といっても、もっとうまい SQL 文の書き方があるという意味ではありません。この問題は「SQL に頼らない」ことが解になる可能性があるということです。

上の解は言ってみれば、現状のテーブル構成（ER モデル）は変更不可能であることを前提として、SQL 文で何とか辻褄を合わせる方法でした。しかし、このやり方を採用すると、結合や集約を含んだ SQL 文が必要になり、検索処理にかかるコストが高くなります。また、結合が実行計画の変動リスクを負うことで、長期的なパフォーマンスを不安定にさせる要因になります。

一方、**図9.24**のように、配送が遅れる可能性のある注文のレコードに対してフラグ列を Orders テーブルに追加すれば、検索クエリはこのフラグだけを条件にすることが可能になるため、ずっとシンプルになります。フラグが1なら配送遅延あり、0なら遅延なしを意味します。

注7　そもそも order_id と order_name が1対1対応するという仮定では、order_id でグルーピングしたら order_name の値も1つしか存在しません。

第9章　更新とデータモデル　盲目のスーパーソルジャー

図9.24 Ordersテーブルに配送遅延フラグを追加

Orders（配送遅延フラグを追加）

order_id （注文番号）	order_shop （受付店舗）	order_name （注文者名義）	order_date （受付日）	del_late_flg （配送遅延フラグ）
10000	東京	後藤信二	2011/8/22	1
10001	埼玉	佐原商店	2011/9/1	1
10002	千葉	水原陽子	2011/9/20	0
10003	山形	加地健太郎	2011/8/5	1
10004	青森	相原酒店	2011/8/22	0
10005	長野	宮元雄介	2011/8/29	0

フラグ列を追加

　ちょっとした「コロンブスの卵」ですが、いかがでしょう。みなさんは、この問題を見たとき、どちらのやり方を考えついたでしょうか。中には、ほとんど反射的にSQL文を考え始めた人もいるのではないでしょうか。しかし、それは性急過ぎる態度と言わねばなりません。問題を解決する手段はコーディングだけではないのに、私たちはともすると、常に一つの方法に頼ろうとする傾向があります。これをスーパーソルジャー病と呼びます。一種の視野狭窄です。

　心理学者Abraham Harold Maslowはこうした人間の心理を「金槌しか道具を持たない人にはすべての問題が釘に見えてくる」という印象的な比喩で表現しました。特に、金槌を打つのが上手な人ほどハマりやすい罠です。

9.6
モデル変更の注意点

　複雑なクエリに頭をひねらなくてよいという点で、たしかにモデル変更は優れた解決策です。ただし、ここにもトレードオフが存在します。3つ挙げましょう。

更新コストが高まる

　この方法では、当然のことですがOrdersテーブルの配送遅延フラグ列に値を入れる処理が必要になります。つまり、検索の負荷を更新に押し付け

る格好になります。

　もし、Ordersテーブルへのレコード登録時にすでにフラグの値が決まっているのならば、INSERT処理の中に吸収できるため更新コストはほとんど上がりません。これは理想的なケースです。しかし、登録時にはまだ個別の商品の配送予定日が決まっていないこともあるでしょう（現実の業務を考えると、むしろそのほうが多いかもしれません）。そういう場合は、あとでフラグ列をUPDATEする必要が生じ、更新コストが高くなります。

更新までのタイムラグが発生する

　この方法には、データのリアルタイム性という問題が発生します。配送予定日が注文の登録後に更新されるケースでは、Ordersテーブルの配送遅延フラグ列と、OrderReceiptsテーブルの配送予定日の列との間で同期が取れていない時間帯が生まれます（図9.25）。

図9.25 配送遅延フラグを更新する処理シーケンス

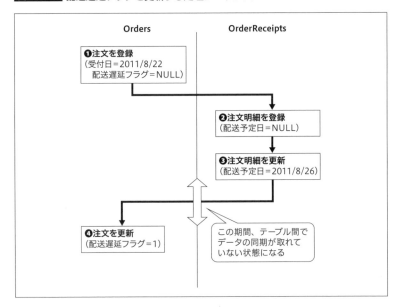

　特に夜間バッチ更新などでフラグ列を一括更新するような非同期処理では、このタイムラグの期間が長くなります。タイムラグをどの程度許容で

第9章　更新とデータモデル　盲目のスーパーソルジャー

きるかは、やはり業務要件と付き合わせて詳細に検討する必要があります。

　リアルタイム性が高い業務ほど、図9.25における❸明細更新と❹注文更新の間隔が短くなければなりません。完全リアルタイムが求められる場合は、❸と❹を同一トランザクションで処理する必要が生じます。しかし、これは性能に対して厳しいトレードオフを発生させます。

モデル変更のコストが発生する

　RDBにおけるデータモデルの変更は、コードベースの修正に比べて手戻りが大きくなります。変更対象のテーブルを使用するほかの処理に対する副作用が発生する可能性もあるため、開発工程の終盤にさしかかってからのモデル変更はシステム品質と開発スケジュールの双方にとって大きなリスクとなります。商用運用に入ってからの変更となると、もう現実的ではありません。

　このようにモデリングというのは、事前にあらゆる要因を想定しておかないと、あとになってから問題を引き起こすことが多い「ホットスポット」なのです。

9.7
スーパーソルジャー病：類題

　スーパーソルジャー病にかかりやすいケースをもう1つ見ておきましょう。先ほどの2つのテーブルOrders（注文）とOrderReceipts（注文明細）を再び利用します（図9.23）。今度は、注文番号ごとに何品注文されているかを知りたいとします。結果に含める列は次のとおりです。

- 注文番号
- 注文者名義
- 受付日
- 商品数

288

スーパーソルジャー病：類題　　　9·7

再び、SQLで解くなら

商品の数はOrderReceiptsテーブルを注文番号別にカウントすることで求められます。一方で、注文者名義や受付日はOrdersテーブルを参照しなければなりません。ということはつまり、結合と集約が必要になるということです（**リスト9.23**）。

リスト9.23 集約関数を使う

```
SELECT O.order_id,
       MAX(O.order_name) AS order_name,
       MAX(O.order_date) AS order_date,
       COUNT(*) AS item_count
  FROM Orders O
       INNER JOIN OrderReceipts ORC
          ON O.order_id = ORC.order_id
 GROUP BY O.order_id;
```

実行結果

```
order_id | order_name | order_date | item_count
---------+------------+------------+------------
   10000 | 後藤信二    | 2011-08-22 |      3
   10001 | 佐原商店    | 2011-09-01 |      1
   10002 | 水原陽子    | 2011-09-20 |      2
   10003 | 加地健太郎  | 2011-08-05 |      3
   10004 | 相原酒店    | 2011-08-22 |      1
   10005 | 宮元雄介    | 2011-08-29 |      2
```

もう一つの方法として、ウィンドウ関数を使うことでも求められます（**リスト9.24**）。

リスト9.24 ウィンドウ関数を使う

```
SELECT O.order_id,
       O.order_name,
       O.order_date,
       COUNT(*) OVER (PARTITION BY O.order_id) AS item_count
  FROM Orders O
       INNER JOIN OrderReceipts ORC
          ON O.order_id = ORC.order_id;
```

実行結果

```
order_id | order_name | order_date | item_count
---------+------------+------------+------------
```

289

第9章　更新とデータモデル　盲目のスーパーソルジャー

```
10000 | 後藤信二   | 2011-08-22 |       3
10000 | 後藤信二   | 2011-08-22 |       3
10000 | 後藤信二   | 2011-08-22 |       3
10001 | 佐原商店   | 2011-09-01 |       1
10002 | 水原陽子   | 2011-09-20 |       2
10002 | 水原陽子   | 2011-09-20 |       2
10003 | 加地健太郎 | 2011-08-05 |       3
10003 | 加地健太郎 | 2011-08-05 |       3
10003 | 加地健太郎 | 2011-08-05 |       3
10004 | 相原酒店   | 2011-08-22 |       1
10005 | 宮元雄介   | 2011-08-29 |       2
10005 | 宮元雄介   | 2011-08-29 |       2
```

　集約関数の解もウィンドウ関数の解も、どちらも結合と集約を行うため、
実行コストはほとんど同じです。実行計画も似ています（**図9.26**、**図9.27**）。

図9.26　　**集約関数の実行計画（PostgreSQL）**

```
HashAggregate (cost=50.94..57.94 rows=400 width=90)   ←図9.27と異なる部分（GROUP BY）
 -> Hash Join (cost=19.00..44.44 rows=650 width=90)
      Hash Cond: (orc.order_id = o.order_id)
      -> Seq Scan on orderreceipts orc (cost=0.00..16.50 rows=650 width=4)
      -> Hash (cost=14.00..14.00 rows=400 width=90)
           -> Seq Scan on orders o (cost=0.00..14.00 rows=400 width=90)
```

図9.27　　**ウィンドウ関数の実行計画（PostgreSQL）**

```
WindowAgg (cost=74.81..86.18 rows=650 width=90)
 -> Sort (cost=74.81..76.43 rows=650 width=90)
      Sort Key: o.order_id   ←図9.26と異なる部分（ウィンドウ関数の集約操作）
      -> Hash Join (cost=19.00..44.44 rows=650 width=90)
           Hash Cond: (orc.order_id = o.order_id)
           -> Seq Scan on orderreceipts orc (cost=0.00..16.50 rows=650 width=4)
           -> Hash (cost=14.00..14.00 rows=400 width=90)
                -> Seq Scan on orders o (cost=0.00..14.00 rows=400 width=90)
```

　どちらのほうがより優れたコードかは、別の観点から判断する必要があ
ります。この場合、ウィンドウ関数のほうがやりたいことを素直に表現し
ている（可読性）ことと、注文番号ではなく商品別に結果を出力したい場合
にも対応できる（拡張性）ことの2点から、より好ましいと言えるでしょう。

スーパーソルジャー病：類題　　9·7

再び、モデル変更で解くなら

　SQLによる解はリスト9.23、リスト9.24のどちらかです。では先ほどと同様、一歩引いて考えてみましょう。ソルジャーではなく指揮官になってください。コーディングを離れて考えると、Ordersテーブルに「商品数」の情報を列として持つよう、モデル変更するのがよいでしょう（**図9.28**）。商品数は、普通は注文の登録時に判明しているはずです。したがって、OrdersテーブルへのINSERT文に吸収することが可能です。

図9.28　Ordersテーブルに商品数を追加

Orders（商品数を追加）

order_id (注文番号)	order_shop (受付店舗)	order_name (注文者名義)	order_date (受付日)	item_count (商品数)
10000	東京	後藤信二	2011/8/22	3
10001	埼玉	佐原商店	2011/9/1	1
10002	千葉	水原陽子	2011/9/20	2
10003	山形	加地健太郎	2011/8/5	3
10004	青森	相原酒店	2011/8/22	1
10005	長野	宮元雄介	2011/8/29	2

商品数は登録時にわかる

　この方法の注意点は、一度登録した注文をあとから変更するような場合には商品数も修正される可能性があるので、先の問題と同じ同期／非同期の問題を考える必要があることです。

初級者よりも中級者がご用心

　スーパーソルジャー病は、SQLに限らずプログラミング全般で発症します。この病気を特に発症しやすいステージが、初級者レベルを抜け出して、ひととおりのプログラミングができるようになったあたり、つまり中級者の入口ぐらいです。このステージに達すると、自分がプログラミングでできることの幅も広がって、ちょっと難しい問題やひねりの効いた問題を解くのが楽しくなってきます。

　それ自体は成長として素直に喜んでよいのですが、ともすると、難しい問題を難しいままの状態で解こうとしてしまう傾向につながります。本人にとってはパズルを解く楽しさがあるかもしれませんが、放っておくと無

291

第9章　更新とデータモデル　盲目のスーパーソルジャー

駄に複雑なプログラムができあがることになって、システム全体の観点では非効率で全体最適を損なう結果に陥りかねません。

　本当の中級者は、金槌以外の道具も使えるようになる必要があります。スポーツに例えるなら「プレーの幅を広げる」「広い視野を持つ」ということです。

9.8
データモデルを制す者はシステムを制す

　本章で見たように、データベースにおいては、データモデルのレベルで対応したほうがシンプルかつ全体最適な解を達成できる問題が多くあります。こういうとき、テーブル構成に手をつけず、コーディングで何とかしようとするのは、エネルギーの浪費です。

　米国のプログラマE.S.Raymondは、「伽藍とバザール」の中で「賢いデータ構造と間抜けなコードのほうが、その逆よりずっとまし」という名言を吐きました[8]。Raymondが念頭に置いていたのはC言語ですが、この格言はすべての言語とデータに一般化できます。また、Frederick P. Brooks, Jr. も『人月の神話』で「私にフローチャートだけを見せて、テーブルは見せないとしたら、私はずっと煙に巻かれたままになるだろう。逆にテーブルが見せてもらえるなら、フローチャートはたいてい必要なくなる。それだけで、みんな明白にわかってしまうからだ」と言いました[9]。

　2人に共通している認識は、データモデルがコードを決めるのであってその逆ではない、ということです。だから、間違ったデータモデルから出発すると、その間違いをコーディングによって正すことはできないのです。コーディングに長けているだけでは、優れた戦術を駆使するソルジャーにすぎません。コーディングは、あくまでシステムを作り上げる手段であって、目的ではありません。

　戦略的失敗を一人の戦術的活躍でひっくり返すスーパーソルジャーは、

注8　E.S.Raymond著／山形浩生訳、http://cruel.org/freeware/cathedral.html、1999年
注9　Frederick P. Brooks, Jr. 著／滝沢徹、牧野祐子、富澤昇訳『人月の神話』ピアソン桐原、2010年、p.95

見た目の活躍が華々しいため映画やドラマでは好んで描かれるキャラクターです。でも現実には、一人のソルジャーがどれだけ頑張っても、ダメなデータモデル設計を挽回することはできません。仮に奇跡的に一度はそれができたとしても、次のシステムでまた同じ失敗を繰り返して、不毛な戦いが継続されるだけです。エンジニアの本当の仕事は、戦略の失敗を挽回する戦術を探すことではなく、正しい戦略を、トレードオフを考慮しながら選択することです[10]。したがって、スーパーエンジニアが指揮する開発プロジェクトは、盛り上がりに欠けたまま淡々と進み、淡々と終わります。アンチクライマックスな展開をたどるので映画化はされませんが、関わった人間は幸せになります——とまで断言できないのがつらいところですが、少なくとも、傷つく人間は少なくなります。

　しかし、私たちはともするとついつい悪いデータ構造を放置して、複雑なコーディングで問題を解決するほうへ傾きがちです。また現実問題として「今さらテーブルの構造を変えられない、あるいは変える権限がない」というやるせない現場の事情もあることでしょう。ですから「鉄は熱いうちに打て」の格言どおり、テーブル設計は最初が肝心です。そして、美しく機能的な設計を実現するうえでは、本章で紹介した強力な更新機能を利用することが大きな助けになるでしょう。

注10 『スーパーエンジニアへの道』は20年以上前に書かれた本ですが、スーパーエンジニアは「スーパーソルジャー」でも「スーパープログラマ」でもないという、時代を超えて通じる真実を教えてくれる名著です。
　　・Gerald Marvin Weinberg著／木村泉訳『スーパーエンジニアへの道——技術リーダーシップの人間学』共立出版、1991年

第9章 更新とデータモデル 盲目のスーパーソルジャー

第9章のまとめ

- SQLにおける更新の効率化は、行式、サブクエリ、CASE式、MERGE文を駆使した総力戦になる

- すべての問題を必ずしもコーディングで解く必要はない

- モデル変更のほうがスムーズに解ける問題も多いが、あとからモデルを変えるのは大変

- スーパーソルジャーとスーパーエンジニアの視点は一兵卒と将官ぐらい違う

演習問題9

今、リスト9.14(275ページ)のUPDATEにおいて、更新対象のテーブルであるScoreRowsテーブルのscore列はNULLを許可しています。今度は、この列にNOT NULL制約を付けます。初期値は全行「0」で統一します(**リスト9.25**)。その場合でも列から行へ変換できるUPDATE文を考えてください(ヒント:リスト9.14をそのまま実行すると、「C003」の「社会」をNULLに更新しようとしてエラーになります。この点に対処してください)。

リスト9.25 score列にNOT NULL制約を付けたテーブル定義

```
CREATE TABLE ScoreRowsNN
(student_id CHAR(4)    NOT NULL,
 subject    VARCHAR(8) NOT NULL,
 score      INTEGER    NOT NULL,
  CONSTRAINT pk_ScoreRowsNN PRIMARY KEY(student_id, subject));

INSERT INTO ScoreRowsNN VALUES ('A001',  '英語',   0);
INSERT INTO ScoreRowsNN VALUES ('A001',  '国語',   0);
INSERT INTO ScoreRowsNN VALUES ('A001',  '数学',   0);
INSERT INTO ScoreRowsNN VALUES ('B002',  '英語',   0);
INSERT INTO ScoreRowsNN VALUES ('B002',  '国語',   0);
```

294

```
INSERT INTO ScoreRowsNN VALUES ('C003',     '英語',     0);
INSERT INTO ScoreRowsNN VALUES ('C003',     '国語',     0);
INSERT INTO ScoreRowsNN VALUES ('C003',     '社会',     0);
```

➡解答は344ページ

第 **10** 章

インデックスを使いこなす
秀才の弱点

第10章　インデックスを使いこなす　秀才の弱点

特に一般的で重要な索引の種類は，B木（B-tree）である。すべてのアプ
リケーションに最適な単一の記憶構造というものが存在しないことは
事実であるが，もし一つの構造が選ばれなければならないとすれば，
B木の類が恐らく選択されていることはまず疑いようがない。

——Christopher J. Date『データベースシステム概論』第6版、p.68[注1]

　RDBにおけるチューニングにおいて、インデックスは最もポピュラーな
方法です。アプリケーションの変更が不要で純粋にデータベース側のみで
性能改善できるという利便性の高さと、その効果の高さから、ほぼすべて
のシステムがチューニング手段として何らかの形でインデックスを利用し
ています。

10.1
インデックスと言えばB-tree

　RDBで使われるインデックスは、その構造に基づいて分類すると、次の
3つに分けられます。

- B-treeインデックス
- ビットマップインデックス
- ハッシュインデックス

万能型のB-tree

　B-treeインデックスは、名前のとおりデータを木構造で保持するタイプ
のインデックスで、バランスの取れた汎用性の高さから、一番よく使われ
ます。データベースにおいて「インデックス」と言えば、それはB-treeイン
デックスのことを指すぐらいです。実際、何の修飾もなしにCREATE INDEX
文を実行すると、まずすべてのDBMSで、暗黙にB-treeインデックスが作

注1　Christopher J. Date 著／藤原讓訳『データベースシステム概論 第6版』丸善、1997年

成されます。

B-treeは、検索のアルゴリズムとしては飛び抜けて性能が良いわけではありません。考案者の一人であるR. Bayerも、「もし世界が完全に静的で、データが変化しないなら、ほかのインデックス技術でも同程度のパフォーマンスは達成できるだろう」と言っています。しかしそれでもB-treeインデックスがRDBにおける主役である理由は、バランスの取れた秀才型であることによるのです。

なお、実際には多くのデータベースでは、ツリーのリーフノードにだけキー値を保持するB+treeという、B-treeの修正バージョンを採用しています(Oracle、PostgreSQL、MySQLなど)。これは、B-treeに比べて検索をより効率的にしたアルゴリズムで、データベース以外でもファイルシステムなどに利用されています(図10.1)。

図10.1　B+treeの構造

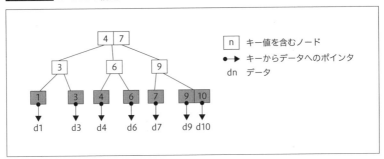

しかし、本質的な特徴はB-treeもB+treeも変わらないため、以下、このB+treeを前提に話を進めます。本章で何も断らずに「インデックス」といった場合は、B+treeインデックスのことを指していると考えてください。

B+treeの検索性能が優れている点はいくつかあります。たとえば、B+treeはなるべくルートとリーフの距離を一定に保つバランスの取れた木であるため、検索性能が安定しています。また、木の深さがだいたい3〜4レベルくらいで一定しているうえ、データもソートして保持しているため、2分探索によって検索コストをかなり小さく抑えることができます。また、データがソートされていることから、うまく使えば集約関数などで必要になるソートをスキップできることもあります。

第10章 インデックスを使いこなす 秀才の弱点

その他のインデックス

　残りの2つのインデックスについても軽く触れておきます。

　ビットマップインデックスは、データをビットフラグに変換して保持するタイプのインデックスで、カーディナリティの低い列に対して効果を発揮しますが、一方で更新時のオーバーヘッドが大きいため、主にあまり頻繁な更新が行われないBI/DWH用途で使用されます。

　ハッシュインデックスは、キーをハッシュ分散することで、等値検索を高速化することを目的にしたインデックスですが、選択率の高い等値検索以外では効果が薄く、範囲検索では利用できないこともあり、使用できる局面は限定され、サポートしている実装も一部に限られます[注2]。

10.2
インデックスを有効活用するには

　B+treeの長所は、上でも述べたように汎用性の高さです。キー値の間で検索速度にばらつきが少なく、データ量の増加に対して検索速度の劣化が緩やかで、等号(=)だけでなく不等号(<、>、<=、>=)を使った検索条件でも使用することが可能です。そのオールラウンダーぶりは本当に重宝します。

　しかし、インデックスもとにかく作れば問題が解決するという魔法の杖ではありません。インデックスを有効活用するためには、いくつかのポイントを考慮する必要があります。

カーディナリティと選択率

　インデックスはテーブルの特定の列集合に対して作りますが、このときどのような列に対してインデックスを作成するべきかの基準となるのが、

注2　ハッシュインデックスを実装しているDBMSとしてはPostgreSQLがあります。また、Oracleの逆キーインデックスも、ハッシュと同じ効果を狙っています。どちらもまず使う機会はないでしょう。

列のカーディナリティと選択率です[注3]。

　カーディナリティとは、値のばらつき具合を示す概念で、最も高いのは、すべての行について値が異なる一意キーの列で、最も低いのは値が1種類

注3　インデックスの性能を決める要因としては、クラスタリングファクタ（クラスタ化係数）という概念もあります。詳しくはコラム「クラスタリングファクタ」を参照してください。

Column

クラスタリングファクタ

　インデックスの性能を決める要因としては、クラスタリングファクタ（クラスタ化係数）という概念もあります。これは、ストレージ上で同じ値がどの程度物理的に固まって存在しているかを表す指標で、高いほど分散して配置されており、低いほど固まっていることを示します。インデックスでアクセスする場合は、特定の値だけにアクセスすることが多いため、一般にクラスタリングファクタが低いほうがアクセスするデータ量が小さくなり、好ましいとされています（**図a**）。

図a　クラスタリングファクタのイメージ図

クラスタリングファクタが低い＝インデックススキャンに有利

1	1	1	1	2	2	2	2	3	3	3	3
1	1	1	1	2	2	2	2	3	3	3	3
1	1	1	1	2	2	2	2	3	3	3	3
1	1	1	1	2	2	2	2	3	3	3	3

物理的な格納単位

クラスタリングファクタが高い＝インデックススキャンに不利

1	2	1	1	2	1	2	2	3	3	3	3
1	1	3	2	1	2	1	2	1	3	3	3
3	1	1	1	3	1	2	1	3	3	2	2
1	2	3	1	2	2	2	1	3	1	3	3

　このクラスタリングファクタは、たとえば次のように確認できます。

- **DB2の場合**
  SYSCAT.INDEXESビューのCLUSTERRATIO列またはCLUSTERFACTOR列
- **Oracleの場合**
  DBA_INDEXESビューのCLUSTERING_FACTOR列

　ただし、データの物理的配置は実装に依存するため、本書ではこの概念について詳細に踏み込むことはしません。

しか存在しない列です。複数列の場合も考え方は同様です。

一方選択率とは、特定の列の値を指定したときに行をテーブル全体の母集合からどの程度絞り込めるかを示す概念です。たとえば、100件のレコードを持つテーブルに対して、一意キーに対して「pkey = 1」のように等号で指定すれば必ず1件に絞り込めるため、この条件の選択率は1/100 = 0.01、つまり1%です。

インデックスの利用が有効かを判断するには

インデックスを作成する列集合の条件は、2つの指標から判断します。まず1つは、カーディナリティが高いこと、すなわち値がよくばらついていることが良いインデックス候補列の条件です。そしてもう1つの基準が、選択率が低いこと、すなわち少ない行に絞り込めることです。具体的な閾値はDBMSやストレージ性能などの条件によっても異なるのですが、最近のDBMSでは、だいたい5〜10%前後というのが目安です[注4]。つまり、5%未満に絞りこめる条件ならば、その列集合に対してはインデックスを作る価値がある（かもしれない）、ということになります。選択率がそれより高いと、テーブルのフルスキャンのほうが速い可能性が高くなっていきます。

IO.3
インデックスによる性能向上が難しいケース

扱うデータ量の規模が大きくなればなるほど、データベースのパフォーマンス確保は難しくなっていきます。したがって、大規模なデータベースであるほど、インデックス設計もまた重要になっていくのですが、ここで一つ勘違いしてほしくないことがあります。それは、インデックス設計というのは、テーブル定義とSQLだけを眺めれば完結させられるタスクでは

注4 「もし大規模テーブルの5%の行を選択したいのならば、インデックスを使う方がフルスキャンよりも少ないI/Oですむだろう。」(Richard J. Niemiec, *Oracle Database 11g Release 2 Performance Tuning Tips & Techniques*, Mcgraw-Hill Osborne Media, 2012.)。この選択率の閾値は、ストレージの性能向上に比例して徐々に下がっていく傾向にあります。昔は、20%程度が閾値と言われた時代もありました。そのうち5%が3%になり、3%が1%と、今後も小さくなっていくことでしょう。

ないということです。

　たしかに、あるSQLに適切なインデックスを作るためには、SQLの検索条件と結合条件において、データを効率的に絞り込める条件を見極める必要がありますし、そのためにはSQL文と検索キー列のカーディナリティを知る必要があります。その結果、運良くデータをうまく絞り込める条件が見つかったら、それをカバーするインデックスを作成すれば、目的は達成させられます。しかし、そうでなかった場合はどうでしょう。つまり、データを絞り込める条件が当該のSQL文に存在しなかったら、どうすればよいのでしょうか？

　問題の所在をわかりやすくするために、少し極端な例を見ながら考えてみましょう。**リスト10.1**のような注文データを保持するテーブルを使って考えます。この注文テーブルのレコード件数は1億件と仮定します。

リスト10.1 注文テーブルの定義

```
CREATE TABLE Orders
(order_id  CHAR(8) NOT NULL,
 shop_id   CHAR(4) NOT NULL,
 shop_name VARCHAR(256) NOT NULL,
 receive_date DATE NOT NULL,
 process_flg CHAR(1) NOT NULL,
    CONSTRAINT pk_Orders PRIMARY KEY(order_id));
```

※ Orders：注文テーブル、order_id：注文ID、shop_id：受付店舗ID、shop_name：受付店舗名、receive_date：受付日、process_flg：処理フラグ

絞り込み条件が存在しない

　まず1つ目は、そもそもSQL文にまったくデータの絞り込み条件が存在しないケースです（**リスト10.2**）。

リスト10.2 ケース1：絞り込み条件が存在しない

```
SELECT order_id, receive_date
  FROM Orders;
```

　注文テーブルからデータを全件取得するという、これ以上ないシンプルなSELECT文です。このクエリのスキャン動作は、実行計画を見るまでもなくテーブルのフルスキャン以外にありません。レコードを絞り込むようなWHERE句がそもそもないため、インデックスを作成すべき列も存在しません。

303

第10章　インデックスを使いこなす　秀才の弱点

　ここまで極端なケースは実務においても少ないですし、こうした処理が仮に必要だったとしても、それは1秒のレスポンスが求められるオンライン業務ではなく、何らかの形のバッチ処理においてでしょう。

ほとんどレコードを絞り込めない

　2つ目は、もっとよくあり、それだけにやっかいなケースです。絞り込み条件はありながら、ほとんどレコードを絞り込めないSQL文です(**リスト10.3**)。

リスト10.3 ケース2：絞り込み条件は存在するが、ほとんど絞り込めない

```
SELECT order_id, receive_date
  FROM Orders
 WHERE process_flg = '5';
```

　今process_flgの分布は次のようになっているとします。

- 1(仮受付)　　　：　　200万件
- 2(受付済み)　　：　　500万件
- 3(在庫確認中)：　　500万件
- 4(発送準備中)：　　500万件
- 5(発送済み)　：　8,300万件

　一応WHERE句に「process_flg = '5'」という検索条件は存在していますが、この条件ではテーブルの半分以上のデータがヒットしてしまいます。選択率が83%と極めて高いケースです。この状態でprocess_flg列にインデックスを作って仮にそれが使われたとしても、フルスキャンよりも遅くなる可能性が高いでしょう。これではインデックスも逆効果にしかなりません。インデックスが有効なのは、あくまで「大きくレコードを絞り込める検索条件」が存在する場合だけなので、こういう検索条件が存在していても意味がないのです。このように列名に「_flg」や「_status」とついている列は、種類の少ない何らかの状態を表していることが多いので、インデックスを作るには向かない列であることが多くあります[注5]。

注5　典型例は0/1の2種類しか持たない「err_flg」のようなケースです。

304

インデックスによる性能向上が難しいケース 10.3

■──入力パラメータによって選択率が変動する❶

このケースに該当するパターンには、さらに話が面倒な亜種があります。それは、構文は同じでありながら、入力パラメータによって選択率が変動するタイプの検索条件です。たとえば、期間の範囲検索がそうです(**リスト10.4**)。

リスト10.4 ケース2':ユーザの入力パラメータによって選択率が変動する

```
SELECT order_id
  FROM Orders
 WHERE receive_date BETWEEN :start_date AND :end_date;
```

:start_date と :end_date は外部から日付をパラメータとして受け付けます。今、ユーザが:start_date と :end_dateにともに「2013-12-01」と入力したならば、ある特定の1日に受け付けた注文データを選択する意味になり、(このテーブルが何年間のデータを保存しているかにもよりますが)かなり小さい選択率が期待できるでしょう。一方、:start_dateに「2013-01-01」、:end_dateに「2013-12-31」と入力したならば、検索範囲は1年に広がります。これは、業務集中などのばらつきがないと仮定すれば、単純計算で1日を指定したときの365倍のレコードがヒットすることになります。このように、検索条件がパラメータ化されているSQL文においては、そのときどきの入力値によって選択率が良いほうにも悪いほうにも転びます。

■──入力パラメータによって選択率が変動する❷

あるいはこの選択率変動タイプのもう1つのサンプルとして、注文を受け付けた店舗を検索条件にする場合があります。**リスト10.5**のような店舗ごとの注文受付件数をカウントするSELECT文を考えましょう。

リスト10.5 ケース2'':ユーザの入力パラメータによって選択率が変動する

```
SELECT COUNT(*)
  FROM Orders
 WHERE shop_id = :sid;
```

この場合、大規模な店舗ほど受付件数は多くなり、その規模は小規模な店舗の数百倍〜数千倍になることも珍しくありません。shop_idに与えるパラメータ:sidが、大規模店舗の場合は1,000万件がヒットし、小規模店舗だと10万件しかヒットしないとすれば、前者の場合の選択率は10%、後者の場

305

合は0.1%となります。すると、前者のケースだけを考えるならばインデックススキャンよりもテーブルのフルスキャンが望ましく、後者のケースだけを考えるならインデックススキャンが有利、ということになります[注6]。

このとき怖いのが、shop_id列にインデックスが存在しており、かつ前者のケースでインデックスが使われることで、かえって性能劣化を招いてしまうことです。いわば、インデックスが「裏目に出る」わけです。オプティマイザが前者についてはフルスキャンを、後者についてはインデックスのレンジスキャンをうまく選択してくれればよいのですが、そうはいかない場合も多くあります[注7]。

インデックスが使えない検索条件

3つ目は、絞り込みの効く検索条件がありながら、インデックスが使えないタイプの検索条件の場合です。

■―― 中間一致、後方一致のLIKE述語

リスト10.6では、受付店舗の名前に「佐世保」という文字を含むレコードを選択しています。

リスト10.6 ケース3：絞り込みは効くが、インデックスが使えない検索条件

```
SELECT order_id
  FROM Orders
 WHERE shop_name LIKE '%佐世保%';
```

たとえば「佐世保北店」とか「佐世保中央店」などを結果に含むような条件です。今、この条件でヒットするレコード数は5,000件だと仮定しましょう。するとこの条件の選択率は0.005%です。5%の閾値を大きく下回っており、絞り込みは十分に効いています。

ではこのshop_name列にインデックスを作れば効率的な検索が行われる

注6 今は単純化して、検索条件のケースのみを考えていますが、もちろん結合条件においても同様の問題が発生します。特に、Nested Loopsの内部表の結合列においてヒット件数が多いことは、ループの回数を増やすため顕著な性能問題となります。詳細は第6章を参照してください。

注7 そこまでの機能をオプティマイザに期待するならば、少なくとも統計情報として列値のヒストグラムを取得している必要があります。ヒストグラムは、Microsoft SQL Server、OracleなどのDBMSでは統計情報として取得することが可能です。

でしょうか？ 残念ながらそうはなりません。LIKE述語を使う場合、イン
デックスが使用できるのは前方一致('佐世保%')のみで、このサンプルのよ
うな中間一致('%佐世保%')、あるいは後方一致('%佐世保')ではインデッ
クスが利用できません。したがって、どれだけ選択率の良い検索条件であ
ろうとも、このケースもやはりフルスキャンにならざるをえません。

　このLIKEの中間一致のように、構文的にインデックスが利用できない
パターンがいくつかあります。実装によっても動作が異なることがあるの
ですが、数が少ないので、次に挙げるものを覚えておきましょう。

■──索引列で演算を行っている

　索引列で演算を行っているとインデックスは利用できません（**リスト
10.7**）。

リスト10.7 索引列で演算を行っている

```
SELECT *
  FROM SomeTable
 WHERE col_1 * 1.1 > 100;
```

　ただし、検索条件の右側で式を用いれば、インデックスが使用されます。
したがって、代わりに

```
WHERE col_1 > 100/1.1
```

という条件を使えばOKです。

■──IS NULL述語を使っている

　IS NULL述語を使っている場合も、インデックスは使用できません（**リ
スト10.8**）。NULLに対する検索条件でインデックスが使用されないのは、
通常、索引データの中にNULLは存在しないからです[注8]。

リスト10.8 IS NULL述語を使っている

```
SELECT *
  FROM SomeTable
 WHERE col_1 IS NULL;
```

注8　DB2のように、インデックスにNULLも保持するDBMSもありますが、一般的ではありません。

第10章　インデックスを使いこなす　秀才の弱点

　また、索引列に対して関数を使用している場合も、インデックスが使用されません（**リスト10.9**）。

リスト10.9　索引列に対して関数を使用している

```
SELECT *
  FROM SomeTable
 WHERE LENGTH(col_1) = 10;
```

　索引列に関数を適用するとインデックスが使われない理由は、「索引列で演算を行っている」場合と同じです。インデックスの中に存在する値はあくまで「col_1」の値であって、「LENGTH(col_1)」の値ではないからです。関数索引によって対応する方法もありますが、無駄な計算コストが発生するので、基本は使わないようにしてください。

■——**否定形を用いている**

　否定形（<>、!=、NOT IN）はインデックスを使用できません（**リスト10.10**）。

リスト10.10　否定形を用いている

```
SELECT *
  FROM SomeTable
 WHERE col_1 <> 100;
```

IO.4
インデックスが使用できない場合どう対処するか

　それでは、こうしたインデックスが使用できない、あるいは使用すると逆に遅くなってしまうSQL文のパフォーマンスは、どのようにチューニングすればよいのでしょう。方法は、大きく2通りあります。1つがアプリケーション設計で対処するという王道です。もう1つが、あくまでインデックスにこだわる飛び道具です。それぞれ詳しく見ていきましょう。前者は、さらに外部設計よる対処とデータマートによる対処に分かれます。

308

外部設計による対処——深くて暗い川を渡れ

■——UI設計による対処

　最もシンプルな解決策は、そもそもこのようなクエリが実行されないよう、アプリケーション側で制御することです。たとえば、もし上のOrdersテーブルに対するクエリが、**図10.2**のようなWeb画面からの入力をもとに作られているとしましょう。

図10.2 画面イメージ

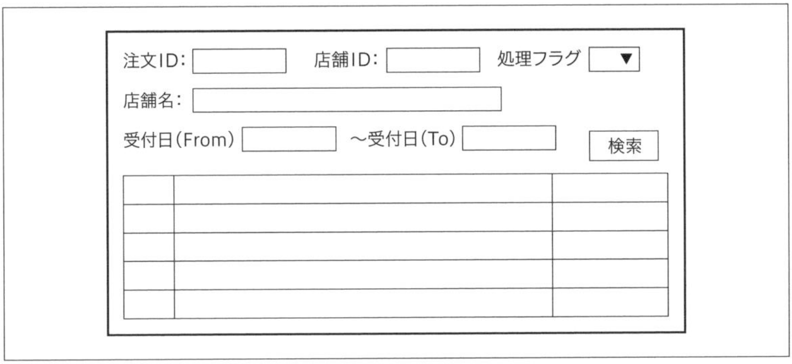

　この画面では、ユーザがかなり自由に入力条件を組み合わせられるため、選択率の高い検索条件を許容することにつながります。これが、たとえば「店舗ID」で検索するときは必ず「受付日」も入力しなければ検索ボタンを押すことができない、という必須入力制御が行われていれば、Orderテーブルに対する絞り込みがかなり利くようになります。あるいは「期間検索は最大1ヵ月まで」という条件をユーザと合意できれば、期間検索においてもインデックスを有効に利用できる可能性がぐっと高くなります[注9]。またそうすれば、月単位のパーティションをテーブルに設定するという選択肢も考えられるようになります。

　本章の「インデックスによる性能向上が難しいケース」（302ページ）で「インデックス設計はデータベースだけを見ていてもできない」と言ったのは、こういう理由によります。アプリケーションがどのようなクエリを組み立

注9　12ヵ月を検索したければ、1ヵ月ごとの検索を12回繰り返せばよいのです——1回のオペレーションでできることを複数回に分割しなければならないというのは、ユーザにとっては面倒には違いないのですが。

309

第10章　インデックスを使いこなす　秀才の弱点

て、どのような検索条件の組み合わせがあり得るかは、アプリケーション
の機能とUIの設計に大きく依存します。したがって、ユーザに対する業務
要件を考慮しながら、どのようなユーザインタフェースを用意し、どのよ
うな入力制限を設けるかを、ユーザや業務側のエンジニアと一緒になって
考えなければならないのです。

外部設計による対処の注意点

　みなさんよくご存じのように、どんなシステムであれユーザというのは
「必須入力条件なし完全フリーダム」という要件を好む生き物です。作る側
からすれば「好き勝手言いやがって。それのどこが要件だ！」という不満の
声が上がるでしょう。しかしみなさんだって、いざ自分が使う側に立てば、
迷わずそういう要望を出すはずです。何も考えなくてよいのですから。そ
こを、本当にシステムを使ううえで重要な条件と、性能のために譲歩して
もよい条件のトレードオフを整理し、妥協点を探すことがデータベースエ
ンジニアに求められる仕事です[注10]。

　データベースエンジニアとアプリケーションエンジニアの間では、とも
するとコミュニケーションの断絶が起きがちです。アプリケーションエン
ジニアはデータベースやハードウェアを完全にブラックボックスとして扱
い、ストレージの構成もテーブルの物理配置も知らない、一方のデータベー
スエンジニアは「業務要件何それ食えるの？」という態度で、自分たちが
ユーザのためにシステムを作っているのだという意識が希薄――そんなディ
スコミュニケーションに溢れた開発プロジェクトを、私も何度も見てき
ました。

　もちろん、そのような縦割りの分業体制が確立しているのにはそれなり
の理由と合理性もあるのですが、ことパフォーマンスに関しては、システ
ムを俯瞰する人間がいなければ最適化できません。インフラとアプリケー
ションの間に横たわる「深くて暗い川」を渡らなければならないのです。

　しかし現実には、外部設計における調整が不調に終わり、選択率の低い

注10　ここにERP（*Enterprise Resource Planning*）のような業務パッケージのソフトウェアが絡んでくると、話
　　はさらにややこしくなってきます。パッケージ製品はスクラッチ開発に比べてUI設計の自由度が低
　　く、内部ロジックもブラックボックスで、カスタマイズが困難です。ということは、パッケージ製
　　品を使うと性能的なリスクが非常に高くなる、ということです。

必須条件をクエリに組み込むことができないこともたびたびあります。特に、こうした外部設計レベルでのパフォーマンスを意識した調整は、プロジェクトの比較的早い段階でユーザと合意を持つ必要がありますが、往々にしてその段階での設計ではパフォーマンスがあまり（または、まったく）考慮されません。試験フェーズに至って壊滅的なパフォーマンスであることが明らかになり、そこから画面の入力条件に制限をつける調整を行うのは、ユーザから見ればあとだしジャンケンにしか見えないため、ほぼ確実に不興を買います。そのときは、操作性を変えないままシステムをチューニングする手段を考えなければなりません。

データマートによる対処

外部設計に影響を与えない1つ目の方法が、データマートです。略して単にマート、あるいはサマリテーブルとも言います。要するに、特定のクエリ（群）で必要とされるデータだけを保持する、相対的に小さなサイズのテーブルのことです。オリジナルテーブルのサブセットと考えてもらえばよいでしょう（**図10.3**）。

図10.3 データマートのイメージ

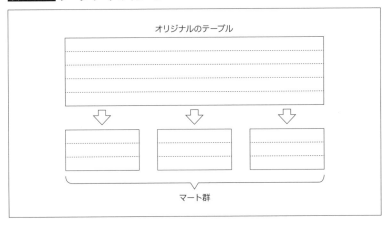

もともと大規模データを扱う必要のある（したがってパフォーマンス要件がシビアな）BI/DWHの分野で使われていた言葉です。アクセス対象テーブルサイズを小さくすることでI/O量を減らすのが、この方法の目的です。

第10章 インデックスを使いこなす 秀才の弱点

たとえば、前掲のリスト10.2（303ページ）のクエリを見ると、必要とされるデータは、order_id、receive_dateの2列だけです。したがって、**リスト10.11**のようなデータマートがあれば、**リスト10.12**のクエリは非常に高速化されます。

リスト10.11 データマート

```
CREATE TABLE OrderMart
(order_id      CHAR(4) NOT NULL,
 receive_date DATE NOT NULL);
```

リスト10.12 ケース1：絞り込み条件が存在しなくても高速化できる

```
SELECT order_id, receive_date
  FROM OrderMart;
```

データマートを採用するときの注意点

このデータマートを採用するときには、注意すべきポイントが4つあります。

■──データ鮮度

これはデータ同期のタイミングの問題です。データマートは、オリジナルのテーブルの部分的なコピーです。したがって、あるタイミングでオリジナルからデータを同期しなければならないのですが、問題はそのタイミングです。この同期のサイクルが短ければ短いほどデータ鮮度は新しく、オリジナルに近いものになります。その代わり頻繁な更新処理が実行されることによるパフォーマンス劣化の危険があります。伝統的には、この同期は夜間バッチにおいて実行されることが多く、その場合のデータ鮮度は最低1日前ということになります。

このように、データ鮮度がある程度落ちてもよいという要件が満たせないと、そもそもこの手段は採用するのが困難です。

■──データマートのサイズ

データマートを作る意義は、テーブルサイズを小さくしてI/O量、特に読

み出しデータ量を減らすことにあります[注11]。したがって、オリジナルのテーブルとサイズがあまり変わらないと、データマートを作っても速くなりません。

たとえば、SELECT *のように全列を取得する必要があって、選択列を削ることができなかったり、検索条件の選択率が高くレコードを削ることができない場合は、データマートを作ってもパフォーマンス対策になりません。

その意味では、GROUP BY句を適用して集計を事前に終えておくためのデータマートは、列数、レコード数ともに大きく削減できるうえに、GROUP BYに必要なソートやハッシュの計算処理も事前に終わらせておくことができて効果的です[注12]。

■──データマートの数

これはパフォーマンスという観点からは副次的な要素ですが、データマートがパフォーマンス改善に有効であることに気づくと、これは便利とばかりに雨後の筍みたいにデータマートを作りはじめる開発プロジェクトがあります。私がこれまでに見たシステムの中でひどいものだと、データマートだけで100個を超えていました。BI/DWHのシステムだったので、ある程度データマートに頼るのはやむを得ないところもあったのですが、さすがにこれだけあると、いったいどのテーブルが何の処理に結びついているのかぱっと見ただけでは理解できず、中にはもう参照されなくなったのに同期処理だけは（無駄に）行われている「ゾンビマート」が残っていたりと、誰一人管理できる人間はいなくなっていました。

データマートは、もともとが機能要件から要請されて作られたエンティティではないため、ER図の中にも登場せず、きちんと管理するのが難しいという問題があります。またあまり数が増えると、それだけストレージ容量も圧迫するうえ、バックアップをストレージのスナップショット機能などで取得していると、無駄にバックアップウィンドウ（バックアップに使える期間）を圧迫するという問題も引き起こします。こうした観点から見ても、あまり安易に頼りすぎるのは考えものです。

注11　検索、すなわちSELECT文の処理をする際には、読み出し（Output）しか行わないと思っている人もいるかもしれませんが、実際は書き込み（Input）も行われることがあります。それは、ハッシュやソートの計算を行うときなど、一時作業用のメモリ領域が不足したときに、データを一時的にストレージへ書き出す動作（TEMP落ち）をする可能性があるからです。詳しくは第1章「もう一つのメモリ領域『ワーキングメモリ』」（16ページ）を参照してください。

注12　もともと、BI/DWHにおけるデータマートは、GROUP BYを使って作ることが前提されていた節もあります。

第10章　インデックスを使いこなす　秀才の弱点

■───バッチウィンドウ

　当たり前ですが、データマートを作るにも時間がかかるため、バッチウィンドウを圧迫します。作ったデータマートは、わずかな差分更新でない限り統計情報も収集しなければなりません。こうした処理を余裕を持って収めるためのバッチウィンドウとジョブネットの考慮が必要になります。

　以上のように、データマートは一見するとお手軽な性能改善手段に見えますが、意外に考慮すべきポイントが(特に運用まわりで)多いので、軽い気持ちで頼りすぎるとあとで副作用に泣くことになります。注意してください。

インデックスオンリースキャンによる対処

　外部設計に影響を与えることなくチューニングを行う2つ目の手段が、インデックスオンリースキャンです。インデックスオンリースキャンは、SQL文のアクセス対象のI/O量を減らすことを目的としている点で、データマートと考え方は同じです。この方法の利点は、データマートで最大のネックだったデータ同期の問題をクリアしていることです。

　インデックスオンリースキャンは、名前のとおりインデックスを使った高速化の一手段ではあるのですが、その使い方は従来のインデックスの用法とは大きく異なります。

　まったく絞り込み条件が存在しなかったリスト10.2をもう一度取り上げましょう(**リスト10.13**)。インデックスの原則として、WHERE句に絞り込み条件がない以上、フルスキャンが発生することは避けられないはずでした。

リスト10.13　ケース1：絞り込み条件が存在しない(再掲)

```
SELECT order_id, receive_date
  FROM Orders;
```

　しかしこのクエリにおいては、フルスキャンはフルスキャンでも実はその対象をテーブルからインデックスに変えることができるのです。そのためには、**リスト10.14**のような列をカバーするインデックスを作成します。

リスト10.14　カバリングインデックス

```
CREATE INDEX CoveringIndex ON Orders (order_id, receive_date);
```

　order_idとreceive_dateの2列はSELECT句に含まれているだけなので、

通常はインデックスの列候補にはなりません。しかし、この2列をカバーするインデックスが存在することで、テーブルではなくインデックスだけをスキャン対象にするような検索——それがすなわちインデックスオンリースキャン——が可能になるのです（**図10.4**）。こういうインデックスをカバリングインデックス（*Covering Index*）と呼びます。インデックスオンリースキャンとは、いわばSQL文に必要な列をインデックスだけで充足できる場合に、テーブルへのアクセスをスキップする技術なのです。

図10.4 従来のインデックススキャンと、インデックスオンリースキャンの違い

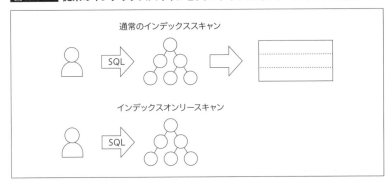

この技術の利点は、データマートと同じくI/Oを削減できることです。インデックスはテーブル列のサブセットしか保持しないため、そのサイズはテーブルに比べればかなり小さなものになります。しかも、データマートを作るにはアプリケーションにも改修が必要になりますが、インデックスの場合はそうした改修が不要であることも大きな利点です。

この場合の実行計画をOracleで見てみましょう（**図10.5**）[注13]。

図10.5 インデックスオンリースキャンの実行計画（Oracle）

```
| Id | Operation             | Name         | Rows | Bytes | Cost (%CPU)| Time     |
|  0 | SELECT STATEMENT      |              |    1 |    19 |     2   (0)| 00:00:01 |
|  1 | INDEX FAST FULL SCAN  | COVERINGINDEX|    1 |    19 |     2   (0)| 00:00:01 |
```

注13 PostgreSQLだと、件数が少ない場合普通のシーケンシャルスキャンが選択されてしまうので、Oracleの実行計画を掲載しています。

「INDEX FAST FULL SCAN」という操作が、インデックスに対するフルスキャンを意味します。注目すべきは、この実行計画には「Orders」というテーブル名が登場しないことです。これは、テーブルにはアクセスしていないからです。この実行計画は、クエリの全列をカバーするインデックスが存在していれば、オプティマイザが自動的に判断して採用されます[注14]。

同様に、リスト10.3、リスト10.6にも適用できます（**リスト10.15、リスト10.16**）。それぞれ**リスト10.17、リスト10.18**のように列をカバーするインデックスを作ることで、インデックスオンリースキャンを利用することが可能になります。

リスト10.15 ケース2：絞り込み条件は存在するが、ほとんど絞り込めない（再掲）

```
SELECT order_id, receive_date
  FROM Orders
 WHERE process_flg = '5';
```

リスト10.16 ケース3：絞り込みは効くが、インデックスが使えない検索条件（再掲）

```
SELECT order_id, receive_date
  FROM Orders
 WHERE shop_name LIKE '%佐世保%';
```

リスト10.17 リスト10.15に対応するカバリングインデックスを作成

```
CREATE INDEX CoveringIndex_1 ON Orders (process_flg, order_id, receive_date);
```

リスト10.18 リスト10.16に対応するカバリングインデックスを作成

```
CREATE INDEX CoveringIndex_2 ON Orders (shop_name, order_id, receive_date);
```

これはいわば、ロー（行）ベースストアのDBMSにおいて擬似的にカラム（列）ベースストアを実現していると考えてもよいでしょう（コラム「インデックスオンリースキャンとカラム指向データベース」参照）。

注14　カバリングインデックスが存在するのに使ってくれないこともあり、そういう場合Oracleでは INDEX_FFSヒントによって制御する方法もあります。

インデックスが使用できない場合どう対処するか　10.4

Column

インデックスオンリースキャンとカラム指向データベース

　本章で紹介したインデックスオンリースキャンの技術は、うまくハマれば検索
性能を劇的に向上させられる強力な機能ですが、実はこれは、カラム指向データ
ベースを、ロー指向データベースにおいて擬似的に実現した方法、という見方を
することができます。

　現在主流の RDB の実装は、そのほとんどがロー指向データベース、すなわち、
行単位でデータを格納するタイプです(**図a**)[注a]。

図a　　**ロー指向**

　このロー指向をパフォーマンスの観点から見た場合には、非効率、すなわちあ
る種の「無駄」が発生します。それは、たとえば次のような簡単な SELECT 文を見
てみるとわかります。

```
SELECT col_1
  FROM SomeTable;
```

　この SELECT 文がアクセスする必要のあるデータは col_1 だけです。したがっ
て、本当はこの 1 つの列だけにアクセスするのが、読み出しデータ量を少なく抑
えられて効率的です。しかし、ロー指向データベースにおいては I/O が行単位で
行われるため、残りの(使わない)列もすべて読み出さなければならないのです。
今、SomeTable が col_1～col_50 までの 50 列を保持しているとすれば、残りの
49 列もすべて読み出さなければならないというわけです。もちろん、実際に必要
なのは 1 列だけなので、残りはせっかく読み出したものの、特に使わずに捨てる
ことになります。まったくの読み出し損です。

　カラム指向データベースは、このような「実は 1 つの SQL 文で使用される列は
非常に限られているのではないか」という洞察に基づいて作られたデータベースで
す。その名のとおり、データの格納単位を列に変換することで、不要な列を読み
出さなくても済むようにするという方法です(**図b**)。

317

図b　カラム指向

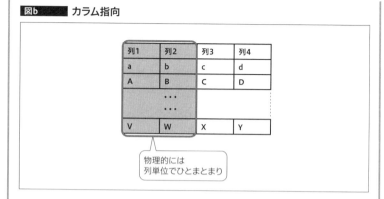

物理的には
列単位でひとまとまり

　こうすると、先のSELECT文のような使う列数が少ないSQL文に対しては、データの読み出し量を大きく削減し、パフォーマンスを向上させることができます。ただし、利点と欠点は表裏一体なので、カラム指向データベースの場合、今度は逆に次のようなSELECT文のパフォーマンスが悪くなります。

```
SELECT *
  FROM SomeTable
 WHERE col_1 = 'A';
```

　col_1 = 'A'の条件によってレコード数を大きく絞り込めたとしても、カラム指向データベースの場合は、結局すべての列にアクセスする必要があるため、このSQL文のパフォーマンスは、ロー指向データベースよりも劣ります。ここまで極端ではなくても、多くの列を使用するタイプのSQL文には、カラム指向データベースは向かない、ということになります。
　さて、ここまで見ると、インデックスオンリースキャンが、ロー指向データベース上で擬似的にカラム指向データベースを実現したものだ、という意味もおわかりいただけたのではないかと思います。SQL文の使用列をカバーするインデックスを作ることでアクセスする列を制限するという発想は、カラム指向データベースのものにほかならないのです。

注a　カラム指向データベースを取り入れている製品としては、Sybase IQなどがあります。

インデックスオンリースキャンを採用するときの注意点

　インデックスオンリースキャンは、データマートを作らなくてもクエリを高速化できる点で優れた技術ですが、いくつか注意点もあります。

インデックスが使用できない場合どう対処するか　10.4

■── DBMSによっては使えないこともある

Oracle、DB2、Microsoft SQL Server、PostgreSQL、MySQLいずれも2014年12月時点の最新版であればすべてインデックスオンリースキャンをサポートしています。古いバージョンを使っているときだけ注意が必要です[注15]。

■── 1つのインデックスに含められる列数には限度がある

これも実装依存の注意点です。インデックスのサイズは無制限ではなく、含められる列数やサイズに上限が決められています[注16]。こうした制限については実装ごとに違うため、みなさんの使用する環境についてよくマニュアルなどを調べてください。

また、そもそもインデックスサイズが大きくなると、物理I/Oを減らすという当初の目的に対する効果が薄くなり、何のためにインデックスを作るのかわからなくなります。

■── 更新のオーバーヘッドを増やす

インデックスオンリースキャン用のカバリングインデックスに限らず、インデックスというのはそれが存在するテーブルに対する更新負荷を上げるものですが、カバリングインデックスはその性質上、列数が多く必然的にサイズの大きなインデックスになりがちです。したがって、テーブル更新時のオーバーヘッドも通常のインデックスよりも大きなものになる傾向があります。検索を高速化できる代わりに、更新にトレードオフが発生す

注15　PostgreSQLは、9.2からインデックスオンリースキャンをサポートしました。
　　　・もう一度始めたい人のPostgreSQL (3) インデックスオンリースキャンを試す - @IT
　　　　http://www.atmarkit.co.jp/ait/articles/1307/12/news004.html
　　　またMicrosoft SQL ServerやDB2は、インデックスのキー以外の列値をインデックスに持たせるという機能も持っています。Microsoft SQL Serverではこれを「付加列インデックス」と呼んでいます。
　　　・付加列インデックスの作成 - TechNet
　　　　http://technet.microsoft.com/ja-jp/library/ms190806.aspx
　　　これはもう物理的な構造が木であるというだけで、論理的にはほとんどテーブルと同じような存在です。
注16　Oracleなどは、この制限に対処するために、複数のインデックスをマージしたうえでインデックスオンリースキャンを行うことがあります。たとえば、(a, b, c, d)という列を使うクエリに対して、(a, b, c)と(b, c, d)という2つのインデックスがあった場合、それぞれ1つのインデックス単独ではクエリをカバーできず、インデックスオンリースキャンは使えません。そこで2つのインデックスをマージして(a, b, c, d)という1つのインデックスを作ることで、テーブルへのアクセスをスキップするという、気の利いた芸当です。もちろん、このマージ操作はオーバーヘッドになるので、最初から(a, b, c, d)をカバーするインデックスが存在するのが最も効率的であることは言うまでもありません。

319

るのです。

定期的なインデックスのリビルドが必要

インデックスにしかアクセスしないということは、裏を返すと検索性能はインデックスのサイズに依存するということです。特に、インデックスの一部しか読み込まない通常のレンジスキャンと違い、Oracle の INDEX FAST FULL SCAN などはインデックスに対してフルスキャンを行います。そのため、検索性能はインデックスのサイズにほぼ比例することになり、通常のインデックスよりもサイズに敏感にパフォーマンスが反応します。

こうした理由から、カバリングインデックスの定期的なサイズのモニタリングとリビルドを運用に組み込んでおく必要があります。

SQL文に新たな列が追加されたら使えない

アプリケーション改修によってクエリに新たな列が追加されることがあるでしょう。原理を理解していれば当然の話ですが、そうすると、もうインデックスオンリースキャンは使えません。結果、いきなり実行計画が変動し、クエリの性能が劣化します。WHERE 句の変更が性能を大きく変える可能性があることはアプリケーションエンジニアにも広く理解されていますが、SELECT 句に列を追加するぐらいは軽い気持ちでやってしまうケースも見られます。しかし、カバリングインデックスは、SQL 文で使用される列をすべてカバーできなくなった時点で、もうカバリングインデックスではありません。その点で、このインデックスオンリースキャンは、通常のインデックスに比べてピーキーな、アプリケーション改修に弱いタイプのチューニングと言えるでしょう。お世辞にも保守性が高いとは言えません。

このように、インデックスオンリースキャンは通常のレンジスキャンでは高速化が難しいケースをもカバーできるという利点を持つ一方で、使う際の注意点も多い変則的な技術です。B+tree インデックス本来の使い方ではけっしてないのですが、諸条件を満たしてうまく「ハマる」ときは、従来 B+tree インデックスでは高速化が不可能とされてきたケースでも大きな性能改善が見込める方法であり、覚えておいてもらいたい選択肢です。

第10章のまとめ

- B+treeインデックスは便利だが、うまく高速化できるかはカーディナリティと選択率しだい

- 選択率をコントロールするためにはUI設計まで踏み込む必要がある

- 選択率の高いケースを救う技術がインデックスオンリースキャン

- 結局のところ、インデックスによる性能改善もまた、I/Oコストを減らすための努力

演習問題10

みなさんの参加するプロジェクトで、大規模テーブルに対するクエリが遅いため、データマートを使って性能改善を行う方針が決まりました。このとき、どのような実装方法があり得るか、そしてそれぞれどのようなメリット／デメリットがあるか考えてください。　**➡解答は345ページ**

Appendix A

PostgreSQLの
インストールと起動

本章では、実行環境としてオープンソースのデータベースであるPostgreSQL（バージョン9.3.2）のWindowsへのインストール方法を紹介します。

1. PostgreSQLのダウンロードサイト[注1]からインストーラをダウンロードします。本書では、32ビット版のWindowsのインストーラ（Win x86-32）を使ってWindows 7（32ビット）へインストールする手順を解説しますが、環境に応じて適切なものをダウンロードしてください。たとえば、みなさんの使用しているPCのOSがWindowsの64ビットであれば、「Win x86-64」のインストーラをダウンロードしてください（図A.1）。

   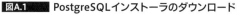
   図A.1　PostgreSQLインストーラのダウンロード

2. インストーラを実行する際は、ファイルを右クリックして「管理者として実行」をクリックします[注2]。すると、図A.2のセットアップ画面が起動するので、「Next >」ボタンをクリックします。

注1　http://www.postgresql.jp/download
注2　PostgreSQLのインストールにはOSの管理者権限が必要になるため、インストーラをダブルクリックするのではなく必ず「管理者として実行」で実施するようにしてください。このとき、管理者のパスワードを求められた場合は、設定したパスワードを入力してください。

図A.2 インストールの開始

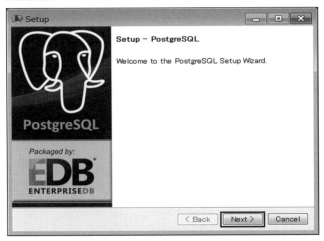

3. インストールディレクトリを選択する画面が表示されます(**図A.3**)。デフォルトでは「C:¥Program Files¥PostgreSQL¥9.3」が表示されていますが、「Program Files」フォルダはユーザアカウントによってはアクセスできない可能性があるため、「C:¥PostgreSQL¥9.3」を選択して「Next >」ボタンをクリックします。なお、インストール時にディレクトリは自動的に作成されるため、前もって作成しておく必要はありません。

図A.3 インストールディレクトリの選択

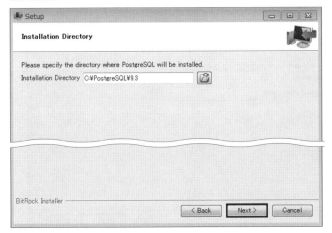

4. データを保存するディレクトリを選択する画面が表示されます(**図A.4**)。「C:¥PostgreSQL¥9.3¥data」が表示されるので、特に変更する必要がなければ、そのまま「Next >」ボタンをクリックします。

図A.4 データを保存するディレクトリの選択

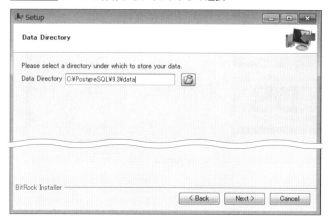

5. データベース管理者ユーザのパスワードを設定する画面が表示されます(**図A.5**)。パスワードを入力して「Next >」ボタンをクリックします。このパスワードは手順10でPostgreSQLにログインする際に使用するので、忘れないようにしてください。

図A.5 データベース管理者ユーザのパスワードを設定

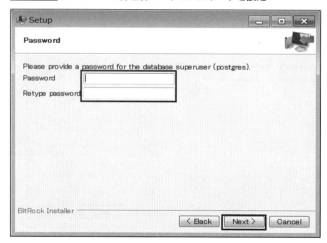

6. PostgreSQLのポート番号を設定する画面が表示されます(**図A.6**)。特に変更する必要がなければそのまま「Next >」ボタンをクリックします。通常はこのままで問題ありません。

図A.6 ポート番号の設定

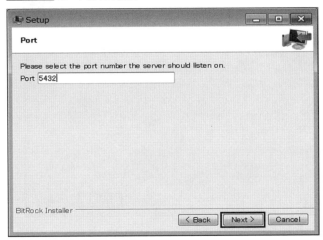

7. PostgreSQLのロケールを設定する画面が表示されます(**図A.7**)。「Japanese, Japan」を選択して「Next >」ボタンをクリックします。

図A.7 ロケールの設定

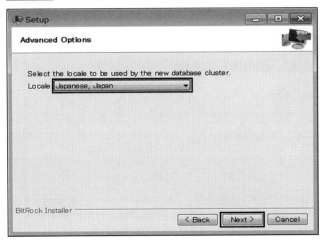

8. インストール開始画面が表示されます（**図A.8**）。そのまま「Next >」ボタンをクリックします。

図A.8 インストールの開始

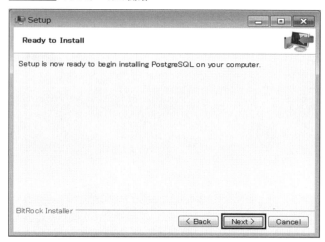

9. インストールが開始されます（**図A.9**）。

図A.9 インストールの実行中

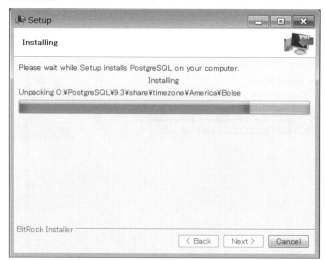

10. 終了画面が表示されます(**図A.10**)。「Launch Stack Builder at exit?」のチェックを外して「Finish」ボタンをクリックします。「Launch Stack Builder」はさまざまな付属ツールをインストールするための機能ですが、PostgreSQLそのものを利用するだけならば特に必要ありません。これでインストールは完了しました。

図A.10 インストールの完了

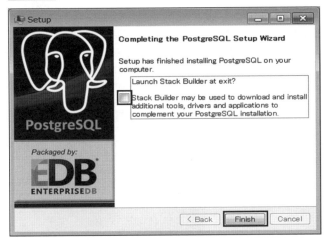

11. セキュリティを高めるために、PostgreSQLの設定ファイルの書き換えを行います。次のファイルをメモ帳などのテキストエディタで開いていください。

C:¥PostgreSQL¥9.3¥data¥postgresql.conf

このファイルを「listen_addresses」というキーワードで検索してください。このキーワードは、インストールした直後は listen_addresses = '*' と設定されています。これは、すべてのリモートホストからの接続を受け付けるという意味ですが、学習用環境としてはローカルマシンからのみ接続できれば十分のため、この行の先頭に#をつけてコメントアウトし、新たに次のような行を追加します。

```
listen_addresses = 'localhost'
```

これで、ローカルマシンからのみPostgreSQLに接続可能な設定にな

りました。この設定を有効にするためには、一度PostgreSQLを再起動する必要があります。「スタート」ボタンから「コントロールパネル」→「管理ツール」→「サービス」を選択します。表示されるウィンドウから、「postgresql-9.3」という行を探し、マウスで右クリックしてください(**図A.11**)。表示されるメニューの中から、「開始」または「再起動」を選択してください[注3]。これでPostgreSQLに先ほどの「listen_addresses」の変更が反映されます。

図A.11 「サービス」からPostgreSQLを再起動

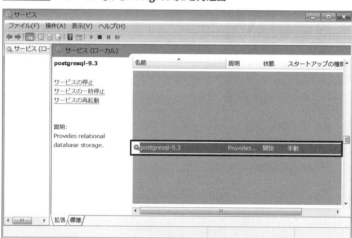

このとき、間違えて「postgresql-9.3」以外のサービスを停止してしまうとOSが正しく動作しなくなる危険があるため、絶対にほかのサービスは操作しないでください。

注3 すでにPostgreSQLが開始状態にあるときは、「開始」はグレーアウトされて選択できなくなっています。逆に、PostgreSQLが停止状態のときは、「再起動」がグレーアウトされて選択できなくなっています。

12. 「スタート」ボタンの「すべてのプログラム」→「PostgreSQL 9.3」→「SQL Shell (psql)」を選択します。コマンドプロンプトに「ユーザpostgresのパスワード：」が表示されるまで Enter を押して、手順5で設定したパスワードを入力し、Enter を押します。すると、コマンドプロンプトに「postgres=#」と表示され、PostgreSQLへの接続が完了します（**図A.12**）。

この状態になれば、SQL文を実行できます。

図A.12 psqlからPostgreSQLへ接続

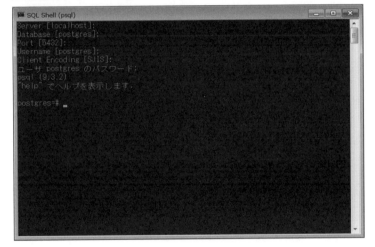

Appendix B

演習問題の解答

Appendix B　　　　　　　演習問題の解答

■――演習問題1の解答

　不特定多数のユーザから要求されるデータのキャッシュヒット率を上げよう
とする場合、どのようなデータをキャッシュしておくのが最適か。この問題を
機械的に解くための基本的なアルゴリズムは、LRU（*Least Recently Used*）です。
これは「参照される頻度が最も少ないものをキャッシュから追い出す」というア
ルゴリズムです。こうすると、逆に頻繁に参照されるデータが長くキャッシュ
にとどめられるため、全体としてのキャッシュヒット率が上昇します。

　実装による細かい違いについては、マニュアルなど信頼できるドキュメ
ントを参照してください。Oracle と MySQL（InnoDB）はオンラインでも情
報が得られます。

- **Oracle Database 概要 11g リリース 2（11.2）「データベース・バッファ・キャッシュ」**
  http://docs.oracle.com/cd/E16338_01/server.112/b56306/memory.htm#i10221
- **MySQL 5.7 Reference Manual「8.9.1 The InnoDB Buffer Pool」**
  http://dev.mysql.com/doc/refman/5.7/en/innodb-buffer-pool.html

■――演習問題2の解答

リストB.1 のような SQL 文で実現できます。

リストB.1 男女別の年齢ランキング（飛び番あり）を降順に出力するSELECT文

```
SELECT name,
       sex,
       age,
       RANK() OVER(PARTITION BY sex ORDER BY age DESC) rnk_desc
  FROM Address;
```

実行結果

```
name   | sex | age | rnk_desc
-------+-----+-----+----------
井上   | 女  | 55  |        1
佐藤   | 女  | 25  |        2
前田   | 女  | 21  |        3
松本   | 女  | 20  |        4
佐々木 | 女  | 19  |        5
森     | 男  | 45  |        1
鈴木   | 男  | 32  |        2
林     | 男  | 32  |        2
小川   | 男  | 30  |        4
```

■───演習問題3の解答

UNIONとINの同値性はそのまま保たれますが、CASE式の結果が両者と異なります。

key列が「7」の行が追加されたあとでも、CASE式の結果は**図B.1**のとおり、それまでと変化がありません。

図B.1　**CASE式の結果**

```
 key  | name| date_1     | flg_1 | date_2     | flg_2 | date_3     | flg_3
------+-----+------------+-------+------------+-------+------------+-------
 1    | a   | 2013-11-01 | T     |            |       |            |
 2    | b   |            |       | 2013-11-01 | T     |            |
 5    | e   |            |       |            |       | 2013-11-01 | T
```

一方、UNIONとINのクエリは、次のようにkey列が「7」の行も結果に含める形に変化します（**図B.2**）。

図B.2　**UNIONとINの結果**

```
 key  | name| date_1     | flg_1 | date_2     | flg_2 | date_3     | flg_3
------+-----+------------+-------+------------+-------+------------+-------
 1    | a   | 2013-11-01 | T     |            |       |            |
 2    | b   |            |       | 2013-11-01 | T     |            |
 5    | e   |            |       |            |       | 2013-11-01 | T
 7    | g   | 2013-11-01 | F     |            |       | 2013-11-01 | T
```

この違いが生じる理由は、CASE式のWHEN句が左から右への短絡評価を行うためです。短絡評価では、最初に条件がTRUEになる分岐を見つけたらそこで評価を打ち切って、残りの分岐の評価は省略されます。したがって、key列が「7」の行に対して、CASE式は最初のWHEN句date_1 = '2013-11-01' を評価した際にflg_1の値として「F」を返してしまい、その行は 'T' = 'F' がFALSEと評価されて、結果から除外されます。もう当該の行に対して、次のWHEN句であるdate_2 = '2013-11-01' やdate_3 = '2013-11-01' が評価されることはないので、date_3の評価時にTRUEになる可能性がないのです。

UNIONとINは、(date_n, flg_n)のペアのどこかでFALSEになったとしても一応最後まで全部調べるため、こういうことが起きません。実は、UNIONと無条件に同値なのは、CASE式ではなくINを使ったクエリのほうだったのです。

Appendix B　　　　演習問題の解答

■──演習問題4の解答

　実行環境(ハードウェア、DBMSのバージョンやパラメータ)によって実行計画も変動する可能性がありますが、たとえば筆者の環境では**図B.3**、**図B.4**のような結果となりました。おそらくみなさんの実行環境でもほぼ似たような結果になるでしょう。

図B.3　　　PostgreSQL 9.1での実行計画

```
HashAggregate  (cost=1.16..1.27 rows=9 width=6)
  -> Seq Scan on persons  (cost=0.00..1.11 rows=9 width=6)
```

図B.4　　　Oracle 11gでの実行計画

```
-----------------------------------------------------------------
| Id | Operation         | Name    | Rows | Bytes | Cost (%CPU)| Time     |
-----------------------------------------------------------------
|  0 | SELECT STATEMENT  |         |    9 |    54 |   3  (34)| 00:00:01 |
|  1 |  HASH GROUP BY    |         |    9 |    54 |   3  (34)| 00:00:01 |
|  2 |   TABLE ACCESS FULL| PERSONS |    9 |    54 |   2   (0)| 00:00:01 |
-----------------------------------------------------------------
```

　PostgreSQLとOracleについては、本文で見た実行計画から変化はありません。どちらもGROUP BYの演算をハッシュで実行しています。

　SQL Serverでは、実行計画3行目のSort(ORDER BY:([Expr1003] ASC))から、GROUP BYの処理においてソートが利用されていることが確認できます(**図B.5**)。

図B.5　　　SQL Server 2008での実行計画

```
|--Compute Scalar(DEFINE:([Expr1004]=CONVERT_IMPLICIT(int,[Expr1007],0)))
   |--Stream Aggregate(GROUP BY:([Expr1003]) DEFINE:([Expr1007]=Count(*)))
      |--Sort(ORDER BY:([Expr1003] ASC))
         |--Compute Scalar(DEFINE:([Expr1003]=substring([master].[dbo].[Persons].[name],(1),(1))))
            |--Clustered Index Scan(OBJECT:([master].[dbo].[Persons].[PK_Persons_72E12F1A4AD81681]))
```

　MySQLの実行計画は**図B.6**のようになります。

図B.6 MySQL 5.6での実行計画

```
+----+-------------+---------+------+---------------+------+---------+------+------+--------------------------------+
| id | select_type | table   | type | possible_keys | key  | key_len | ref  | rows | Extra                          |
+----+-------------+---------+------+---------------+------+---------+------+------+--------------------------------+
|  1 | SIMPLE      | Persons | ALL  | NULL          | NULL | NULL    | NULL |    9 | Using temporary; Using filesort |
+----+-------------+---------+------+---------------+------+---------+------+------+--------------------------------+
```

ポイントは「Extra」列における「Using temporary; Using filesort」です。これはワーキングメモリ内でソート処理を完結させられないため、一時領域（ストレージ）にファイルを作ってソートを行う、という意味です。このことから、MySQLでは、GROUP BYと集約関数の操作ではハッシュではなくソートが使われていることがわかります。

DB2でもやはりソートが実行されていることがわかります（**図B.7**）。

図B.7 DB2 9.7での実行計画

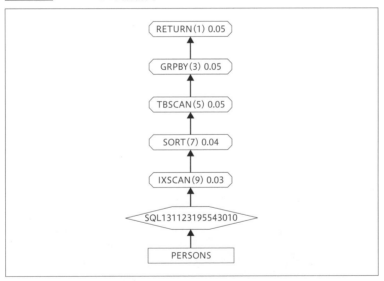

以上のことから、OracleとPostgreSQLではGROUP BYの演算にハッシュが使われ、それ以外のDBMSではソートが使われていることがわかりました。こうしたアルゴリズムはDBMSのバージョンが上がっていくことでも変化があるため（Oracleでは9iまではGROUP BYにソートを使っていました）、常に自分の使っているDBMSの進化には目を配っておきましょう。

Appendix B 演習問題の解答

■── 演習問題5の解答

「直前の1行」をスカラサブクエリで表現すれば、ウィンドウ関数で作っているvar列を同じように作れます（**リストB.2**）。

リストB.2 相関サブクエリを使った解

```
INSERT INTO Sales2
SELECT company,
       year,
       sale,
       CASE SIGN(sale - (SELECT sale  直近の年の売り上げを選択
                           FROM Sales SL2
                          WHERE SL1.company = SL2.company
                          AND SL2.year =
                             (SELECT MAX(year)  直近の年を選択
                                FROM Sales SL3
                               WHERE SL1.company = SL3.company
                                 AND SL1.year > SL3.year )))
       WHEN 0  THEN '='
       WHEN 1  THEN '+'
       WHEN -1 THEN '-'
       ELSE NULL END AS var
  FROM Sales SL1;
```

実行計画は**図B.8**のようになります。

図B.8 相関サブクエリによる解の実行計画（Oracle）

```
-----------------------------------------------------------------------------
| Id  | Operation                      | Name    | Rows | Bytes | Cost (%CPU)| Time     |
-----------------------------------------------------------------------------
|  0  | SELECT STATEMENT               |         |  12  | 108   |  2   (0)| 00:00:01 |
|  1  |  SORT AGGREGATE                |         |  1   |  9    |         |          |
|  2  |   TABLE ACCESS BY INDEX ROWID  | SALES   |  1   |  9    |  1   (0)| 00:00:01 |
|* 3  |    INDEX UNIQUE SCAN           | PK_SALES|  1   |       |  0   (0)| 00:00:01 |
|  4  |     SORT AGGREGATE             |         |  1   |  6    |         |          |
|  5  |      FIRST ROW                 |         |  1   |  6    |  1   (0)| 00:00:01 |
|* 6  |       INDEX RANGE SCAN (MIN/MAX)| PK_SALES|  1  |  6    |  1   (0)| 00:00:01 |
|  7  | TABLE ACCESS FULL              | SALES   |  12  | 108   |  2   (0)| 00:00:01 |
-----------------------------------------------------------------------------
```

相関サブクエリでは SL1.company = SL2.company（および SL1.company = SL3.company）という条件によって「同じ会社ならば」という条件を表現します。こちらは、典型的なSQLの集合指向の考え方です。相関サブクエリの

中で非等値結合を使うことによってカレントレコードを起点とした集合を作るのは、ウィンドウ関数が導入される前のSQLでは定石の技術でした。

　今、相関サブクエリの中では、同じ会社で、カレント行の年より前で直近の年MAX(year)をSL3テーブルから選択しています。この年における売り上げが、すなわちカレント行に対する「直近の年の売り上げ」になります。その条件の中心となるのが、SL1.year > SL3.yearという不等式です。カレントレコードはSL1.yearのほうですから、「それより小さい(＝昔の)年」という意味になります。

　SL1.yearと、SL1.year > SL3.yearの条件に合致するレコード集合の対応をマッピングすると図B.9のようになります(太字の年は、集合の中の最大値を示します)。

図B.9　　　レコード集合の対応をマッピング

SL1.year	SL1.year > SL3.yearの条件に該当するレコード集合
S0:2002	Φ(空集合)
S1:2003	2002
S2:2004	2002 **2003**
S3:2007	2002 2003 **2004**

　このように、「ある値を基準にそれより小さい値の集合」を集合論で「下界」(*lower bound*)と呼びます。基準値となる年が進むに従って、S1はS0を含み、S2はS1を含み……という風に下界の要素数が1つずつ増え、どんどん入れ子状に集合が大きくなっていく様子が見てとれます。その見方をすると、この相関サブクエリが作る下界は再帰的集合でもあります。S0〜S3には次のような包含関係が成立します。

・S0 ⊂ S1 ⊂ S2 ⊂ S3

　この包含関係を図示すると、**図B.10**のような同心円的な再帰集合が描けます。

図B.10 非等値結合は同心円的な入れ子集合を作る

　パフォーマンスの観点から見ると、相関サブクエリはどうしてもテーブルを複数回スキャンする必要があるうえ、結合が発生することになり、ウィンドウ関数に比べるとパフォーマンスが悪くなります。また、結合を使うため実行計画の安定性が低くなること、ウィンドウ関数のコードに比べてコードが複雑で可読性が悪いことも欠点です。

　総じて言えば、ウィンドウ関数を使える環境において今さら相関サブクエリを使うメリットはありません。

■——演習問題6の解答

　EXISTS述語の場合、筆者の実行環境ではPostgreSQLとOracleでは図B.11、図B.12のような実行計画になりました。

図B.11 EXISTS述語の実行計画（PostgreSQL）

```
Hash Semi Join  (cost=1.14..2.22 rows=3 width=10)
  Hash Cond: (d.dept_id = e.dept_id)
  ->  Seq Scan on departments d  (cost=0.00..1.04 rows=4 width=10)
  ->  Hash  (cost=1.06..1.06 rows=6 width=3)
        ->  Seq Scan on employees e  (cost=0.00..1.06 rows=6 width=3)
```

図B.12 EXISTS述語の実行計画（Oracle）

```
| Id | Operation        | Name | Rows | Bytes | Cost (%CPU)| Time     |
|  0 | SELECT STATEMENT |      |    3 |    36 |     3  (0) | 00:00:01 |
|  1 |  NESTED LOOPS SEMI|     |    3 |    36 |     3  (0) | 00:00:01 |
```

```
|   2 |   TABLE ACCESS FULL| DEPARTMENTS |    4 |   40 |   3   (0)| 00:00:01 |
|*  3 |    INDEX RANGE SCAN | IDX_DEPT_ID |    4 |    8 |   0   (0)| 00:00:01 |
```

　PostgreSQLではHash、OracleではNested Loopsが選ばれていますが、その違いはここでは特に重要ではありません。注目すべきは両方に現れている「Semi」というキーワードです。「Semi-Join」は日本語では「準結合」または「半結合」と呼ばれています。これは通常の結合の際には現れない、EXISTS述語（とIN述語）を使ったときに特有のアルゴリズムです。

　このアルゴリズムの特徴は、次の2つです。

- **機能的には、結果には駆動表となるテーブルのデータしか含まれず、しかも1行につき必ず1行しか結果が生成されない（通常の結合の場合、1対Nの結合の場合は行数が増えることがある）**
- **内部表にマッチする行を1行でも発見した時点で残りの行の検索を打ち切れるため、通常の結合よりもパフォーマンスが良い**

　パフォーマンス上の利点をもう少し詳しく説明すると、たとえばEmployeesテーブルには、開発(dept_id=12)の行は、「米田」「釜本」「岩瀬」の3行がありますが、このうちの最初の行を見つけた時点で検索を打ち切れるため、残り2行もすべて見つけなければならない通常の結合に比べて、ループ回数が少なくなるわけです。

　このため、EXISTS述語が利用できる場合においては、通常の結合ではなくEXISTS述語で書き換えるというのは、パフォーマンス改善の常套手段の一つです。

　一方、NOT EXISTS述語の場合は、**図B.13**、**図B.14**のような実行計画となります。

図B.13　NOT EXISTS述語の実行計画（PostgreSQL）

```
Hash Anti Join  (cost=1.14..2.20 rows=1 width=10)
  Hash Cond: (d.dept_id = e.dept_id)
  ->  Seq Scan on departments d  (cost=0.00..1.04 rows=4 width=10)
  ->  Hash  (cost=1.06..1.06 rows=6 width=3)
        ->  Seq Scan on employees e  (cost=0.00..1.06 rows=6 width=3)
```

341

図B.14　NOT EXISTS述語の実行計画（Oracle）

```
-----------------------------------------------------------------
| Id | Operation        | Name         | Rows | Bytes | Cost (%CPU)| Time     |

|  0 | SELECT STATEMENT |              |    1 |    12 |    3   (0)| 00:00:01 |
|  1 |  NESTED LOOPS ANTI|             |    1 |    12 |    3   (0)| 00:00:01 |
|  2 |   TABLE ACCESS FULL| DEPARTMENTS |    4 |    40 |    3   (0)| 00:00:01 |
|* 3 |   INDEX RANGE SCAN | IDX_DEPT_ID |    4 |     8 |    0   (0)| 00:00:01 |
-----------------------------------------------------------------
```

　PostgreSQLではHash、OracleではNested Loopsが使われていますが、やはりそこは重要なポイントではありません。今回実行計画に現れたのは、「Anti」というキーワードです。「Anti-Join」は日本語では「反結合」と呼ばれます。これもまた、通常の結合の際には現れない、NOT EXISTS述語（またはNOT IN述語）を使ったときに特有のアルゴリズムです。

　反結合の動作は、半結合とよく似ています。内部表についてマッチする最初の行を見つけた時点で検索を打ち切れる点は同じなのですが、今度は反対に、その行については駆動表の行を結果から除外する、という点だけが違います。これはEXISTS述語とNOT EXISTS述語が機能的に反対のことをやろうしているので、当然のことです。反結合も通常の結合に比べてループ回数を減らすことができるため、性能的には優れています。

　なお、EXISTS述語とIN述語に関しては結果は同値で、実行計画も同じものになる可能性が高いのですが、NOT EXISTS述語とNOT IN述語は、結果も同値ではないうえ実行計画も必ずしも同じものにはなりません。興味ある方は、NOT IN述語の実行計画も調べてみてください（おそらく、NOT EXISTS述語のほうがよりパフォーマンスが良いものになるでしょう）。NOT EXISTS述語とNOT IN述語が同値にならない問題について詳細を知りたい方は、拙著『達人に学ぶSQL徹底指南書』1-3を参照してください。

■──**演習問題7の解答**

　結合を集約より優先する理由として考えられるものの一つは、たとえば結合によって結果行数を大きく減らせる可能性がある場合です。それによって、集約対象となる行数が減り、全体コストが下がることが期待できます。

　もう一つの理由としては、効率的なアクセスができる条件やインデック

スが存在する場合です。たとえば、演習の実行計画ではpk_Companiesという主キーのインデックスを使ったNested Loopsを使うのが効率的だとオプティマイザは判断しているわけです。同様に、パーティションを利用できる場合もビューマージが選択される要因となりえます。

なお、Oracle限定の話になりますが、この2つのタイプの実行計画をMERGE／NO_MERGEというヒント句によって制御できます。MERGEがビューマージを強制し、NO_MERGEがビューを分離します。OracleでNO_MERGEを使うと、**図B.15**のようにビューの中で集約が優先的に実行されることになります。

図B.15 ▎**NO_MERGEヒント句によるビューを分離した実行計画**

```
----------------------------------------------------------------------
| Id | Operation          | Name      | Rows | Bytes | Cost (%CPU)| Time     |
----------------------------------------------------------------------
|  0 | SELECT STATEMENT   |           |    7 |   182 |   8  (25)| 00:00:01 |
|* 1 |  HASH JOIN         |           |    7 |   182 |   8  (25)| 00:00:01 |
|  2 |   TABLE ACCESS FULL | COMPANIES |    4 |    32 |   3   (0)| 00:00:01 |
|  3 |   VIEW             |           |    7 |   126 |   4  (25)| 00:00:01 |
|  4 |    HASH GROUP BY   |           |    7 |   147 |   4  (25)| 00:00:01 |
|* 5 |     TABLE ACCESS FULL| SHOPS    |    7 |   147 |   3   (0)| 00:00:01 |
----------------------------------------------------------------------
```

もちろん、この実行計画の取り替えができるのは、クエリ同士が同値な場合に限ることは、言うまでもありません。

■── **演習問題8の解答**

ソートキーを体重（weight）列のみとすると、hiとloを算出する際に、同じ体重の生徒が常に同じ順序でソートされる保証がないからです。

これは、**リストB.3**のような昇順と降順それぞれでソートしたROW_NUMBERの結果を見るとよくわかります。

リストB.3 ▎**昇順と降順それぞれでソートしたROW_NUMBERの結果**

```
SELECT student_id,
       weight,
       ROW_NUMBER() OVER (ORDER BY weight ASC)  AS hi,
       ROW_NUMBER() OVER (ORDER BY weight DESC) AS lo
  FROM Weights;
```

今、私の環境で実行すると**図B.16**のようになります。

図B.16 リストの実行結果（環境によって異なる）

```
student_id|   weight|        hi|        lo
----------+---------+----------+-----------
B346      |      80 |        6|         1
A100      |      70 |        5|         2
C563      |      70 |        4|         3
B343      |      60 |        2|         4
A124      |      60 |        1|         5
C345      |      60 |        3|         6
```

このとき、「hi IN (lo, lo +1 , lo -1)」の条件に引っかかるのは「C563（70kg）」だけです。そのため、クエリの結果としても70kgという間違った計算結果が返ってしまいます。あるいは、ほかの環境では、結果が空になって1行も返らない可能性もあります。

このような不都合な現象が起きる理由は、weight列の値が同じだった場合、どのような順序でソートされるかは保証されていないので、データの物理的な格納順序によって変わってしまうからです。つまり、これは再現性のある計算になっていないのです。

■── 演習問題9の解答

回答は**リストB.4**のとおりです。

リストB.4 NOT NULL制約の列も更新可能なUPDATE文

```
UPDATE ScoreRowsNN
   SET score = (SELECT COALESCE(CASE ScoreRowsNN.subject
                                      WHEN '英語' THEN score_en
                                      WHEN '国語' THEN score_nl
                                      WHEN '数学' THEN score_mt
                                      ELSE NULL
                                 END, 0)
                  FROM ScoreCols
                 WHERE student_id = ScoreRowsNN.student_id);
```

ポイントはサブクエリの中で使用しているCOALESCE関数です。これによってNULLを0に変換しています。なお、このCOALESCE関数の位置は、**リストB.5**のようにサブクエリの外側に配置しても同じです。実行計画にも変化は起きません。

リストB.5 NOT NULL制約の列も更新可能なUPDATE文：その2

```
UPDATE ScoreRowsNN
  SET score = COALESCE((SELECT CASE ScoreRowsNN.subject
                                 WHEN '英語' THEN score_en
                                 WHEN '国語' THEN score_nl
                                 WHEN '数学' THEN score_mt
                                 ELSE NULL
                               END
                        FROM ScoreCols
                        WHERE student_id = ScoreRowsNN.student_id), 0);
```

■───演習問題10の解答

データマートを作る手段は、大きく次の2つがあります。

❶ Table to Tableの更新
❷マテリアライズドビュー（*Materialized View*：MV）

❶のTable to Tableの更新は、たとえばオリジナルのテーブルからSELECT
した結果をINSERTしたり、あるいはUPDATEするというシンプルな方法
です。❷のMVは、これをDBMS側の機能である程度自動化した方法です。

❶と❷を比較する観点としては、MVのサポート有無、差分更新の柔軟
性、更新タイミング、チューニングポテンシャルの4つがあります。

MVは、Oracle、DB2、PostgreSQLがサポートしています[注1]。

- **CREATE MATERIALIZED VIEW - Oracle Database SQL言語リファレンス
  11gリリース2（11.2）**
  http://docs.oracle.com/cd/E1633801/*server.112/b56299/statements*6002.
  htm
- **DB2 UDBにおけるマテリアライズ照会表の使用による照会の高速化 -
  developerWorks**
  http://www.ibm.com/developerworks/jp/data/library/dataserver/
  techdoc/materialquery.html
- **38.3. マテリアライズドビュー - PostgreSQL 9.3.2文書**
  http://www.postgresql.jp/document/9.3/html/rules-materializedviews.
  html

差分更新に関しては、❶はSQLコーディングで制御できるレベルまで行

注1　DB2ではマテリアライズドクエリテーブル（*Materialized Query Table*：MQT）と呼びます。

Appendix B 演習問題の解答

えますが、❷はDBMSによってMVの差分更新のレベルは異なります。

更新タイミングについては、オンコミットかオンバッチかを選ぶことに
なりますが、基本的に❶も❷もオンコミットは更新負荷が高いためまず使
いません。したがって、この観点では差異は出ません。

チューニングポテンシャルに関しては、❷はDBMS任せでチューニング
手段はほとんどありません[注2]。一方、❶はSQLコーディングで制御できる
レベルとなるため、チューニングポテンシャルでは❶のほうが上になるで
しょう。

注2　せいぜいパラレルにするか、MVの削除をDELETEにするかTRUNCATEにするかをオプションで
　　　選択できる程度です。

索引

記号

<	43
<=	43
<>	43
=	43
>	43
>=	43

A

Abraham Harold Maslow	260
ALLオプション	63
AND	45
Anti-Join	178, 342
A-Rows	28
ASC	56
A-Time	28
AVG関数	51, 102

B

Batched Key Access Join	177
Batching Nested Loops	177
BI/DWH	186
B-tree	31, 298-299
B+tree	299

C

CACHEオプション	253
CASCADE DELETE	126
CASCADE UPDATE	126
CASE式	60, 138, 213, 264, 335
catalog manager	21
Christopher J. Date	298
COALESCE関数	272, 344
Codd	125
COUNT関数	51, 102, 226
Covering Index	315
CREATE INDEX文	298
cross join	165
CSV	103

D

Database Management System	2
Date	298
DB2	2
DBMS	2
〜のアーキテクチャ	3
DBMS_XPLAN.DISPLAY_CURSOR	28
DELETE文	71
DENSE_RANK関数	68
DESC	56
driving table	178
DROP TABLE文	72

E

E.F.Codd	125
enable_hashjoin	194
enable_mergejoin	194
enable_nestloop	194
E-Rows	28
ERP	310
E.S.Raymond	292
Excel	40
EXCEPT	64
EXISTS述語	178, 197, 341
EXPLAIN ALL WITH SNAPSHOT FOR SQL文	25
EXPLAIN EXTENDED SQL文	25
EXPLAIN SQL文	25

F

Frederick P. Brooks, Jr.	292
FROM句	42

G

Garbage In, Garbage Out	23
GROUP BY句	19, 50, 113

H

Hash	33, 184, 193

347

HASH（Microsoft SQL Server）……194	**M**
HASH GROUP BY……108, 245	Materialized Query Table……345
HashAggregate……108, 245	Materialized View……345
HAVING句……54, 234	MAX関数……51, 102, 245, 263,
HDD……7	269, 284-285
	Merge……187
I	MERGE（Microsoft SQL Server）……194
IDENTITY列……255	Merge Join……187
IN……47, 96, 335	MERGE JOIN CARTESIAN……190
INDEX FAST FULL SCAN……316, 320	Merge Sort……187
INDEX RANGE SCAN……182, 269	MERGE文……260, 272
Index Scan……31	Microsoft SQL Server……2
INDEX UNIQUE SCAN……31, 181, 269	MINUS……64
INNER JOIN……169	MIN関数……51, 102, 245
inner join……170	MQT……345
inner table……178	multirow insert……70
InnoDB……334	MV……345
INSERT文……69	MySQL……2
INTERSECT……64	
IN述語……341	**N**
IS NOT NULL……50	Name……27
IS NULL述語……48, 50, 307	natural join……166
	Nested Loop……33-34
J	Nested Loops……33, 178, 193
Java……18	NESTED LOOPS……34
JIT……23	～の落とし穴……183
join……164	Nicholas Gregory Mankiw……2
Just In Time……23	NOORDERオプション……253
JVM……18	NOT EXISTS述語……178, 197, 342
	NOT IN述語……342
K	NULL……42, 48
KISSの原則……200	
	O
L	OLTP処理……186
Launch Stack Builder……329	Operation……27
LEADING……194	optimizer……21
Least Recently Used……334	OR……46, 95
LIKE述語……306	Oracle……2
Linux……37	ORDER BY句……16, 55
listen_addresses……329	O/Rマッパ……126
LOOP……194	OS……19
lower bound……339	Out of Memory……18
LRU……334	

索引

outer join	172
outer table	178
OVER句	66, 238

P

parser	21
PARTITION BY句	66
〜を使ったカット	119
PGA	17, 109
pg_hint_plan	194
pgsql_tmp	18
plan evaluation	22
postgres=#	331
PostgreSQL	2
postgresql.conf	329
PRECEDING	140

Q

query	4

R

R. Bayer	299
RANGEオプション	68
RANK関数	67
Raymond	292
RDB	2
Recursive Union	153
Relational Database	2
row expression	96
ROW_NUMBER	228
ROW_NUMBER関数	67, 207, 213, 226
Rows	29
ROWS BETWEENオプション	140
ROWSオプション	68

S

SELECT句で条件分岐	82
SELECT文	4, 40
self join	174
Semi-Join	178, 341
Seq Scan	27
set autotrace traceonly	25
SET SHOWPLAN_TEXT ON	25

SET句	73
SIGN関数	139, 279
SORT GROUP BY	108
Sort Merge	33, 187, 193
SQL	2, 68
SQL-92	269
SSD	8
Structured Query Language	68
SUM関数	51, 102, 213
Sybase IQ	318

T

TABLE ACCESS BY INDEX ROWID	31
TABLE ACCESS FULL	27
TEMPDB	18
tempdb	201
TEMP落ち	18, 109, 186, 188, 201, 210
TEMP表領域	18
Time	28

U

UNION	62, 335
〜を使った条件分岐	78
〜を使ったほうがパフォーマンスが良いケース	92
〜を使わなければ解けないケース	91
UNION ALL	63
UPDATE文	72
USE_HASH	194
USE_MERGE	194
USE_NL	194
Using temporary; Using filesort	337
USING句	166

W

WHEN句	61
WHERE句	30, 42-43
〜のさまざまな条件指定	43
Windows	37
work_mem	109
Workspace Memory	109

あ行

アーキテクチャ ……………………………2
アンチパターン ……………………………105
一意性 ……………………………252
一次記憶装置 ……………………………6
一時表領域 ……………………………18
入れ子集合モデル ……………………………155
入れ子ループ ……………………………33, 164
インストールディレクトリ ……………………………325
インタフェース ……………………………3
インデックス ……………………………21, 298
　〜が使えない検索条件 ……………………………306
インデックスオンリースキャン ……148, 314
インデックススキャン ……………………………30-31
インデント ……………………………34
インメモリデータベース ……………………………8
ウィンドウ関数 …… 16, 65, 138, 207, 213,
　　　　　　　　　226, 228-229, 231, 279
うっかりクロス結合 ……………………………169
永続性 ……………………………7
演算子 ……………………………43
オートナンバー列 ……………………………255
オプティマイザ ……………………………2, 21

か行

外部結合 ……………………………172
外部設計 ……………………………309-310
外部表 ……………………………178
カタログマネージャ ……………………………20-21
カット ……………………………113
　PARTITION BY句を使った〜 ……………………………119
ガツン系 ……………………………130
カーディナリティ ……………………………301
カバリングインデックス ……………………………315
カラム指向データベース ……………………………317
伽藍とバザール ……………………………292
完全外部結合 ……………………………173
管理者として実行 ……………………………324
記憶装置 ……………………………2
揮発性 ……………………………12
逆キーインデックス ……………………………255
キャッシュ ……………………………9

行間比較
行間比較 ……………………………211
行式 ……………………………96, 228, 268, 269
共通表式 ……………………………152
行持ち ……………………………265
極値関数 ……………………………245
空欄 ……………………………42
クエリ ……………………………4
クエリ評価エンジン ……………………………4, 20
駆動表 ……………………………34, 178-179
クラスタリングファクタ ……………………………301
ぐるぐる系 ……………………………126
クロス結合 ……………………………165
　意図せぬ〜 ……………………………188
　意図せぬ〜を回避するには ……………………………191
　うっかり〜 ……………………………169
経路列挙モデル ……………………………155
下界 ……………………………339
結合 ……………………………164
結合条件 ……………………………192
降順 ……………………………56
更新 ……………………………72
構文解析 ……………………………21
後方一致 ……………………………306
コストベース ……………………………137
固定長 ……………………………103
コネクションプール ……………………………131
コマンドプロンプト ……………………………331

さ行

再帰共通表式 ……………………………152
再帰クエリ ……………………………150
最適化 ……………………………15
採番テーブル ……………………………256
索引列 ……………………………307
削除 ……………………………71
差集合 ……………………………64
サービス ……………………………330
サブクエリ ……………………………49, 58, 200-201, 264
　〜を使ったほうがパフォーマンスが
　　良くなるケース ……………………………215
サマリテーブル ……………………………311
三角結合 ……………………………189
三次記憶装置 ……………………………6

式	60, 98	ソフトパース	132
シーケンシャルスキャン	27		
シーケンス	27	**た行**	
シーケンスオブジェクト	250	多重ループ	164
自己結合	174	断絶区間	239
自然結合	166	短絡評価	145, 335
自然数列	224	中央値	232
実行計画	4	中間一致	306
〜の確認方法	25	チューニング	15
〜のフォーマット	34	直積	168
実行プラン	4	ディスク	4
集計用の関数	51	ディスク容量マネージャ	4
集合演算	16, 62	デカルト積	168
集合指向	102	データキャッシュ	11
集約	102	データベース	3
集約関数	66, 102	データベース管理システム	2
主キー	26	データマート	311
準結合	341	データモデル	292
順序関数	67	データを保存するディレクトリ	326
順序性	252	テーブル	16, 40, 200
条件分岐	60	テーブルフルスキャン	26, 29
SELECT句で〜	82	統計情報	21, 198
UNIONを使った〜	78	等値結合	181
集計における〜	84	特性関数	234
集約の結果に対する〜	87	トランザクション	5
昇順	56	トランザクションマネージャ	4
冗長性症候群	82	トレードオフ	2, 7, 12, 14
ジョブネット	23		
シングルクォート	70	**な行**	
スカラサブクエリ	172, 264, 269	内部結合	170
スカラ値	90, 96	内部表	178
ストレージ	7	ナンバリング	225, 229
スーパーソルジャー病	286	二次記憶装置	6
スプレッドシート	40	人月の神話	292
スワップ	17		
正規化	164	**は行**	
積集合	64	バイアス	158-159
選択率	302	パーサ	21
相関サブクエリ	141, 172, 206, 226,	パース	21
	228, 230, 232, 262, 266, 278	外れ値	233
挿入	69	パスワード	326
ソート	16	バックアップ	5
ソートバッファ	17	ハッシュ	16, 108

351

ハッシュインデックス……………300
ハッシュ関数……………184
ハッシュ結合……………16, 184
ハッシュ値……………184
ハッシュテーブル……………184
バッチ処理……………15
バッファ……………4, 9
バッファマネージャ……………4
パーティション……………27, 67
ハードコーディング……………59
ハードパース……………132
パフォーマンス……………2
バルクINSERT……………135
半結合……………178, 341
反結合……………178, 342
左外部結合……………173
ビッグデータ……………103
ビットマップインデックス……………300
否定形……………308
非同期コミット……………13
ヒープサイズ……………18
ビュー……………49, 57, 200
ビューマージ……………201, 222
表……………40
表側……………86
表頭……………86
ヒント句……………35, 194
付加列インデックス……………319
プライマリキー……………26
フラットファイル……………103
プラン評価……………22
文……………60, 98
閉包性……………49
ベン図……………44
ポインタチェイン……………152
ホットスポット……………254
ホットブロック……………254
ポート番号……………327
ホールケーキ……………50

ま行

マテリアライズドクエリテーブル……345
マテリアライズドビュー……………345

マート……………311
右外部結合……………173
ミドルウェア……………2
メジアン……………232
メモリ……………2, 8
モジュール……………4
モデル変更……………286, 291

ら行

ランキング……………144
リカバリマネージャ……………5
リーフ……………299
リレーショナルモデル……………2
リレーション……………40
隣接リストモデル……………151, 155
ルート……………299
ループ……………124
ルールベース……………137
列持ち……………265
レンジスキャン……………320
連続性……………252
連番……………229
ログバッファ……………11
ロケール……………327
ロー指向データベース……………317
ロック……………5
ロックマネージャ……………4

わ行

ワーキングメモリ……………16, 186
ワークバッファ……………17
和集合……………46, 62

著者プロフィール

ミック

SI企業に勤務するデータベースエンジニア。大規模データベースシステムの構築やパフォーマンス設計およびチューニングを専門としている。著書に『おうちで学べるデータベースのきほん』、『達人に学ぶSQL徹底指南書』、訳書にJoe Celko著『プログラマのためのSQL 第4版』(いずれも翔泳社)など。

●カバー・本文デザイン

西岡 裕二

●レイアウト

酒徳 葉子（技術評論社制作業務部）

●本文図版

スタジオ・キャロット

●編集アシスタント

大野 耕平（WEB+DB PRESS編集部）

●編集

池田 大樹（WEB+DB PRESS編集部）

ウェブディービー　プレス　プラス
WEB+DB PRESS plusシリーズ

エスキューエル　じっ　せん　にゅう　もん
SQL実践入門

こうそく　　　　　　　　　　　　　　　　　　　　　　　か　かた
──高速でわかりやすいクエリの書き方

2015年　5月15日　　初　版　第1刷発行
2015年10月　5日　　初　版　第2刷発行

著　者	ミック
発行者	片岡 巌
発行所	株式会社技術評論社
	東京都新宿区市谷左内町21-13
	電話　03-3513-6150　販売促進部
	03-3513-6175　雑誌編集部
印刷／製本	港北出版印刷株式会社

定価はカバーに表示してあります。

本書の一部または全部を著作権法の定める範囲を超え、無断で複写、複製、転載、あるいはファイルに落とすことを禁じます。

©2015 ミック

造本には細心の注意を払っておりますが、万一、乱丁（ページの乱れ）や落丁（ページの抜け）がございましたら、小社販売促進部までお送りください。送料小社負担にてお取り替えいたします。

ISBN 978-4-7741-7301-6 C3055
Printed in Japan

本書に関するご質問は記載内容についてのみとさせていただきます。本書の内容以外のご質問には一切応じられませんので、あらかじめご了承ください。
なお、お電話でのご質問は受け付けておりませんので、書面またはFAX、弊社Webサイトのお問い合わせフォームをご利用ください。

〒162-0846
東京都新宿区市谷左内町21-13
株式会社技術評論社
『SQL実践入門』係
FAX 03-3513-6173
URL http://gihyo.jp/
　　　（技術評論社Webサイト）

ご質問の際に記載いただいた個人情報は回答以外の目的に使用することはありません。使用後は速やかに個人情報を廃棄します。